系统集成项目管理工程师 5 天修炼

（第三版）

黄少年　刘　毅　编著

攻克要塞软考研究团队　主审

中国水利水电出版社
www.waterpub.com.cn
·北京·

内 容 提 要

近几年来，系统集成项目管理工程师考试已成为软考中最为热门的一门考试，考生一方面有拿证的需求，另一方面是系统掌握系统集成项目管理的知识的需求，然而考试知识点繁多，有一定的难度。因此，本书总结了作者多年来从事软考教育培训与试题研究的心得体会，将知识体系中所涉及的主要内容按照面授 5 天的形式进行了安排。

在 5 天的学习内容中，详细剖析了考试大纲，解析了有关项目管理和信息系统集成专业的各个知识点，每个学时还配套了课堂练习题，讲述了解题的方法与技巧，总结了一套记忆知识点和公式的方法，提供了帮助记忆和解题的参考口诀，最后还给出一套全真的模拟试题并详细作了讲评。

本书可作为参加系统集成项目管理工程师考试的考生自学用书，也可作为软考培训班的教材，亦可作为项目经理的参考用书。

图书在版编目（CIP）数据

系统集成项目管理工程师5天修炼 / 黄少年，刘毅编著. -- 3版. -- 北京：中国水利水电出版社，2018.2（2023.4 重印）
ISBN 978-7-5170-6269-1

Ⅰ．①系… Ⅱ．①黄… ②刘… Ⅲ．①系统集成技术
－项目管理－资格考试－自学参考资料 Ⅳ．①TP311.5

中国版本图书馆CIP数据核字(2018)第012649号

策划编辑：周春元　责任编辑：张玉玲　加工编辑：孙 丹　封面设计：李 佳

书　名	系统集成项目管理工程师 5 天修炼（第三版） XITONG JICHENG XIANGMU GUANLI GONGCHENGSHI 5 TIAN XIULIAN
作　者	黄少年　刘　毅　编著 攻克要塞软考研究团队　主审
出版发行	中国水利水电出版社 （北京市海淀区玉渊潭南路 1 号 D 座　100038） 网址：www.waterpub.com.cn E-mail：mchannel@263.net（答疑） 　　　　sales@mwr.gov.cn 电话：（010）68545888（营销中心）、82562819（组稿）
经　售	北京科水图书销售有限公司 电话：（010）68545874、63202643 全国各地新华书店和相关出版物销售网点
排　版	北京万水电子信息有限公司
印　刷	三河市鑫金马印装有限公司
规　格	184mm×240mm　16 开本　19.5 印张　450 千字
版　次	2012 年 1 月第 1 版　2012 年 1 月第 1 次印刷 2018 年 2 月第 3 版　2023 年 4 月第 22 次印刷
印　数	67001—70000 册
定　价	48.00 元

凡购买我社图书，如有缺页、倒页、脱页的，本社营销中心负责调换

编委会成员

I

第三版前言

    距离本书第二版的出版已经过去了 4 年多的时间，4 年多的时间内，本书多次重印，但考试的政策，考试的内容均发生了一些变化，官方教程于 2016 年上半年进行了更新（第 2 版），相关的项目管理知识体系也基本统一在 PMBOK 第 5 版，当然，教程更新后每年都还有一定量的知识点进行增补、完善。因此，对于本书来说，必须要进行改版来反映最新的考试情况。

    再版后的书籍也是基于攻克要塞软考团队核心老师在全国各地进行考前辅导的经验，我们仍然按照传统的 5 天模式来组织内容，当然实际的内容安排和面授的内容安排会有所不同，面授更强调的是基于现场的互动，而本书其实是静态的，面授过程中我们的交付周期是固定的，而本书实际的展开过程中，考生可能花费的时间不止 5 天，在内容上比面授覆盖的更广一些，考生可以以此书为纲，制定周期性的学习计划来完成书中知识点的学习。

    此外，从应考的角度来看，考试其实是有方法和技巧的，每个考生在拿到本书的时候，首先需要思考的是学习方法的问题，不同考生面对的是同样知识点，但八仙过海，各显神通。方法在复习过程中是极其关键的一个因素，因此，定期的需要思考：我们如何有效地复习我们所面对的知识点？

    考虑到书本是静态的，而考试考点的变化是动态的，所以，我们在后续的过程中，将采用"攻克要塞"微信公众号的方式来动态更新本书中的内容，建立书中知识点与考点的动态联系。当然，我们也会在每次重印时根据考试变化趋势增补一些必要的内容到 5 天修炼一书中来。

    此外，要感谢中国水利水电出版社万水分社的周春元副总经理、孙丹编辑，他们的辛勤劳动和真诚约稿，也是我们更新此书的动力之一。攻克要塞的各位同事、助手帮助做了大量的资料整理工作，甚至参与了部分编写工作，也在此一并感谢。

    有专人值守的微信号如左图所示。我们也会在此及时回复各类问题以及发布各类考试相关信息。

攻克要塞软考研发团队

（2021 年 3 月最新修订）

II

第二版前言

通过系统集成项目管理工程师考试已成为申请项目经理资格的必要条件，与此同时，信息系统集成企业也需要大量拥有项目经理资质的专业人才，于是，每年都会有大批的"准项目经理"参加这个考试。

每年我们攻克要塞软考团队核心老师都要在全国各地进行考前辅导，与很多考生沟通交流过。他们有的基础扎实，有的基础薄弱；有大学时学计算机专业的，也有学其他专业的；有从事项目经理工作的，也有从事技术工作的；有来自于甲方的，也有来自乙方的。但都反映出一个心声："考试有点难"。

难在哪些地方呢？有的认为工作很忙，项目事多，没有工夫来学习；有的认为年纪大了，记忆不灵光；有的认为从事工作的领域专业面窄，许多专业术语不懂；有的认为理论扎实，经验欠缺。据此，希望老师能给出考试真题，圈出当次考试要点。在这里，我们也想统一回复，如果有人说有真题，知道当次的考试范围，那肯定是假的，国家级的考试非常严肃，不可能有风声可以透出。千万个理由，来自于内心真实的表露，无可厚非，却真不如静下心来，看一看书，将工作的心得体会结合考试来理一理。考试能不能过关，主要还在于个人的修为。

为了帮助"准项目经理"们，结合多年来辅导的心得，我们想就以历次培训经典的 5 天时间 30 个学时作为学习时序，取名为"系统集成项目管理工程师 5 天修炼"，寄希望于考生的水平在 5 天的时间里能有所飞跃。5 天的时间很短，但真正深入学习了也挺不容易。真诚地希望考生们能抛弃一切杂念，静下心来，仅仅花 5 天的时间来好好品味，哪怕就当作一个 5 天的修炼项目。

然而，考试的范围十分广泛，从信息化的基础知识到软件工程、软件过程改进、计算机网络、安全技术、面向对象技术等技术领域知识，再到项目整体管理、项目进度管理、项目质量管理等项目管理知识领域，有时一个知识块在大学或研究生课程里就是 1 门功课。好在考试深度不深，有章可循。

本书的"5 天修炼"这样来安排：

第 1 天"熟悉考纲，掌握技术"，要把考试大纲梳理一遍，以做到心中有数，找出弱点，再将技术部分知识掌握。

第 2 天"打好基础，深入考纲"，开始进入项目管理知识领域学习，包括项目管理一般知识、项目立项与招投标管理、项目整体管理、项目范围管理、项目成本管理。

第 3 天"鼓足干劲，逐一贯通"，将掌握项目进度管理、项目质量管理、项目人力资源管理、项目沟通管理和干系人管理、项目合同与采购管理。

第 4 天"分析案例，清理术语"，讲解学习完余下的项目风险管理，文档、配置与变更管理，知识产权、法律法规、标准和规范，并着重进行案例分析，掌握解题技巧，再清理英文术语。

第 5 天"模拟考试，检验自我"，进入全真模拟考试，检验自己的学习效果，熟悉考试题型题量，进一步提升修炼成果。

有人担心知识点记不住，书中会教大家一套记忆的方法，也会给出不少参考的记忆口诀，既实用又通用；有人担心计算题做不好，书中自有妙解，网络图、挣值分析、投资计算等这些常见的计算题一定要抓住不放弃。

但考生不要只是为了考试而考试，一定要抱着"修炼"的心态，通过考试只是目标之一，更多的是要提高自身水平，将来在工作岗位上有所作为。

此外，也要感谢中国水利水电出版社万水分社的雷顺加总编辑和周春元副总经理，他们的辛勤劳动和真诚约稿，也是我们编写此书的动力之一。攻克要塞的各位同事、助手帮助做了大量的资料清理，甚至参与了部分编写工作，也在此一并感谢。

然而，虽经多年锤炼，我们毕竟水平有限，敬请各位考生、各位培训老师们批评指正，不吝赐教。有专人职守的微信号如下图所示。我们也会在此及时回复各类问题以及发布各类考试相关信息。

攻克要塞软考研发团队

III

目录

1

熟悉考纲，掌握技术

◎5 天前的准备

不管基础如何、学历如何，拿到这本书就算是有缘人。5 天的学习并不需要准备太多的东西，下面是一些必要的简单准备：

（1）本书。如果看不到本书那真是太遗憾了。

（2）至少 20 张草稿纸。

（3）1 支笔。

（4）处理好自己的工作和生活，以使这 5 天能静下心来学习。

（5）关注我们的微信号，不懂的地方及时与我们互动。

◎学习前的说明

5 天关键学习对于我们每个人来说都是一个挑战,这么多的知识点要在短短的 5 天时间内翻个底朝天是很不容易的，也是非常紧张的，但却是值得的。学习完这 5 天内容，相信您会感觉到非常充实，也会对考试胜券在握。先看看这 5 天的内容是如何安排的吧。

5 天修炼学习计划表

时间		学习内容
第 1 天　熟悉考纲，掌握技术	第 1 学时	梳理考试要点
	第 2 学时	信息化知识
	第 3 学时	信息系统服务管理
	第 4~5 学时	信息系统集成专业技术知识 1-软件知识
	第 6 学时	信息系统集成专业技术知识 2-网络与信息安全知识
第 2 天　打好基础，深入考纲	第 1 学时	项目管理一般知识
	第 2~3 学时	项目立项与招投标管理
	第 4 学时	项目整体管理
	第 5 学时	项目范围管理
	第 6 学时	项目成本管理
第 3 天　鼓足干劲，逐一贯通	第 1~2 学时	项目进度管理
	第 3 学时	项目质量管理
	第 4 学时	项目人力资源管理
	第 5 学时	项目沟通管理和干系人管理
	第 6 学时	项目合同与采购管理
第 4 天　分析案例，清理术语	第 1 学时	项目风险管理
	第 2 学时	文档、配置与变更管理
	第 3 学时	知识产权、法律法规、标准和规范
	第 4~5 学时	案例分析
	第 6 学时	英文术语清理
第 5 天　模拟考试、检验自我	第 1~2 学时	模拟考试（上午试题）
	第 3 学时	上午试题分析
	第 4~5 学时	模拟考试（下午试题）
	第 6 学时	下午试题分析

　　从笔者这几年的考试培训经验来看，不怕您基础不牢，怕的就是您不进入状态。闲话不多说了，第一天我们的主要任务就是将考试要点熟悉一遍，以做到心中有数；然后紧接着就进入知识点的学习。

　　【辅导专家提示】熟悉考纲之后，会发现很多专业术语我们都没有接触过或根本不懂，不过没有关系，找到问题了，第一天就算成功了一半。

　　好了，接下来就一起进入角色吧。

第 1 天

第1学时　梳理考试要点

下面一起来梳理系统集成项目管理工程师的考试要点。

1. 考试目标解读

系统集成项目管理工程师考试是一个水平考试，并不仅仅是为了选拔人才，更是为了检验考生是否具备工程师的工作能力并达到工程师的业务水平。因此并没有严格的名额限制，只要考试能够及格就算过关。系统集成项目管理工程师考试又属于职称资格考试，通过考试能够具备与工程师相同的职称资格。

从考试大纲来看，考核的核心内容就是项目管理知识体系，其中有关项目计划、风险管理、绩效评价等知识都可归结到项目管理的知识体系中；其次，考试的级别是工程师（中级职称），可见这个考试的核心内容在于项目管理，因此为应对考试，不必太多纠缠于IT项目的技术内容和深度，这样对这5天的冲关学习和考试过关非常重要。

【辅导专家提示】技术的内容也会考一些，主要集中在上午的基础知识试题中。

2. 考试形式解读

系统集成项目管理工程师考试有2场，分为上午考试和下午考试，在同一天的2场考试中都过关才能算这个级别的考试过关。

上午考试的内容是系统集成项目管理基础知识，考试时间为150分钟，笔试，题型为选择题，而且全部是单项选择题，其中含5分的英文题。上午考试总共75道题，共计75分，按60%计，45分算过关。

下午考试的内容是系统集成项目管理应用技术（案例分析），考试时间为150分钟，笔试，题型为问答题。一般为4～5道大题，每道大题又分为3～5个小问。大多数情况下，每道大题15～25分，总计75分，按60%计，45分算过关。

3. 上午卷答题注意事项

上午考试答题的注意事项如下：

（1）带2B以上的铅笔和一块好用的橡皮。上午考试答题时采用填涂答题卡的形式，阅卷也是由机器阅卷的，所以需要使用2B以上的铅笔；带好用的橡皮是为了修改选项时擦得比较干净。

（2）注意把握考试时间，虽然上午考试时间有2个半小时，但是题量还是比较大的，75道题算下来，做一道题还不到2分钟，因为还得留出10分钟左右来填涂答题卡和检查核对。笔者的考试经验是：做20道左右的试题就在答题卡上填涂完这20道题，这样不会慌张，也不会明显影响进度。

（3）做题先易后难。上午考试一般前面的试题会容易一点，大多是知识点性质的题目，但也会有一些计算题，有些题会有一定的难度，个别试题还会出现新概念题（即在教材中找不到答案，平时工作中可能也很少接触），这些题常出现在60～70题之间。考试时建议先将容易做的和自己会的做完，其他的先跳过去，在后续的时间中再集中精力做难题。

4. 下午卷答题注意事项

下午考试答题采用的是专用的答题纸，全部是主观题。下午考试答题的注意事项如下：

（1）先易后难。先大致浏览一下 4～5 道考题，考试往往既会有知识点问答题，也会有计算题，同样先将自己最为熟悉和最有把握的题完成，再重点攻关难题。

（2）问答题最好以要点形式回答。阅卷时多以要点给分，不一定要与参考答案一模一样，但常以关键词语、语句意思表达相同或接近作为判断是否给分或给多少分的标准。因此答题时要点要多写一些，以涵盖到参考答案中的要点。例如题目中此问给的是 5 分，则极可能是 5 个要点，一个要点 1 分，回答时最好能写出 7 个左右的要点。

（3）计算题分数一定要得到。参加过笔者的培训班，或者仔细通过本书训练过的考友，要注意反复训练计算题，记住解题的口诀。系统集成项目管理工程师考试的计算题范围不大，且万变不离其宗，花点心思和时间练好计算题具有非常重要的意义，对过关帮助很大。计算题常出的题型有网络图计算、挣值分析计算、投资回收期与回报率计算等，后面会详细展开讨论。

（4）下午的案例分析试题范围相对比较窄，局限在项目管理的范畴之内，因此大可不必纠缠于深入的技术细节。具体的考查内容包括：可行性研究、项目立项、合同管理、项目启动、项目管理计划、项目实施、项目监督与控制、项目收尾、信息系统的运营、信息（文档）与配置管理、信息系统安全管理。

可见，下午的案例分析题知识要点主要就是项目管理的十大知识领域了，常会有基础知识题、找原因题、计算题等。一般是用一段文字来描述一个项目的基本情况，特别是描述项目运作过程中出现的一些现象，比如某道项目案例试题的第 1 道小题会问出现某种不好现象的原因是什么；第 2 道小题会问一个基础知识点；第 3 道小题会问如果你是项目经理该如何解决问题。

计算题是阅读过本书或参加过笔者的培训后可以很好把握住的题目类型。一来计算题的考试范围本就不宽，二来考试中的计算题也并不复杂。考题绝对不会出现高等数学，如微积分的计算，一般用初等数学计算就能解题；也不会出现非常大的计算量，如果出现了则应考虑自己的计算方法是否有误。计算题常出的范围有网络图计算、挣值分析计算、投资回收期与回报率计算等。在后续学时中遇到会出计算题的地方还会详细展开讨论。

5. 考试要点解析交流

第 1 个学时就要结束了，不知您有什么感受呢？从笔者的培训经验来看，大多数考生会有如下感受：

（1）知识点太多，专业术语太多，理都理不清，听也听不明白。

（2）考试范围似乎很广，能否进一步缩小，最好能圈出本次考试的必考点。

（3）英语题没有把握，工作多年了，英语早已忘得差不多了。

（4）试题的具体题型还没有接触过，能否提供一些模拟试题。

（5）也有个别基础比较好的考生，更倾向于直接通过模拟试题来进行强化训练。

有以上感受是正常的，那么现在您对考试的具体情况、考试的要点已经有了一个全面的感性认识了，在后续课程中我们会一一解析，个个击破，有些不好记忆但又必须记忆的地方，笔者会教一些记忆的方法或口诀来帮助您解决问题；考试范围其实通过考试要点解析后已经缩小了很多，但绝不能保证 100%覆盖到考试试题。笔者认为通过这 5 天的梳理后，必然会将您的项目管理水平、应试水平提高到一个新的层次，并且对通过考试树立坚定的信心；英语题则只有靠多记多练了，毕竟英语水平不是短时间可以提高的。

　　【辅导专家提示】最好的模拟试题是历年的试题，您不妨在业余时间将历年试题做一做。

第 2 学时　信息化知识

　　在这个学时里，将学习有关信息化的知识点，这些知识点的试题大多出现在上午试题中。这些知识点主要如下：

　　（1）信息与信息化的定义，信息传输模型。

　　（2）国家信息化发展战略（2006－2020 年）有哪九大战略重点。

　　（3）国家信息化体系有哪六个要素。

　　（4）电子政务的定义，以及电子政务的几种表现形式，如 G2B、G2G 等。

　　（5）企业信息化的定义及定义中的关键词语。

　　（6）ERP 的定义及定义中的关键词语。

　　（7）CRM 的定义及其构成的两个部分，即触发中心和挖掘中心。

　　（8）SCM 的定义，特别是供应链定义的理解。

　　（9）EAI 的定义及其分类，集成的模式有哪些。

　　（10）电子商务的定义，参与电子商务的四类实体，按从事商务活动的主体不同的分类。

　　（11）BI 的定义，DW 的特征，DM 的分类。

　　（12）新一代信息技术。

一、信息与信息化

　　信息的定义。诺伯特·**维纳**（Norbert Wiener）给出的定义是："信息就是信息，既不是物质也不是能量。"克劳德·**香农**（Claude Elwood Shanno）给出的定义是："信息就是不确定性的减少。"

　　信息的传输模型如图 1-2-1 所示。

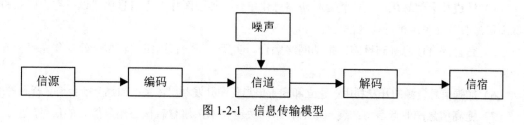

图 1-2-1　信息传输模型

（1）信源：信息的来源。

（2）编码：把信息变换成讯息的过程，这是按一定的符号、信号规则进行的。

（3）信道：信息传递的通道，是将信号进行传输、存储和处理的媒介。

（4）噪声：信息传递中的干扰，将对信息的发送与接收产生影响，使两者的信息意义发生改变。

（5）解码：信息编码的相反过程，把讯息还原为信息的过程。

（6）信宿：信息的接收者。

信息具有价值，价值大小取决于信息的质量。质量属性包括：

（1）精确性：对事物描述的精准程度。

（2）完整性：对事物描述的全面性，完整信息包括所有重要事实。

（3）可靠性：信息的来源、收集、传输是可信任、符合预期的。

（4）及时性：指获得信息的时刻与事件发生时刻的间隔长短。

（5）经济性：指信息获取、传输的成本是可以接受的。

（6）可验证性：指信息的主要质量属性可以被证实或者证伪的程度。

（7）安全性：指在信息的生命周期中，信息可以被非授权访问的可能性，可能性越低，安全性越高。

信息化的定义。业内也还没有严格的统一的定义，但常见的有以下 3 种：信息化就是**计算机、通信和网络技术**的现代化；信息化就是从物质生产占主导地位的社会向**信息产业**占主导地位的社会转变的发展过程；信息化就是从工业社会向**信息社会演进**的过程。

【辅导专家提示】关键词语用加粗字体显示了，这些是考试选择题中要重点关注的地方，也是案例分析题回答知识要点的关键词语。

二、国家信息化体系的九大战略重点

依据《2006—2020 年国家信息化发展战略》，我国信息化体系的九大战略重点如下：

（1）**推进国民经济信息化**：推进面向"三农"的信息服务；利用信息技术改造和提升传统产业；加快服务业信息化；鼓励具备条件的地区率先发展知识密集型产业。

（2）**推行电子政务**：改善公共服务；加强社会管理；强化综合监管；完善宏观调控。

（3）**建设先进网络文化**：加强社会主义先进文化的网上传播；改善公共文化信息服务；加强互联网对外宣传和文化交流；建设积极健康的网络文化。

（4）**推进社会信息化**：加快教育科研信息化步伐；加强医疗卫生信息化建设；完善就业和社会保障信息服务体系；推进社区信息化。

（5）**完善综合信息基础设施**：推动网络融合，实现向下一代网络的转型；建立和完善普遍服务制度。

（6）**加强信息资源的开发利用**：建立和完善信息资源开发利用体系；加强全社会信息资源管理。

（7）**提高信息产业竞争力**：突破核心技术与关键技术；培育有核心竞争能力的信息产业。

　　（8）**建设国家信息安全保障体系**：全面加强国家信息安全保障体系建设；大力增强国家信息安全保障能力。

　　（9）**提高国民信息技术应用能力**：造就信息化人才队伍；提高国民信息技术应用能力；培养信息化人才。

　　【辅导专家提示】下面教您一种简单实用的要点记忆方法，在本书后文中通用。

　　九大战略重点从字面上来看是比较好理解的，但是如何将要点记住，这是解题的必要条件。要记9句话对普通人来说是不容易的，而大多数人毕竟不是记忆专家。人脑对看过和曾记过的知识是会有残留的印象的，因此可抽取出关键的词语或字来，这些词语或字称为"词眼"或"字眼"，记忆者看到"词眼"或"字眼"即可扩展想象到完整的记忆内容，这样一方面减少了记忆量，另一方面提高了准确性。

　　比如这里的九大战略重点，可一一抽取成如下"字眼"：

　　（1）**推进国民经济信息化**——经。
　　（2）**推行电子政务**——政。
　　（3）**建设先进网络文化**——文。
　　（4）**推进社会信息化**——社。
　　（5）**完善综合信息基础设施**——基。
　　（6）**加强信息资源的开发利用**——开。
　　（7）**提高信息产业竞争力**——竞。
　　（8）**建设国家信息安全保障体系**——安。
　　（9）**提高国民信息技术应用能力**——用。

　　这样将要记的9句话变成了9个字。要再好记忆一些，则可将这9个字编成口诀为**"经政文社基开竞安用"**。就这么轻松搞定了，是不是很容易？试试吧，相信您的记忆能力很快就可以得到大幅提升。

　　【辅导专家提示】总结出来供记忆的口诀语句仅供参考，您也可以总结出适合自己的更为上口的口诀语句，会更有成就感。

三、国家信息化体系的六个要素

　　（1）**信息资源**。是国家信息化的**核心任务**、国家信息化建设取得实效的关键。信息、材料和能源共同构成经济和社会发展的三大战略资源。

　　信息资源具有广泛性，人们对其检索和利用，不受时间、空间、语言、地域和行业的制约；信息资源具有流动性，通过信息网可以快速传输；信息资源具有融合性特点，整合不同的信息资源，并分析和挖掘，可以得到比分散信息资源更高的价值。信息资源具有非同质性，具有独特性。

　　（2）**信息网络**。信息网络是信息资源开发、利用的基础设施，是**信息资源开发和信息技术应**

用的基础，是信息传输、交换、共享的**手段**。信息网络包括**计算机网络、电信网、电视网**等。信息网络在国家信息化的过程中将逐步实现三网融合，并最终做到三网合一。

（3）**信息技术应用**。信息技术应用属于体系中的**龙头**，是国家信息化中十分重要的要素，它直接反映了效率、效果和效益。

（4）**信息产业**。信息产业是信息化的**基础**。信息产业包括微电子、计算机、电信等产品和技术的开发、生产、销售，以及软件、信息系统开发和电子商务等。

（5）**信息化人才**。人才是信息化的**成功之本**，而合理的人才结构更是信息化人才的**核心和关键**。合理的信息化人才结构要求不仅要有各个层次的信息化技术人才，还要有精干的信息化管理人才、营销人才，法律、法规和情报人才。CIO（Chief Information Officer，首席信息官）是企业最高管理层的重要成员之一。

（6）**信息化政策、法规、标准和规范**。信息化政策和法规、标准、规范、协调信息化体系各要素，是国家信息化快速、有序、健康和持续发展的**根本保障**。

【辅导专家提示】国家信息化体系的六个要素参考记忆口诀：**"资网技产人政"**。

四、电子政务

电子政务实质上是对现有的政府形态的一种改造，即利用信息技术和其他相关技术，来构造更适合信息时代政府的组织结构和运行方式。

电子政务有以下几种表现形态：

（1）政府与政府，即 **G2G**，2 表示 to 的意思，G 即 Government。政府与政府之间的互动包括：中央和地方政府组成部门之间的互动。

（2）政府对企业，即 **G2B**，B 即 Business。政府面向企业的活动主要包括政府向企（事）业单位发布的各种方针。

（3）政府对居民，即 **G2C**，C 即 Citizen。政府对居民的活动实际上是政府面向居民所提供的服务。

（4）企业对政府，即 **B2G**。企业面向政府的活动包括企业应向政府缴纳的各种税款，按政府要求应该填报的各种统计信息和报表，参加政府各项工程的竞、投标，向政府供应各种商品和服务，以及就政府如何创造良好的投资和经营环境，如何帮助企业发展等提出企业的意见和希望，反映企业在经营活动中遇到的困难，提出可供政府采纳的建议，向政府申请可能提供的援助等。

（5）居民对政府，即 **C2G**。居民对政府的活动除了包括个人应向政府缴纳的各种税款和费用，按政府要求应该填报的各种信息和表格，以及缴纳各种罚款外，更重要的是开辟居民参政、议政的渠道，使政府的各项工作不断得以改进和完善。

（6）政府到政府雇员，即 G2E，E 即 Employee。政府机构利用 Intranet 建立起有效的行政办公和员工管理体系，以提高政府工作效率和公务员管理水平。

五、企业信息化

企业信息化一定要建立在**企业战略规划**基础之上，以企业战略规划为基础建立的**企业管理模式**是建立企业战略数据模型的依据。企业信息化就是**技术和业务**的融合。这个"融合"并不是简单地利用信息系统对手工的作业流程进行自动化，而是需要从**企业战略的层面、业务运作层面、管理运作层面**这三个层面来实现。

常用的企业信息化方法如下：

（1）**业务流程重构方法**。重新审视企业的生产经营过程，利用信息技术和网络技术，对企业的组织结构和工作方法进行"彻底的、根本性的"重新设计，以适应当今市场发展和信息社会的需求。

（2）**核心业务应用方法**。任何一个企业要想在市场竞争的环境中生存发展，都必须有自己的核心业务，否则必然会被市场所淘汰。

（3）**信息系统建设方法**。对于大多数企业来说，由于建设信息系统是企业信息化的重点和关键。因此，信息系统建设成为最具普遍意义的企业信息化方法。

（4）**主题数据库方法**。主题数据库是面向企业业务主题的数据库，也是面向企业核心业务的数据库。

（5）**资源管理方法**。

（6）**人力资本投资方法**。

企业信息化是指企业以**业务流程**的优化和重构为基础，在一定的深度和广度上利用**计算机技术、网络技术**和**数据库技术**，控制和集成化管理企业生产经营活动中的各种信息，实现企业内外部信息的共享和有效利用，以提高企业的经济效益和市场竞争力，这涉及到对**企业管理理念**的创新、**管理流程**的优化、管理团队的重组和管理手段的革新。

六、ERP

ERP 就是一个有效地组织、计划和实施企业的内外部资源的管理系统，它依靠 **IT** 的手段以保证其信息的**集成性、实时性**和**统一性**。

ERP 扩充了 MIS（Management Information System，管理信息系统）、MRPII（Manufacturing Resources Planning，制造资源计划）的管理范围，将供应商和企业内部的采购、生产、销售及**客户**紧密联系起来，可对**供应链**上的所有环节进行有效管理，实现对企业的动态控制和各种资源的集成和优化，提升基础管理水平，追求**企业资源**的合理高效利用。

那么企业资源又是什么呢？企业资源是指支持企业业务运作和战略运作的事物，既包括我们常说的人、财、物，也包括人们没有特别关注的信息资源；同时，不仅包括企业的内部资源，还包括企业的各种外部资源。

ERP 实质上仍然以 MRPII 为核心，但 ERP 至少在两方面实现了拓展，一是将资源的概念扩大，不再局限于企业内部的资源，而是扩大到整个供应链条上的资源，将供应链内的供应商等外部资源也作为可控对象集成进来；二是把时间也作为资源计划最关键的一部分纳入控制范畴，这使得 DSS（Decision Support System，决策支持系统）被看作 ERP 不可缺少的一部分，将 ERP 的功能扩展到企业经营管理的决策中去。

七、CRM

CRM 建立在坚持以**客户为中心**的理念的基础上，利用软件、硬件和网络技术，为企业建立的一个客户信息收集、管理、分析、利用的信息系统，其目的是能够改进客户满意度、增加客户忠诚度。

市场营销和**客户服务**是 CRM 的支柱性功能。这些是客户与企业联系的主要领域，无论这些联系发生在售前、售中还是售后。**共享的客户资料库**把市场营销和客户服务连接起来，集成整个企业的客户信息，使企业从部门化的客户联络提高到与客户协调一致的高度。

一般说来，CRM 由两部分构成，即**触发中心**和**挖掘中心**，前者指客户和 CRM 通过电话、传真、Web、E-mail 等多种方式"触发"进行沟通；后者则是指 CRM 记录交流沟通的信息并进行智能分析。

八、SCM

供应链是围绕核心企业，通过对**信息流、物流、资金流、商流**的控制，从采购原材料开始，制成中间产品及最终产品，最后由销售网络把产品送到消费者手中的将供应商、制造商、分销商、零售商，直到最终用户连成一个整体的功能网链结构。它不仅是一条连接供应商到用户的物流链、信息链、资金链，而且是一条**增值链**，物料在供应链上因加工、包装、运输等过程而增加其价值，给相关企业带来收益。

九、EAI

EAI（**企业应用集成**）是将基于各种不同平台，用不同方案建立的异构应用集成的一种方法和技术。EAI 通过建立底层结构，来联系横贯整个企业的异构系统、应用、数据源等，完成在企业内部 ERP、CRM、SCM、数据库、数据仓库，以及其他重要的内部系统之间无缝共享和交换数据的需要。

EAI 包括的内容很复杂，涉及到结构、硬件、软件以及流程等企业系统的各个层面，具体可分为如下集成层面：

（1）**界面集成（表示集成）**：这是比较原始和最浅层次的集成，但又是常用的集成。这种方法是把用户界面作为公共的集成点，把原有零散的系统界面集中在一个新的、通常是浏览器的界面之中。

（2）**平台集成**：这种集成要实现系统基础的集成，使得底层的结构、软件、硬件及异构网络的特殊需求都必须得到集成。平台集成要应用一些过程和工具，以保证这些系统进行快速安全的通信。

（3）**数据集成**：为了完成应用集成和过程集成，必须首先解决数据和数据库的集成问题。在集成之前，必须首先对数据进行标识并编成目录，另外还要确定元数据模型，保证数据在数据库系统中分布和共享。

（4）**应用集成（控制集成）**：这种集成能够为两个应用中的数据和函数提供接近实时的集成。例如，在一些 B2B 集成中实现 CRM 系统与企业后端应用和 Web 的集成，构建能够充分利用多个业务系统资源的电子商务网站。

（5）**过程集成**：当进行过程集成时，企业必须对各种业务信息的交换进行定义、授权和管理，以便改进操作、减少成本、提高响应速度。过程集成包括业务管理、进程模拟等。

【辅导专家提示】EAI 的集成层面参考记忆口诀："**界平数应过**"。

十、电子商务

电子商务是指买卖双方利用现代开放的**因特网**，按照一定的标准所进行的各类商业活动。主要包括**网上购物**、**企业之间的网上交易**和**在线电子支付**等新型的商业运营模式。

电子商务的表现形式主要有如下 4 种：①企业对消费者，即 **B2C**，C 即 Customer；②企业对企业，即 **B2B**；③消费者对消费者，即 **C2C**；④线上到线下，即 Online To Offline，指将线下的商务机会与互联网结合。

电子商务系统架构中，报文和信息传播的基础设施包括：电子邮件系统、在线交流系统、基于 HTTP 或 HTTPS 的信息传输系统、流媒体系统等。

【辅导专家提示】可以看到电子商务的表现形式中没有出现 G。

十一、BI、DW 与 DM

BI（Business Intelligence，商业智能）是企业对商业数据的搜集、管理和分析的系统过程，目的是使企业的各级决策者获得知识或洞察力，帮助他们做出对企业更有利的决策。数据仓库、OLAP（OnLine Analytical Processing，联机分析处理）和 DM（Data Mining，数据挖掘）等相关技术走向商业应用后形成的一种应用技术。

DW（Data Warehouse，数据仓库）是一个**面向主题的、集成的、非易失的、反映历史变化的数据集合**，用于支持**管理决策**。

数据仓库的特征如下：

（1）数据仓库是面向主题的。传统的操作型系统是围绕公司的应用进行组织的。如对一个电信公司来说，应用问题可能是营业受理、专业计费和客户服务等，而主题范围可能是客户、套餐、缴费和欠费等。

（2）数据仓库是集成的。数据仓库实现数据由面向应用的操作型环境向面向分析的数据仓库的集成。由于各个应用系统在编码、命名习惯、实际属性、属性度量等方面不一致，当数据进入数据仓库时，要采用某种方法来消除这些不一致性。

（3）数据仓库是非易失的。数据仓库的数据通常是一起载入与访问的，在数据仓库环境中并不进行一般意义上的数据更新。

（4）数据仓库随时间的变化性。

商业智能的实现有三个层次，分别是数据报表、多维数据分析和数据挖掘。

数据报表把数据库中的数据转为业务人员所需要的信息。

多维数据分析基于多维数据库的多维分析，多维数据库把数据仓库的数据进行多维建模，简单来说，多维数据库将数据存放入一个 n 维数组，而不是像关系数据库一样以记录形式存放，多维数据库比传统关系型数据库能更好地实现 OLAP。

数据挖掘就是从存放在数据库、数据仓库或其他信息库中的大量的数据中获取有效的、新颖的、潜在有用的、最终可理解的模式的非平凡过程。

数据挖掘技术可分为**描述型数据挖掘**和**预测型数据挖掘**两种。描述型数据挖掘包括数据总结、聚类及关联分析等。预测型数据挖掘包括分类、回归及时间序列分析等。

（1）数据总结：继承于数据分析中的统计分析。数据总结的目的是对数据进行浓缩，给出它的紧凑描述。传统统计方法如求和值、平均值、方差值等都是有效方法。另外，还可以用直方图、饼状图等图形方式表示这些值。广义上讲，多维分析也可以归入这一类。

（2）聚类：是把整个数据库分成不同的群组。它的目的是使群与群之间的差别变得明显，而同一个群之间的数据尽量相似，这种方法通常用于客户细分。由于在开始细分之前不知道要把用户分成几类，因此通过聚类分析可以找出客户特性相似的群体，如客户消费特性相似或年龄特性相似等。在此基础上可以制订一些针对不同客户群体的营销方案。

（3）关联分析：是寻找数据库中值的相关性。两种常用的技术是关联规则和序列模式。关联规则是寻找在同一个事件中出现的不同项的相关性；序列模式与此类似，寻找的是事件之间在时间上的相关性，如对股票涨跌的分析等。

（4）分类：目的是构造一个分类函数或分类模型（也称为分类器），该模型能把数据库中的数据项映射到给定类别中的某一个。要构造分类器，需要有一个训练样本数据集作为输入。训练集由一组数据库记录或元组构成，每个元组是一个由有关字段（又称属性或特征）值组成的特征向量，此外，训练样本还有一个类别标记。一个具体样本的形式可表示为（v1,v2,...,vi;c），其中 vi 表示字段值，c 表示类别。

（5）回归：是通过具有已知值的变量来预测其他变量的值。一般情况下，回归采用的是线性回归、非线性回归这样的标准统计技术。一般同一个模型既可用于回归，也可用于分类。常见的算法有逻辑回归、决策树、神经网络等。

（6）时间序列：时间序列是用变量过去的值来预测未来的值。

数据归约是在理解挖掘任务、熟悉数据内容、尽可能保持数据原貌的前提下，尽可能地精简数据。数据归约主要有两个途径：属性选择和数据采样，分别对应原始数据集中的属性和记录。这样就可以降低数据分析与挖掘的难度，又不影响分析结果。

十二、新一代信息技术

新一代信息技术产业是随着人们日趋重视信息在经济领域的应用以及信息技术的突破，在以往微电子产业、通信产业、计算机网络技术和软件产业的基础上发展而来，一方面具有传统信息产业应有的特征，另一方面又具有时代赋予的新特点。

《国务院关于加快培育和发展战略性新兴产业的决定》中列出了七大国家战略性新兴产业体系，其中包括"新一代信息技术产业"。关于发展"新一代信息技术产业"的主要内容是："加快建设宽带、泛在、融合、安全的信息网络基础设施，推动新一代移动通信、下一代互联网核心设备和智能终端的研发及产业化，加快推进三网融合，促进物联网、云计算的研发和示范应用。着力发展集成电路、新型显示、高端软件、高端服务器等核心基础产业。提升软件服务、网络增值服务等信息服务能力，加快重要基础设施智能化改造。大力发展数字虚拟等技术，促进文化创意产业发展。"

大数据、云计算、互联网+、智慧城市等都属于新一代信息技术。

1. 大数据

大数据（big data）：指无法在一定时间范围内用常规软件工具进行捕捉、管理和处理的数据集合，是需要新处理模式才能具有更强的决策力、洞察发现力和流程优化能力的海量、高增长率和多样化的信息资产。

（1）大数据特点。大数据的 5V 特点（IBM 提出）：Volume（大量）、Velocity（高速）、Variety（多样）、Value（低价值密度）、Veracity（真实性）。

（2）大数据关键技术。大数据关键技术有：

- 大数据存储管理技术：谷歌文件系统 GFS、Apache 开发的分布式文件系统 Hadoop、非关系型数据库 NoSQL（谷歌的 BigTable、Apache Hadoop 项目的 HBase）。Bigtable 属于结构化的分布式数据库；HBase 属于非结构化的分布式数据库，HBase 基于列而非行。
- 大数据并行计算技术与平台：谷歌的 MapReduce、Apache Hadoop Map/Reduce 大数据计算软件平台。MapReduce 是简化的分布式并行编程模式，主要用于大规模并行程序并行问题。MapReduce 模式的主要思想是自动将一个大的计算（如程序）拆解成 Map（映射）和 Reduce（化解）的方式。
- 大数据分析技术：对海量的结构化、半结构化数据进行高效的深度分析；对非结构化数据进行分析，将海量语音、图像、视频数据转为机器可识别的、有明确语义的信息。主要技术有人工神经网络、机器学习、人工智能系统。

（3）其他技术。

Flume：一个高可用、高可靠、分布式的海量日志采集、聚合和传输的系统。

Kafka：Apache 组织利用 Scala 和 Java 开发编写的开源流处理平台，是一种高吞吐量的分布式发布订阅消息系统。kafka 是一个分布式消息队列，生产者向队列里写消息，消费者从队列里取消息。

Spark 是一个开源的类 Hadoop MapReduce 的通用并行框架，利用 Scala 语言实现。Spark 具有 Hadoop MapReduce 所具有的优点；但 Spark 能更适用于数据挖掘与机器学习等需要迭代的 MapReduce 的算法。Spark 在某些工作负载方面表现得更加优越。

2. 云计算

云计算通过建立网络服务器集群，将大量通过网络连接的软件和硬件资源进行统一管理和调度，构成一个计算资源池，从而使用户能够根据所需从中获得诸如在线软件服务、硬件租借、数据存储、计算分析等各种不同类型的服务，并按资源使用量进行付费。云计算具有超大规模、虚拟化、高可靠性、通用性、高可扩展性、按需服务、廉价、包含潜在威胁等特点。

云计算服务提供的资源层次可以分为 IaaS、PaaS、SaaS：

（1）基础设施即服务（Infrastructure as a Service，IaaS）：通过 Internet 可以从完善的计算机基础设施获得服务。

（2）平台即服务（Platform as a Service，PaaS）：把服务器平台作为一种服务提供的商业模式。Paas 向用户提供虚拟的操作系统、数据库管理系统等服务，满足用户个性化的应用部署需求。

（3）软件即服务（Software as a service，Saas）：通过 Internet 提供软件的模式，厂商将应用软件统一部署在自己的服务器上，客户可以根据自己的实际需求，通过互联网向厂商订购所需的应用软件服务，按订购的服务多少和时间长短向厂商支付费用，并通过互联网获得厂商提供的服务。

3．互联网+

通俗地讲，"互联网+"就是"互联网+各个传统行业"，但这并不是简单的两者相加，而是利用信息通信技术以及互联网平台，让互联网与传统行业进行深度融合，创造新的发展生态。

4．智慧城市

智慧城市就是运用信息和通信技术手段感测、分析、整合城市运行核心系统的各项关键信息，从而对包括民生、环保、公共安全、实现城市服务、工商业活动在内的各种需求做出智能响应。智慧城市是以互联网、物联网、电信网、广电网、无线宽带网等网络组合为基础，以智慧技术高度集成、智慧产业高端发展、智慧服务高效便民为主要特征的城市发展新模式。

智慧城市建设参考模型包含具有依赖关系的 5 层及 3 个支撑体系。

（1）具有依赖关系的 5 层：物联感知层、通信网络层、计算与存储层、数据及服务支撑层、智慧应用层。

- 物联感知层：利用监控、传感器、GPS、信息采集等设备，对城市的基础设施、环境、交通、公共安全等信息进行识别、采集、监测。
- 通信网络层：基于电信网、广播电视网、城市专用网、无线网络（例如 WiFi）、移动 4G 为主要接入网，组成通信基础网络。
- 计算与存储层：包括软件资源、存储资源、计算资源。
- 数据及服务支撑层：借助面向服务的体系架构（SOA）、云计算、大数据等技术，通过数据与服务的融合，支持智慧应用层中的各类应用，提供各应用所需的服务、资源。
- 智慧应用层：各种行业、领域的应用，例如智慧交通、智慧园区、智慧社区等。

（2）3 个支撑体系：安全保障体系、建设和运营管理体系、标准规范体系。

5．物联网

物联网（Internet of Things），顾名思义就是"物物相联的互联网"。以互联网为基础，将数字化、智能化的物体接入其中，实现自组织互联，是互联网的延伸与扩展；通过嵌入到物体上的各种数字化标识、感应设备，如 RFID 标签、传感器、响应器等，使物体具有可识别、可感知、交互和响应的能力，并通过与 Internet 的集成实现物物相联，构成一个协同的网络信息系统。

物联网的发展离不开物流行业支持，而物流成为物联网最现实的应用之一。物流信息技术是指运用于物流各个环节中的信息技术。根据物流的功能和特点，物流信息技术包括条码技术、RFID 技术、EDI 技术、GPS 技术和 GIS 技术。

物联网的架构可分为如下三层：

（1）感知层：负责信息采集和物物之间的信息传输，信息采集的技术包括传感器、条码和二维码、RFID 射频技术、音视频等信息；信息传输包括远近距离数据传输技术、自组织组网技术、协同信息处理技术、信息采集中间件技术等传感器网络。

（2）网络层：是利用无线和有线网络对采集的数据进行编码、认证和传输，广泛覆盖的移动通信网络是实现物联网的基础设施。

（3）应用层：提供丰富的基于物联网的应用，是物联网发展的根本目标。

各个层次所用的公共技术包括编码技术、标识技术、解析技术、安全技术和中间件技术。

6. 移动互联网

移动互联网，就是将移动通信和互联网二者结合起来，成为一体。是指互联网的技术、平台、商业模式和应用与移动通信技术结合并实践的活动的总称。

移动互联网技术有：

（1）SOA（面向服务的体系结构）：SOA 是一个组件模型，是一种粗粒度、低耦合服务架构，服务之间通过简单、精确定义结构进行通信，不涉及底层编程接口和通信模型。

（2）Web 2.0：Web 2.0 相对于 Web 1.0，用户参与度更高、更加个性化、消息更加灵通。Web 2.0 由用户主导而生成内容的互联网产品模式。

在 Web 2.0 模式下，可以不受时间和地域的限制分享、发布各种观点；在 Web 2.0 模式下，聚集的是对某个或者某些问题感兴趣的群体；平台对于用户来说是开放的，而且用户因为兴趣而保持比较高的忠诚度，他们会积极地参与其中。

（3）HTML 5：互联网核心语言、超文本标记语言（HTML）的第五次重大修改。HTML 5 的设计目的是在移动设备上支持多媒体。

（4）Android：一种基于 Linux 的自由及开放源代码的操作系统，主要使用于移动设备，如智能手机和平板电脑，由 Google 公司和开放手机联盟领导及开发。

（5）iOS：由苹果公司开发的移动操作系统。

7. 3G/4G/5G

目前，世界三大 3G 标准是 CDMA 2000、WCDMA、TD-SCDMA。

4G（The 4th Generation communication system）：第四代移动通信技术，是第三代技术（3G）的延续。ITU（国际电信联盟）已将 WiMax、HSPA+、LTE、LTE-Advanced 和 WirelessMAN-Advanced 列为 4G 技术标准。

5G 网络作为第五代移动通信网络，其峰值理论传输速度可达每秒数十 Gb，比 4G 网络的传输速度快数百倍，整部超高画质电影可在 1 秒内下载完成。2017 年 12 月 21 日，在国际电信标准组织 3GPP RAN 第 78 次全体会议上，5G NR 首发版本正式发布，这是全球第一个可商用部署的 5G 标准。**截止 2019 年 6 月，工信部已正式向中国电信、中国移动、中国联通、中国广电发放了 5G 商用牌照。**

8. 人工智能

人工智能（Artificial Intelligence，AI），属于计算机科学的分支，用于模拟、延伸和扩展人的智能的理论、方法、技术。人工智能的研究包括机器人、语言识别、图像识别、自然语言处理和专家系统等。当前人工智能热门应用方向有自动驾驶、智能搜索引擎、人脸识别、智能机器人、虚拟现实等。机器学习研究计算机模拟人类学习行为，以获取新知识，并重新组织已有的知识不断改善自身的性能，是人工智能技术的核心。

9. 区块链

区块链（Blockchain）是分布式数据存储、点对点传输、共识机制、加密算法等计算机技术的新型应用模式。

区块链是比特币的底层技术，本质上是一个去中心化的数据库，是使用一串通过密码学方法加密产生的相关联的数据块，每个数据块中包含了一批次比特币网络交易的信息，用于验证其信息的有效性（防伪）和生成下一个区块。区块链是一个分布式共享账本和数据库，区块链上的数据都是公开透明的。区块链可在不可信的同络进行可信的信息交换，共识机制可有效防止记账节点信息被篡改。

十三、课堂巩固练习

1. 香农是___(1)___奠基人；信息化就是计算机、通信和___(2)___的现代化。

（1）A. 控制论 　　　B. 信息论 　　　C. 相对论 　　　D. 进化论

（2）A. 网格计算 　　B. 物联网技术 　　C. 网络技术 　　D. SOA 技术

【辅导专家讲评】根据本学时中所学的基础知识，可知香农是信息论的奠基人，控制论的创始人是维纳，相对论由爱因斯坦创立，进化论是达尔文提出的；第（2）空考的是信息化的定义，选 C，网络技术。

参考答案：（1）B 　　（2）C

2. 国家信息化体系的六个要素如图 1-2-2 所示，图中空出的要素是___(3)___。

（3）A. 局域网 　　　B. Internet 　　　C. 电子商务 　　　D. 信息网络

【辅导专家讲评】回想一下国家信息化体系的六个要素记忆口诀"资网技产人政"，这里缺少的要素就是"网"了。

参考答案：（3）D

3. 以下不是电子政务的表现形态的是___(4)___。

（4）A. G2C 　　　B. G2G 　　　C. B2C 　　　D. C2G

【辅导专家讲评】电子政务的表现形态中必有 G 出现，本题中只有选项 C 没有出现 G。

参考答案：（4）C

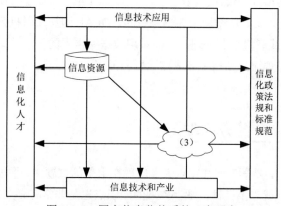

图 1-2-2　国家信息化体系的 6 个要素

4. 市场营销和客户服务是 CRM 的支柱性功能。这些是客户与企业联系的主要领域，无论这些联系发生在售前、售中还是售后。____（5）____把市场营销和客户服务连接起来，集成整个企业的客户信息会使企业从部门化的客户联络提高到与客户协调一致的高度。

（5）A. EAI　　　　　B. 共享的客户资料库　C. Call Center　　D. 客户经理

【辅导专家讲评】本题考查的是 CRM 的定义和作用。

参考答案：（5）B

5. 供应链是围绕核心企业，通过对信息流、____（6）____、资金流、商流的控制，从采购原材料开始，制成中间产品及最终产品，最后由销售网络把产品送到消费者手中的将供应商、制造商、分销商、零售商，直到最终用户连成一个整体的功能网链结构。它不仅是一条连接供应商到用户的物流链、信息链、资金链，而且是一条____（7）____，物料在供应链上因加工、包装、运输等过程而增加其价值，给相关企业带来收益。

（6）A. 事务流　　　B. 业务流　　　　C. 物流　　　　　D. 人员流动

（7）A. 增值链　　　B. 供应链　　　　C. 产品线　　　　D. 生产线

【辅导专家讲评】本题考查的是供应链的定义和作用。供应链控制的 4 个流中第（6）空是物流。供应链看成是增值链，表示在各个环节中通过处理而不断增加价值，给企业带来收益。

参考答案：（6）C　（7）A

6. EAI 包括的内容很复杂，涉及到结构、硬件、软件以及流程等企业系统的各个层面，具体可分为如下集成层面：界面集成、平台集成、____（8）____、应用集成、过程集成。

（8）A. 面向对象集成　　B. 业务集成　　　　C. 数据集成　　　　D. 网络集成

【辅导专家讲评】看到此题，马上想到记忆口诀"界平数应过"，可见本题缺少的是"数"。

参考答案：（8）C

7. 数据挖掘技术可分为 ___(9)___ 数据挖掘和 ___(10)___ 数据挖掘两种。 ___(9)___ 数据挖掘包括数据总结、聚类及关联分析等。 ___(10)___ 数据挖掘包括分类、回归及时间序列分析等。

（9）（10）A．描述型　　　B．预测型　　　　　C．OLAP　　　　　　D．OLTP

【辅导专家讲评】 选项C、D是用于迷惑考生的，OLAP即在线联机分析处理，是数据仓库中常用的技术；OLTP是在线联机事务处理，是关系型数据库常用的技术。本题讲的数据挖掘，侧重于从海量的数据中去找寻规律，该技术分成描述型和预测型两种。

参考答案：（9）A　　（10）B

第3学时　信息系统服务管理

在这个学时的学习中，要学习的知识点大多出现在上午的试题中，不过作为一名信息系统集成技术与管理的专业人士，就算不考试，掌握本章的知识点也是非常有必要的。

本学时要学习的主要知识点如下：

（1）信息系统服务的范畴，三个环节及各个环节的内容。

（2）信息系统集成的定义，包括哪些子系统的集成。

（3）信息系统工程监理的定义，监理工作的主要内容（即"四控、三管、一协调"），哪些信息系统工程应当实施监理。

（4）我国信息系统服务管理、ITSM、ITIL、ITSS。

一、信息系统服务

首先要理解信息系统服务的范畴。所有以满足企业和机构的业务发展所带来的信息化需求为目的，基于信息技术和信息化理念而提供的专业**信息技术咨询服务、系统集成服务、技术支持服务**等工作，都属于信息系统服务的范畴。

所以实际上就是三个环节，前端的信息技术咨询服务相当于售前；中端的系统集成服务可理解为售中；后端的技术支持服务可理解为售后。此外，信息系统工程监理也是信息系统服务的范围。

系统集成服务是指将**计算机软件、硬件、网络通信**等技术和**产品**集成为能够满足用户特定需求的**信息系统**，包括**总体策划、设计开发、实施、服务**及**保障**。从系统集成服务的具体内容来说，又可有：①**硬件集成**；②**软件集成**；③**数据和信息集成**；④**技术与管理集成**；⑤**人与组织机构的集成**。

【辅导专家提示】 系统集成服务的具体内容参考记忆口诀："硬软数技人"。

信息系统集成项目完成验收后要进行一个综合性的项目后评估，评估的内容一般包括信息系统的目标评价、信息系统过程评价、信息系统效益评价和信息系统可持续性评价四个方面的工作内容。

二、信息系统工程监理

信息系统工程监理是指依法设立且具备相应资质的信息系统工程监理单位，**受业主单位**委托，依据国家有关**法律法规、技术标准**和信息系统工程监理**合同**，对信息系统工程项目实施的**监督管理**。这个定义要记住几个关键的词语，这样就能理解得比较深刻。一是监理单位需要具备相应的资质；二是要受业主单位的委托；三是工作的依据是法律法规、技术标准和合同；四是工作性质是监督管理。

可见，监理方的主要职责是帮助业主合理保证工程质量；协调业主与承建单位之间的关系；提供第三方专业服务。还要注意的是，虽然监理方是受业主方的委托，但并不听命于业主方，监理方在工作过程中可独立自主地行使监理职责。

项目参与的三方：业主方，又叫建设方，在合同上常体现为甲方，所以有时口头上又称为甲方；承建方，在合同上常体现为乙方，所以有时口头上又称为乙方；监理方，在合同上常体现为丙方，所以有时口头上又称为丙方。

监理的主要工作内容可概括为"四控三管一协调"，包括投资控制、进度控制、质量控制、变更控制，安全管理、信息管理、合同管理和沟通协调。

【辅导专家提示】监理的主要工作内容参考记忆口诀：**"投进质变安信合，再加上沟通协调"。**

以下工程必须进行项目监理：

（1）国家级、省部级、地市级的信息系统工程。

（2）使用国家政策性银行或者国有商业银行贷款，规定需要实施监理的信息系统工程。

（3）使用国家财政性资金的信息系统工程。

（4）涉及国家安全、生产安全的信息系统工程。

（5）国家法律、法规规定的应当实施监理的其他信息系统工程。

可见大多数与政务、公共体系有关的工程均需要进行监理；那么企业自己的项目需要监理吗？这就要看企业自己的需要了，需要则可请监理。

三、信息系统服务管理

我国信息产业与信息化建设主管部门和领导机构在积极推进信息化建设的过程中，对所产生的问题予以密切关注，并逐步采取了有效的措施。概括来说，主要是实施计算机信息系统集成资质管理制度；推行计算机系统集成项目经理制度以及信息系统工程监理制度。

信息系统服务管理的考点内容变化很大，尤其是资质审批下放到电子联合会后。以前的考点有《计算机信息系统集成企业资质等级评定条件》（2012年修订版），但这类知识点2016年开始便没有再考查过。

IT 服务管理的优势：

（1）确保支撑业务流程。

（2）确保业务连续、有效。

（3）提高运营质量。

（4）提高生产率。

（5）提高客户满意度。

1. ITSM 和 ITIL

IT 服务管理（IT Service Management，ITSM）是以客户为中心，提高企业"服务提供"和"服务支持"能力的方法。它结合了高质量服务不可缺少的流程、人员和技术三大要素：标准流程负责监控 IT 服务的运行状况；人员素质关系到服务质量的高低；技术则保证服务的质量和效率。这三大关键性要素的整合使 ITSM 成为企业 IT 管理人员管理企业 IT 系统的法宝和利器。ITSM 的根本目标也有三个：以客户为中心提供 IT 服务；提供高质量、低成本的服务；提供的服务是可准确计价的。

IT 基础架构标准库（IT Infrastructure Library，ITIL）是为提高 IT 资源利用率和服务质量，英国政府归纳了各行业在 IT 管理方面的最佳实践并形成的规范。ITIL 是 ITSM 领域的最佳实践，提供了核心流程，但 ITIL 只告诉"什么该做"，而没有告诉"具体怎么做"。虽然 ITSM 概念提出在前，但有了 ITIL，ITSM 才得到了发扬和关注。

ITIL 的核心是服务管理模块，分为服务支持和服务提供两个子模块。包含 10 个最主要服务管理流程和 1 个服务管理职能，如图 1-3-1 所示。

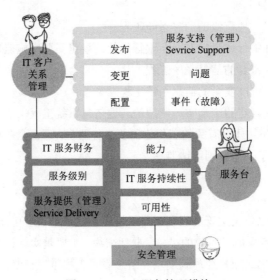

图 1-3-1　ITIL 服务管理模块

- 服务支持：确保 IT 服务提供方所提供的服务质量，符合服务级别协议（SLA）的要求。包含事件（故障）管理、问题管理、变更管理、配置管理和发布管理。
- 服务提供：解决"客户需求是什么""需要哪些资源""成本是多少""如何性价比最高"等问题。包含 IT 服务财务管理、服务级别管理、能力管理、IT 服务持续性管理和可用性管理 5 个服务管理流程。

2. GB/T 24405－2009

目前与 IT 服务管理的相关标准有：

- ISO/IEC 20000：基于 ITIL，ISO 发布了 ISO/IEC 20000。该标准规范了 IT 服务过程，涉及 IT 服务管理过程的最佳实践指南，旨在为实施 IT 服务管理体系提供指导。

- GB/T 24405－2009：该规范描述了业界一致认可的信息技术服务管理过程的质量标准。为满足顾客的业务要求，这些服务管理过程在协商一致的资源水平内交付可能的最佳服务。即服务是专业的、经济的，具有的风险是可理解的和可管理的。**GB/T 24405－2009 与 ISO 20000 在内容上是一致的。**

（1）服务管理过程。

GB/T 24405－2009 的第 1 部分规定了一组相关的服务管理过程，如图 1-3-2 所示。

图 1-3-2　服务管理过程

其中，事件管理、问题管理、配置管理、变更管理、发布管理构成了基本的服务管理流程和事件响应流程。

1）事件管理：出现问题后恢复服务或者响应客户提出的服务请求。例如：当出现"发生火灾需灭火""服务宕机需重启"等事件时，应该启动事件管理。

2）问题管理：分析问题的前因后果，关闭问题，减少损失。例如：解决直接导致火灾的问题点、服务器长期宕机。

3）配置管理：判断并保存必要的配置信息。

4）变更管理：为解决问题，实施可控变更。

5）发布管理：交付、发布、跟踪变更。

（2）GB/T 24405－2009 相关概念。

1）服务台（Service Desk）：面向客户提供支持的团队。

2）服务级别协议（Service Level Agreement，SLA）：服务提供方与顾客之间签署的协议，用于制定服务和服务级别的协议。SLA 并不包含处罚。

3. ITSS

信息技术服务标准（Information Technology Service Standards，ITSS）：ITSS 是在工信部、国家

标准化管理委员会的领导和支持下，由 ITSS 工作组研制的一套 IT 服务领域的标准库和一套提供 IT 服务的方法论。ITSS 是一套成体系和综合配套的信息技术服务标准库，全面规范了 IT 服务产品及其组成要素，用于指导实施标准化和可信赖的 IT 服务。

ITSS 体系组成如下：

（1）基础标准：阐述 IT 服务分类、原理、服务质量评价方法、服务人员能力要求等。

（2）服务管控标准：描述服务管理的通用要求、实施指南、技术要求；描述治理的通用要求、实施指南、绩效评价、审计、数据的治理；阐述信息技术服务的监理规范等。

（3）服务业务标准：按业务类型分为面向 IT 的服务标准（咨询设计标准、集成实施标准和运行维护标准）和 IT 驱动的服务标准（服务运营标准），按标准编写目的分为通用要求、服务规范和实施指南，其中通用要求是对各业务类型的基本能力要素的要求，服务规范是对服务内容和行为的规范，实施指南是对服务的落地指导。

（4）服务外包标准：对信息技术服务采用外包方式时的通用要求及规范。

（5）服务安全标准：规定事前预防、事中控制、事后审计服务安全以及整个过程的持续改进，确保服务安全可控。

（6）行业应用标准：各行业应用的实施指南。

ITSS 生命周期分为五个阶段，分别是规划设计、部署实施、服务运营、持续改进和监督管理。

（1）规划设计：以满足业务战略。满足需求为中心，对 IT 服务进行全面系统的战略规划和设计，为 IT 服务的部署实施做准备；

（2）部署实施：基于规划设计，建立管理体系、部署专用工具及服务解决方案；

（3）服务运营：基于部署实施的情况，全面管理基础设施、服务流程、人员和业务连续性，实现业务运营与 IT 服务运营融合；

（4）持续改进：基于服务运营的情况，定期评审 IT 服务满足业务运营的情况，以及 IT 服务本身存在的缺陷，提出改进策略和方案，并对 IT 服务进行重新规划设计和部署实施，以提高 IT 服务质量。

（5）监督管理：对 IT 服务服务质量进行评价，并对服务供方的服务过程、交付结果实施监督和绩效评估。

四、课堂巩固练习

1．所有以满足企业和机构的业务发展所带来的信息化需求为目的，基于信息技术和信息化理念而提供的专业信息技术咨询服务、＿＿＿（1）＿＿＿、技术支持服务等工作，都属于信息系统服务的范畴。

（1）A．系统维护服务 　　　　　　　B．软件配置工作

　　　 C．项目管理服务 　　　　　　　D．系统集成服务

【辅导专家讲评】本题考查的是信息系统服务范畴，在本节中已经有过说明。题中缺少的是三个环节中的系统集成服务环节。

参考答案：（1）D

2. 系统集成服务的具体内容有：___（2）___、软件集成、数据和信息集成、技术与管理集成、___（3）___。

（2）A．大规模集成电路　　　B．SOA 集成　　C．硬件集成　　D．人机集成

（3）A．人与组织机构的集成　　B．管理制度　　C．团队合作　　D．分布式集成

【辅导专家讲评】本题考查的是系统集成服务的具体内容，马上联想到记忆的口诀"硬软数技人"，可见这里缺少的是"硬"和"人"。而第（2）空中仅有选项 C 可供选择；第（3）空中仅有选项 A 可供选择。

参考答案：（2）C　　（3）A

3. 以下有关建设方、承建方、监理方三方的合作关系，说法错误的是___（4）___。

①建设方要组织具体实施方案，并获得报酬

②监理方受承建方委托，从事监理管理服务

③监理方受建设方委托，但不听命于建设方，可独立行使监理职责

④承建方负责发包，寻找合适的建设单位，并可将全部工作外包出去

（4）A．①②③④　　　B．①②④　　　　C．③　　　　D．②④

【辅导专家讲评】做这道题，首先要审清题干，题目中讲的"说法错误的是"，所以要找出不对的；其次建设方即业主方，所以①不对；监理方受建设方的委托，所以②不对；发包是建设方的职责，且承建方也不能将全部工作外包出去，所以④不对。综合考虑，①②④不对，③是正确的。

参考答案：（4）B

4. 监理的主要工作内容可概括为"四控三管一协调"，包括投资控制、___（5）___、质量控制、变更控制，安全管理、信息管理、___（6）___和沟通协调。

（5）A．人力资源控制　　B．需求控制　　C．文档控制　　D．进度控制

（6）A．风险管理　　　　B．配置管理　　C．合同管理　　D．需求管理

【辅导专家讲评】本题考的是监理的主要工作内容，参考的记忆口诀是"投进质变安信合，再加上沟通协调"，可见这里缺少的是"进"和"合"，即进度控制、合同管理。

参考答案：（5）D　　（6）C

5. 我国信息产业与信息化建设主管部门和领导机构在积极推进信息化建设的过程中，对所产生的问题予以密切关注，并逐步采取了有效的措施。概括来说，主要是实施计算机信息系统___（7）___管理制度；推行计算机系统集成___（8）___制度以及信息系统工程监理制度。

（7）A．集成资质　　　B．集成资格　　C．监理质量　　D．监理资质

（8）A．监理工程师资格管理　　　　　　B．项目经理

　　　C．价格听证　　　　　　　　　　D．监理单位资格管理

【辅导专家讲评】第（7）空选项中只有 A 合适，其他选项不通；第（8）空从题目来看应当是与系统集成有关的，所以 B 合适。

参考答案：（7）A　　（8）B

第 4～5 学时　信息系统集成专业技术知识 1-软件知识

信息系统集成专业技术知识的涉及面非常之广，不过不必钻研过深，但也需要了解。虽然第 4～5 学时中的知识点大多出现在上午的试题中，但下午的试题都是有关 IT 项目的案例，了解这些知识点才不致于下午的案例看不明白。

本处 2 个学时中主要涉及信息系统建设、软件开发模型、软件工程、软件过程改进、软件复用、面向对象基础、UML、软件架构、SOA 与 Web Service、数据仓库、软件构件、中间件技术、J2EE 与.NET、工作流技术与 AJAX 等方面的知识。

一、信息系统建设

信息系统的生命周期分为四个阶段，即**产生阶段、开发阶段、运行阶段**和**消亡阶段**。

（1）产生阶段。也称为信息系统的立项阶段、概念阶段、需求分析阶段。这一阶段又分为两个过程，一是概念的产生过程，即根据管理者的需要，提出建设信息系统的初步想法；二是需求分析过程，即深入调研和分析信息系统的需求，并形成需求分析报告。

（2）开发阶段。这个阶段是信息系统生命周期中**最为关键**的一个阶段。

（3）运行阶段。当信息系统通过验收，正式移交给用户以后，系统就进入了运行维护阶段。

（4）消亡阶段。信息系统必然会随着时间增加而逐渐消亡，因此在信息系统建设的初期就要注意系统的消亡条件和时机，以及由此带来的成本。

信息系统的生命周期又可详细分为五个子阶段，**即总体规划（又叫系统规划，包含可行性分析与项目开发计划）、系统分析（逻辑设计、需求分析）、系统设计（概要设计与详细设计）、系统实施（编码与测试）和系统验收与维护。**

信息系统的开发方法有**结构化方法、快速原型法、企业系统规划方法、战略数据规划方法、信息工程方法、面向对象方法**。

（1）结构化方法：该方法将系统开发周期分为系统规划、分析、设计、实施、运行维护等阶段。结构是指系统内各个组成要素之间相互联系、相互作用的框架。该开发过程先把系统功能看成是一个大模块，再根据系统分析与设计的要求进行模块分解或组合。

结构化方法的思想是模块化设计、自顶向下、逐步细化。把一个大问题分解为若干小问题，每个小问题再分解为更小问题，直到最底层问题足够简单，便于解决。

结构化方法的核心是数据字典，围绕核心分为数据模型、功能模型和行为模型（又称状态模型）三个层次。开发者使用 E-R 图（实体-联系图）代表数据模型，数据流图（DFD）代表功能模型，状态转换图（STD）代表行为模型。

（2）快速原型法：一种根据用户需求，利用系统开发工具，快速地建立一个系统模型并展示给用户，在此基础上与用户交流，最终实现用户需求的信息系统快速开发的方法。

（3）BSP（Business System Planning，企业系统规划方法）：BSP 方法的目标是提供一个信息系统规划，用以支持企业短期和长期的信息需求。

（4）战略数据规划方法：该方法认为，一个企业要建设信息系统，首要任务应该是在企业战略目标的指导下做好企业战略数据规划。一个好的企业战略数据规划应该是企业核心竞争力的重要构成因素。在信息系统发展的历程中共有四类数据环境，即**数据文件**、**应用数据库**、**主题数据库**和**信息检索系统**。

（5）信息工程方法：信息工程方法是企业系统规划方法和战略数据规划方法的总结和提升，而企业系统规划方法和战略数据规划方法是信息工程方法的基础和核心。

（6）面向对象方法：面向对象是一种设计模式，一种编程范式，是一种将现实问题抽象为代码的方式。对象是要进行研究的任何事物，可以是最简单的数字，也可以是结构复杂的飞机，还可以是抽象的规则、计划或事件等。

二、软件开发模型

软件开发模型又称为软件生存周期模型，是软件过程、活动和任务的结构框架。

软件开发的模型有很多种，如瀑布模型、演化模型、增量模型、螺旋模型、喷泉模型、构件组装模型、V 模型、RUP、敏捷开发模型等。

1. 瀑布模型

瀑布模型：该模型将整个开发过程分解为一系列有顺序的阶段，如果每个阶段发现问题则会返回上一阶段进行修改；如果正常则项目开发进程从一个阶段"流动"到下一个阶段，这也是瀑布模型名称的由来。

瀑布模型适用于需求比较稳定、很少需要变更的项目。

瀑布模型的核心思想是按工序将问题化简，将功能的实现与设计分开，便于分工协作，即瀑布模型采用**结构化的分析与设计方法**将逻辑实现与物理实现分开。瀑布模型按软件生命周期划分为**制定计划**、**需求分析**、**软件设计**、**程序编码**、**软件测试**和**运行维护**六个基本活动，如图 1-4-1 所示，并且规定了它们自上而下、相互衔接的固定次序，如同瀑布流水，逐级下落。

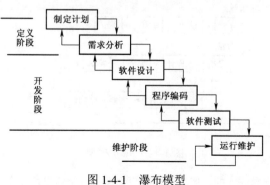

图 1-4-1　瀑布模型

2. 演化模型

演化模型如图 1-4-2 所示，是一种全局的软件（或产品）生存周期模型，属于迭代开发风范。该模型可看作是重复执行的，有反馈的多个"瀑布模型"。

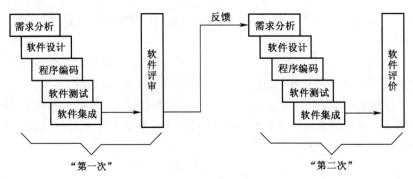

图 1-4-2　演化模型

演化模型根据用户的基本需求，通过快速分析构造出该软件的一个初始可运行版本，这个初始的软件通常称为原型，然后根据用户意见不断改进原型获得新版本，并重复这一过程，从而得到最终产品。**演化模型特别适用于对软件需求缺乏准确认识的情况。**

3. 增量模型

增量模型如图 1-4-3 所示，融合了瀑布模型的基本成分和原型实现的迭代特征，该模型采用随着时间发展而交错的线性序列，每一个线性序列产生一个可发布的"增量"。当使用增量模型时，第 1 个增量往往是核心的产品，实现了基本的需求，但很多补充的特征还没有实现。客户对每一个增量的使用和评估都作为下一个增量发布的新特征和功能，该过程不断重复，直到产生最终产品。

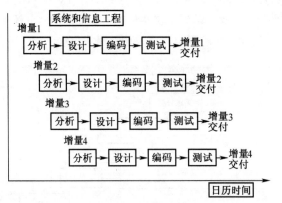

图 1-4-3　增量模型

增量模型与原型本质上是迭代的，但增量模型更强调每一个增量均发布一个可操作产品。增量模型的特点是引进了**增量包**的概念，无须等到所有需求都出来，只要某个需求的增量包出来即可进行开发。

4．螺旋模型

螺旋模型如图 1-4-4 所示，它将瀑布模型和快速原型模型结合起来，强调了其他模型所忽视的风险分析，**特别适合于大型复杂的系统**。

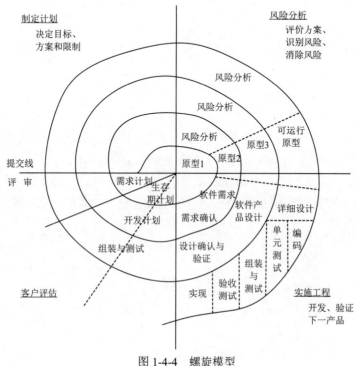

图 1-4-4　螺旋模型

螺旋模型采用一种周期性的方法来进行系统开发。该模型以进化的开发方式为中心，螺旋模型沿着螺线旋转，在四个象限上分别表达了四个方面的活动：

- **制定计划**——确定软件目标，选定实施方案，弄清项目开发的限制条件。
- **风险分析**——分析所选方案，识别和消除风险。
- **实施工程**——实施软件开发。
- **客户评估**——评价开发工作，提出修正建议。

5．喷泉模型

喷泉模型如图 1-4-5 所示，是一种以用户需求为动力、以对象为驱动的模型，主要**用于描述面向对象的软件开发过程**。

喷泉模型认为软件开发过程自下而上周期的各阶段是相互迭代和无间隙的。软件的某个部分常常重复工作多次，相关对象在每次迭代中随之加入渐进的软件成分。无间隙指在各项活动之间无明显边界，如分析和设计活动之间没有明显的界限。

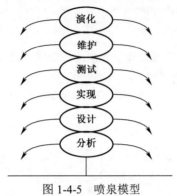

图 1-4-5 喷泉模型

6. 构件组装模型

构件组装模型融合了螺旋模型的许多特征,其本质上是演化的支持软件开发的迭代方法。但是,构件组装模型是利用预先包装好的软件构件（类）来构造应用程序的。

7. V 模型

V 模型如图 1-4-6 所示,它是瀑布模型的变型,说明测试活动是如何与分析和设计相联系的。

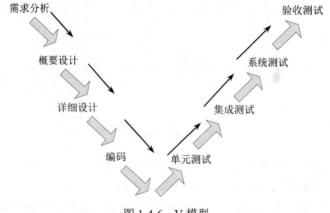

图 1-4-6 V 模型

需求分析：既明确客户需要什么,需要软件做成什么样子,有哪几项功能。

概要设计：主要是架构的实现,如搭建架构、表述各模块功能、模块接口连接和数据传递的实现。

详细设计：对概要设计中表述的各模块进行深入分析。

编码：按照详细设计好的模块功能表,编写出实际的代码。

单元测试：按照设定好的最小测试单元进行按单元测试,主要是测试程序代码,目的是确保各单元模块被正确地编译,单元的具体划分按不同的单位与不同的软件有所不同,比如有具体到模块的测试,也有具体到类/函数的测试等。

集成测试：经过了单元测试后,将各单元组合成完整的体系,主要测试各模块间组合后的功能实现情况，以及模块接口连接的成功与否、数据传递的正确性等。

系统测试：按照软件规格说明书中的要求，测试软件的性能功能等是否和用户需求相符合、在系统中运行是否存在漏洞等。

验收测试：用户在拿到软件的时候，会根据之前提到的需求以及规格说明书来做相应测试，以确定软件达到符合效果。

8. RUP

RUP（Rational Unified Process，统一软件开发过程）是一个面向对象且基于网络的程序开发方法论。迭代模型是 RUP 推荐的周期模型。

根据 Rational（Rational Rose）和统一建模语言的开发者的说法，RUP 就像一个在线的指导者，它可以为所有方面和层次的程序开发提供指导方针、模板以及事例支持。RUP 和类似的产品（如面向对象的软件过程及 Open Process）都是理解性的软件工程工具，把开发中面向过程的方面（如定义的阶段、技术和实践）和其他开发的组件（如文档、模型、手册以及代码等）整合在一个统一的框架内。

迭代模型的软件生命周期在时间上被分解为四个顺序的阶段，分别是**初始阶段**、**细化阶段**、**构建阶段**和**交付阶段**。每个阶段结束于一个主要的里程碑。在每个阶段的结尾执行一次评估以确定这个阶段的目标是否已经满足。如果评估结果令人满意，可以允许项目进入下一个阶段。

初始阶段的目标是为系统建立用例并确定项目的边界，该阶段关注整个项目中的业务和需求方面的主要风险。该阶段里程碑——生命周期目标里程碑。

细化阶段的目标是分析问题领域，建立健全的体系结构基础，编制项目计划，淘汰项目中最高风险的元素。为了达到该目的，必须在理解整个系统的基础上，对体系结构作出决策，包括其范围、主要功能和诸如性能等非功能需求。同时为项目建立支持环境，包括创建开发案例，创建模板、准则并准备工具。该阶段的里程碑——生命周期结构里程碑。

在构建阶段，所有剩余构件和应用程序功能被开发并集成为产品，所有功能被详细测试。该阶段重点在于管理资源和控制运作，以优化成本、进度和质量。该阶段里程碑——初始功能里程碑，产品版本称为 beta 版。

交付阶段的重点是确保软件对最终用户是可用的。该阶段里程碑——产品发布里程碑。

9. 敏捷开发模型

敏捷软件开发是从 20 世纪 90 年代开始使用的新型软件开发方法。敏捷软件开发的特点如下：

（1）快速迭代：软件通过短周期的迭代交付、完善产品。

（2）快速尝试：避免过长时间的需求分析及调研，快速尝试。

（3）快速改进：在迭代周期过后，根据客户反馈快速改进。

（4）充分交流：团队成员无缝的交流，如每天短时间的站立会议。

（5）简化流程：拒绝一切形式化的东西，使用简单、易用的工具。

Scrum 原义是橄榄球的术语"争球"，是一种敏捷开发方法，属于迭代增量软件开发。该方法假设开发软件就像开发新产品，无法确定成熟流程，开发过程需要创意、研发、试错，因此没有一种固定流程可确保项目成功。

Scrum 把软件开发团队比作橄榄球队，有明确的最高目标；熟悉开发所需的最佳技术；高度自主，紧密合作，高度弹性解决各种问题；确保每天、每阶段都向目标明确地推进。

Scrum 的迭代周期通常为 30 天，开发团队尽量在一个迭代周期（一个 Sprint）交付开发成果，团队每天用 15 分钟开会检查成员计划与进度，了解困难，决定第二天的任务。

三、软件工程

1. 软件需求

软件需求包括三个层次：**业务需求、用户需求和功能需求、非功能需求**。

- 业务需求反映了组织机构或客户对系统、产品高层次的目标要求，业务需求在项目视图与范围文档中予以说明。
- 用户需求描述了用户使用产品必须要完成的任务。
- 功能需求定义了开发人员必须实现的软件功能，使得用户能完成他们的任务，从而满足业务需求。非功能需求包括产品必须遵从的标准、规范和合约，外部界面的具体细节，性能要求，设计或实现的约束条件及质量属性，例如软件质量属性（可维护性、可靠性、效率等）、必须采用国有自主知识产权的数据库系统等。

2. 软件设计

软件设计是把许多事物和问题抽象起来，并且抽象其不同的层次和角度。软件设计的基本原则是**信息隐蔽**与**模块独立性**。

内聚是一个模块内部各个元素彼此结合的紧密程度的度量。一个模块内部各个元素之间的联系越紧密，则它的内聚性就越高，相对地，它与其他模块之间的耦合性就会越低，而模块独立性就越强。

模块的独立性和耦合性如图 1-4-7 所示。内聚按强度从低到高有以下几种类型：

- 偶然内聚，即巧合内聚：如果一个模块的各成分之间毫无关系，则称为偶然内聚。
- 逻辑内聚：几个逻辑上相关的功能被放在同一模块中，则称为逻辑内聚。如一个模块读取各种不同类型外设的输入。尽管逻辑内聚比偶然内聚合理一些，但逻辑内聚的模块各成分在功能上并无关系，即使局部功能的修改有时也会影响全局，因此这类模块的修改也比较困难。
- 时间内聚：如果一个模块完成的功能必须在同一时间内执行（如系统初始化），但这些功能只是因为时间因素关联在一起，则称为时间内聚。
- 过程内聚：如果一个模块内部的处理成分是相关的，而且这些处理必须以特定的次序执行，则称为过程内聚。
- 通信内聚：如果一个模块的所有成分都操作同一数据集或生成同一数据集，则称为通信内聚。
- 顺序内聚：如果一个模块的各个成分和同一个功能密切相关，而且一个成分的输出作为另一个成分的输入，则称为顺序内聚。

● 功能内聚：模块的所有成分对于完成单一的功能都是必需的，则称为功能内聚。

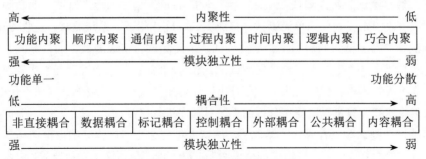

图 1-4-7　模块的独立性和耦合性

【辅导专家提示】内聚性参考记忆口诀："**偶逻时过通顺功**"。

耦合是软件各模块之间结合紧密度的一种度量。耦合性由低到高有以下几种类型：

● 非直接耦合：两个模块之间没有直接关系，它们之间的联系完全是通过主模块的控制和调用来实现的。

● 数据耦合：一个模块访问另一个模块时，彼此之间是通过简单数据参数（不是控制参数、公共数据结构或外部变量）来交换输入、输出信息的。

● 标记耦合：一组模块通过参数表传递记录信息，就是标记耦合。这个记录是某一数据结构的子结构，而不是简单变量。其实传递的是这个数据结构的地址。

● 控制耦合：如果一个模块通过传送开关、标识、名字等控制信息，明显地控制选择另一模块的功能，就是控制耦合。

● 外部耦合：一组模块都访问同一全局简单变量，而不是同一全局数据结构，而且不是通过参数表传递该全局变量的信息，则称为外部耦合。

● 公共耦合：若一组模块都访问同一个公共数据环境，则它们之间的耦合就称为公共耦合。公共的数据环境可以是全局数据结构、共享的通信区、内存的公共覆盖区等。

● 内容耦合：如果发生下列情形，两个模块之间就发生了内容耦合。

【辅导专家提示】耦合性参考记忆口诀："**非数标控外公内**"。

（1）一个模块直接访问另一个模块的内部数据。

（2）一个模块不通过正常入口转到另一模块内部。

（3）两个模块有一部分程序代码重叠（只可能出现在汇编语言中）。

（4）一个模块有多个入口。

3. 软件测试

软件测试是指使用人工或者自动手段来运行或测试某个系统的过程，其目的在于**检验它是否满足规定的需求或弄清预期结果与实际结果之间的差别**。

（1）软件测试分类。软件测试根据不同开发模型引申出对应的测试模型，主要有 V 模型、W

模型、H 模型、X 模型、前置测试模型。软件测试从是否关心软件内部结构和具体实现的角度划分为**白盒测试、黑盒测试、灰盒测试**；从是否执行程序的角度划分为静态测试、动态测试；从软件开发的过程按阶段的角度划分为**单元测试、集成测试、确认测试、系统测试、验收测试**。

动态测试（白盒测试、黑盒测试、灰盒测试；单元测试、集成测试、确认测试、系统测试、验收测试、回归测试；人工测试、自动化测试；α 测试、β 测试）指通过运行程序发现错误；**静态测试**（包含各阶段的评审、代码检查、程序分析、软件质量度量）指被测试程序不在机器上运行，而是采用人工检测和计算机辅助静态分析的手段对程序进行检测。

黑盒测试把被测试对象看成一个黑盒子，测试人员完全不考虑程序的内部结构和处理过程，只在软件的接口处进行测试，依据需求规格说明书，检查程序是否满足功能要求。**白盒测试**把测试对象看作一个打开的盒子，测试人员须了解程序的内部结构和处理过程，以检查处理过程的细节为基础，对程序中尽可能多的逻辑路径进行测试，检验内部控制结构和数据结构是否有错，实际的运行状态与预期的状态是否一致。由于白盒测试是结构测试，所以被测对象基本上是源程序，以程序的内部逻辑为基础设计测试用例。白盒测试按覆盖程度从弱到强依次为**语句覆盖、判定覆盖、条件覆盖、判定/条件覆盖、条件组合覆盖、路径覆盖**。**灰盒测试**是一种介于白盒测试与黑盒测试之间的测试，它关注输出对于输入的正确性，同时也关注内部表现，但这种关注不像白盒测试那样详细且完整，而只是通过一些表征性的现象、事件及标志来判断程序内部的运行状态。

α 测试（Alpha 测试）是用户在开发环境下进行的测试；β 测试（Beta 测试）是用户在实际使用环境下进行测试，在通过 β 测试后，就可以发布或交付产品。回归测试是指修改了代码后所需要的再次测试，以确认没有引入新的错误。

桌前检查由程序员自己检查自己编写的程序。

代码审查是由若干程序员和测试员组成一个会审小组，通过阅读、讨论和争议，对程序进行静态分析的过程。

代码走查与代码审查的过程大致相同，但开会的程序与代码审查不同，代码走查不是简单地读程序和对照错误检查表进行检查，而是让与会者"充当"计算机，集体扮演计算机角色，让测试用例沿程序的逻辑运行一遍，随时记录程序的踪迹，供分析和讨论用。

面向对象测试是与采用面向对象开发相对应的测试技术，它通常包括 4 个测试层次，从低到高排列分别是**算法层、类层、模板层**和**系统层**。

性能测试是通过自动化的测试工具模拟多种正常峰值以及异常负载条件来对系统的各项性能指标进行测试。负载测试和压力测试都属于性能测试，两者可以结合进行，统称为负载压力测试。通过**负载测试**，确定在各种工作负载下系统的性能，目标是测试当负载逐渐增加时，系统各项性能指标的变化情况。

压力测试是通过确定一个系统的瓶颈或者不能接收的性能点，来获得系统能提供的最大服务级别的测试。

第三方测试指独立于软件开发方和用户方的测试，也称为"独立测试"。软件质量工程强调开展独立验证和确认活动，由在技术、管理和财务上与开发组织具有规定的程序独立的组织执行验证和确认过程。软件第三方测试一般在模拟用户真实应用环境下进行软件确认测试。**软件确认**测试的目的是确保构造了正确的产品（即满足特定的目的）。

（2）测试管理。测试管理是为了实现测试目标而进行的，以测试人员为中心，针对测试生命周期及相关资源，而进行的有效的计划、组织、管理等协调活动。

测试管理的内容包括：测试监控管理、测试配置管理、测试风险管理、测试人员绩效考核等。

1）测试监控管理：记录与管理测试用例的执行；根据现状判断测试用例的设计质量和效率；依据 BUG 分布，判断是否可以结束测试；评估测试软件、开发过程质量；评估测试工程师。

2）测试配置管理：属于软件配置管理子集，测试配置管理贯穿测试的全过程，主要工作为搭建测试环境、包含获取正确的测试、发布版本。测试配置管理的管理对象包括：测试工具、测试方案、测试计划、测试用例、测试版本、测试环境以及测试结果等。

3）测试风险管理：降低**软件测试过程中的各类风险**，比如需求风险、测试用例风险、缺陷风险、代码质量风险、测试环境与技术风险、回归测试风险、沟通协调风险、其他风险等。

4）测试人员绩效考核：测试考核基于测试，必须在测试过程结束后再进行。考核内容如表 1-4-1 所示。

表 1-4-1　测试人员考核内容及指标

考核方向	具体考核内容与指标
工作内容考核	（1）参与软件开发过程的工作内容考核。 （2）参与测试文档的准备工作。 （3）执行测试的工作。 （4）测试结果缺陷残留。 （5）测试人员沟通能力考核
工作效率考核	（1）测试设计的工作效率指标：文档产出率；用例产出率。 （2）测试执行的工作效率指标：执行效率；进度偏离度；缺陷发现率
工作质量考核	（1）测试设计的工作质量指标：需求覆盖率；文档质量；文档有效率；用例有效率；评审问题数。 （2）测试执行的工作质量指标：缺陷数；有效缺陷数/率；严重缺陷率；模块缺陷率；遗漏缺陷率；Bug 发现时间点；缺陷定位和可读性
对自动化测试人员效率的度量	（1）自动化测试引入和使用合理性判断。 （2）自动化测试后，特别是性能测试后的结果分析
测试项目负责人效率的度量	（1）是否提早介入测试。 （2）检查提交测试是否严格依据标准，严格把关。 （3）在测试计划阶段评价测试计划的合理性。 （4）在项目完结后，总结评价项目中负责人的跟进情况，特殊情况处理，风险发生后的处理，资源协调、沟通与配合等
测试管理的度量	（1）计划质量 （2）成本质量

4．软件维护

所谓软件维护就是在软件已经交付使用之后，为了改正错误或满足新的需要而修改软件的过程。依据软件本身的特点，软件的可维护性主要由**可理解性**、**可测试性**、**可修改性**三个因素决定。

软件的维护从性质上分为**纠错性（更正性）维护**、**适应性维护**、**预防性维护**和**完善性维护**。

（1）纠错性维护是指改正在系统开发阶段已发生而系统测试阶段尚未发现的错误。例如，系统漏洞补丁。

（2）适应性维护是指使用软件适应信息技术变化和管理需求变化而进行的修改。例如，由于业务变化，业务员代码长度由现有的 5 位变为 8 位，增加了 3 位。

（3）完善性维护是为扩充功能和改善性能而进行的修改，主要是指对已有的软件系统增加一些在系统分析和设计阶段中没有规定的功能与性能特征，这方面的维护占整个维护工作的 50%～60%。例如，为方便用户使用和查找问题，系统提供联机帮助。

（4）预防性维护是为了改进应用软件的可靠性和可维护性，为了适应未来的软硬件环境的变化，主动增加预防性的新功能，以使应用系统适应各类变化而不被淘汰。例如，网吧老板为适应将来网速的需要，将带宽从 2Mbps 提高到 100Mbps。

5．软件生命周期

软件生命周期是指软件产品从从软件构思一直到软件被废弃或升级替换的全过程。软件生命周期一般包括问题提出、可行性分析、需求分析、概要设计、详细设计、软件实现、软件测试、维护等阶段。

引入三个概念，用于描述软件开发时需要做的工作：

（1）软件过程：活动的集合；

（2）活动：任务的集合；

（3）任务：一个输入变为输出的操作。

软件生命周期过程分为三类：

（1）基本过程：与软件生产直接相关的活动集，包括获取过程、供应过程、开发过程、运作过程、维护过程。

（2）支持过程：软件开发各方所从事的一系列支持活动集，包括文档编制过程、配置管理过程、质量保证过程、验证过程、确认过程、联合评审过程、审计过程、问题解决等。

（3）组织过程：与软件生产组织有关的活动集，包括管理过程、基础设施过程、改进过程、人力资源过程、资产管理过程、重用大纲管理过程、领域工程过程。

四、软件过程改进

软件过程改进（Software Process Improvement，SPI）帮助软件企业对其软件过程的改进进行计划、制定以及实施，它的实施对象就是软件企业的**软件过程**，也就是**软件产品的生产过程**，当然也包括软件维护之类的维护过程。

CMM（Capability Maturity Model for Software，全称为SW-CMM，软件能力成熟度模型）就是结合了**质量管理**和**软件工程**的双重经验而制定的一套针对软件生产过程的规范。

CMM将成熟度划分为5个等级，如图1-4-8所示。

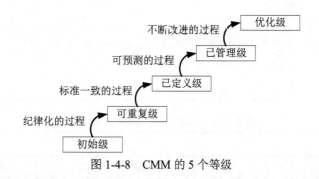

图1-4-8　CMM的5个等级

CMMI（Capability Maturity Model Integration，能力成熟度模型集成）是CMM模型的最新版本，分为如下五个级别。

（1）**完成级**。该级别下，企业清楚项目目标和要完成的事情，但由于项目完成具有偶然性，无法保证同类项目仍然能完成。该级别的企业的项目实施**对实施人员有很大的依赖性**。

（2）**管理级**。该级别下，企业在项目实施上可以遵守既定的计划与流程，有资源准备，权责到人，项目实施人员有相应的培训，整个流程有监测与控制，并与上级单位对项目与流程进行审查。这一系列的管理手段排除了企业在上一级时完成任务的随机性，保证了**企业的所有项目实施都会成功**。

（3）**定义级**。企业不仅对项目实施有一整套的管理措施，并且能够保障项目的完成；而且，企业能够依据自身的特点，将自身的**标准流程、管理体系**，予以制度化，这样企业不仅能够在同类的项目上得到成功的实施，在不同类的项目上一样能够得到成功的实施。

（4）**量化管理级**。企业的项目管理不仅形成了一种制度，而且要实现**数字化管理**。对管理流程要做到**量化**与**数字化**。通过量化技术来实现流程的稳定性，实现管理的精度，降低项目实施在质量上的波动。

（5）**优化级**。企业的项目管理达到了最高境界。企业不仅能够通过信息手段与数字化手段来实现对项目的管理，而且能够充分利用信息资料，对企业在项目实施过程中可能出现的次品予以预防，能够主动地改善流程，运用新技术，实现流程的优化。

CMMI采用统一的24个过程域，采用CMM的阶段表示法和EIA/IS731连续式表示法，前者侧重描述组织能力成熟度，后者侧重描述过程能力成熟度。两种表示法具体参见表1-4-2和表1-4-3。

表 1-4-2　阶段表示法的过程域分组

成熟度等级	过程域
完成级	无
管理级	需求管理、项目计划、项目监控、供应商合同管理、度量与分析、过程与产品质量保证、配置管理
定义级	需求开发、技术解决方案、产品集成、验证、确认、组织过程焦点、组织过程定义、组织培训、集成项目管理、风险管理、决策分析与解决、集成团队、集成组织环境。
量化管理级	组织过程性能、量化项目管理
优化级	组织改革与实施、原因分析与决策

表 1-4-3　连续式表示法的过程域分组

连续式分组	过程域
过程管理	组织过程焦点、组织过程定义、组织培训、组织改革与实施、组织过程性能
项目管理	项目计划、项目监控、供应商合同管理、集成项目管理、风险管理、集成团队、量化项目管理
工程	需求管理、需求开发、技术解决方案、产品集成、验证、确认
支持	配置管理、度量与分析、过程与产品质量保证、决策分析与解决、集成组织环境、原因分析与决策

五、软件复用

软件复用，又称**软件重用**，是指在两次或多次不同的软件开发过程中重复使用相同或相近软件元素的过程。软件元素包括**程序代码**、**测试用例**、**设计文档**、**设计过程**、**需求分析文档**甚至领域知识。通常，把这种可重用的元素称作软件构件，简称为构件。**可重用的软件元素越大，就说重用的粒度越大。**

六、面向对象基础

首先要掌握一些基本的术语。对象是系统中用来描述客观事物的一个实体，它是构成系统的一个基本单位。面向对象的软件系统是由对象组成的，复杂的对象由比较简单的对象组合而成；类是对象的抽象定义，是一组具有相同数据结构和相同操作的对象的集合，类的定义包括一组数据属性和在数据上的一组合法操作。也就是说，**类是对象的抽象，对象是类的具体实例**。一个类可以产生一个或多个对象。面向对象方法使系统的描述及信息模型的表示与客观实体相对应，符合人们的思维习惯，有利于系统开发过程中用户与开发人员的交流和沟通。

封装是对象的一个重要原则。它有两层含义：第一，对象是其全部属性和全部服务紧密结合而成的一个不可分割的整体；第二，对象是一个不透明的黑盒子，表示对象状态的数据和实现操作的代码都被封装在黑盒子里面。使用一个对象的时候，只需知道它向外界提供的接口形式，无须知道它的数据结构细节和实现操作的算法。

继承是使用已存在的定义作为基础建立新的定义。继承表示类之间的层次关系。

多态中最常用的一种情况就是，类中具有相似功能的不同函数是用同一个名称来实现的，从而可以使用相同的调用方式来调用这些具有不同功能的同名函数。多态在多个类中可以定义同一个操作或属性名，并在每个类中可以有不同的实现。

接口：操作的规范说明，说明操作应该做什么。

消息和方法：对象之间进行通信使用消息来实现。类中操作的实现过程叫做方法。

软件复用：用已有软件构造新的软件，以缩减软件开发和维护的费用，称为软件复用。

抽象：针对特定实例抽取共同特征的过程。

七、UML

统一建模语言（Unified Modeling Language，UML）是一个通用的可视化建模语言。UML特点如下：

（1）是可视化的建模语言，不是可视化的程序设计语言。

（2）不是过程、方法，但允许过程和方法调用。

（3）简单、可扩展，不因扩展而修改核心。

（4）属于建模语言的规范说明，是面向对象分析与设计的一种标准表示。

（5）支持高级概念（如框架、模式、组件等），并可重用。

（6）可集成最好的软件工程实践经验。

1. 事物

事物（Things）：是UML最基本的构成元素（结构、行为、分组、注释）。UML中将各种事物构造块归纳成了以下四类。

（1）结构事物：静态部分，描述概念或物理元素。主要结构事物如表1-4-4所示。

表1-4-4　主要结构事物

事物名	定义	图形
类	是对一组具有相同属性、相同操作、相同关系和相同语义的对象的抽象	图形 位置 颜色 Draw()
对象	类的一个实例	图形A：图形
接口	服务通告，分为供给接口（能提供什么服务）和需求接口（需要什么服务）	供给接口 需求接口

事物名	定义	图形
用例	某类用户的一次连贯的操作，用以完成某个特定的目的	 用例1
协作	协作就是一个"用例"的实现	
构件	构件是系统设计的一个模块化部分，它隐藏了内部的实现，对外提供了一组外部接口	 构件名称

（2）行为事物：动态部分，是一种跨越时间、空间的行为。

（3）分组事物：大量类的分组。UML 中，包（Package）可以用来分组。包图形如图 1-4-9 所示。

（4）注释事物：图形如图 1-4-10 所示。

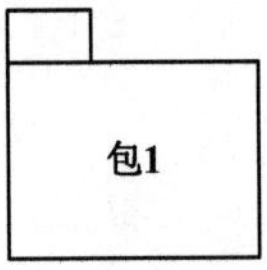

包1

图 1-4-9　包

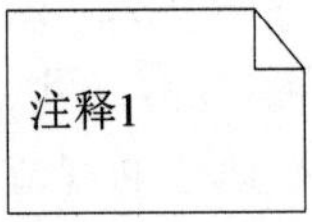

注释1

图 1-4-10　注释

2.关系

关系（Relationships）：任何事物都不应该是独立存在的，总存在一定的关系，UML 的关系（例如依赖、关联、泛化、实现等）把事物紧密联系在一起。UML 关系就是用来描述事物之间的关系。常见的 UML 关系如表 1-4-5 所示。

表 1-4-5　常见的 UML 关系

名称	子集	举例	图形
关联	关联	两个类之间存在某种语义上的联系，执行者与用例的关系。例如：一个人为一家公司工作，人和公司有某种关联	 
	聚合	整体与部分的关系。例如：狼与狼群的关系	
	组合	"整体"离开"部分"将无法独立存在的关系。例如：车轮与车的关系	
泛化		一般事物与该事物中特殊种类之间的关系。例如：猫科与老虎的继承关系	
实现		规定接口和实现接口的类或组件之间的关系	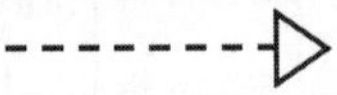
依赖		例如：人依赖食物	

3. 图

图（Diagrams）：是事物和关系的可视化表示。UML 中事物和关系构成了 UML 的图。在 UML 2.0 中总共定义了 13 种图。图 1-4-11 从使用的角度将 UML 的 13 种图分为结构图（又称静态模型）和行为图（又称动态模型）两大类。

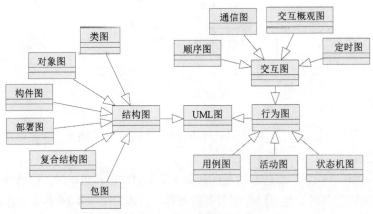

图 1-4-11   UML 图形分类

（1）类图：描述类、类的特性以及类之间的关系。具体类图如图 1-4-12 所示，该图描述了一个电子商务系统的一部分，表示客户、订单等类及其关系。

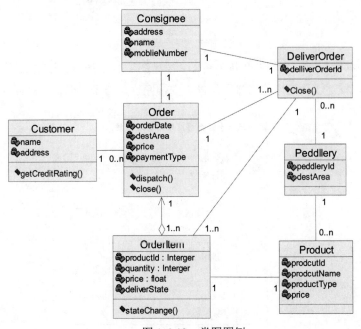

图 1-4-12   类图图例

（2）对象图：对象是类的实例，而对象图描述一个时间点上系统中各个对象的快照。对象图和类图看起来是十分相近的，实际上，除了在表示类的矩形中添加一些"对象"特有的属性，其他元素的含义是基本一致的。具体对象图如图1-4-13所示。

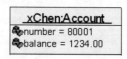

图1-4-13　对象图图例

- 对象名：由于对象是一个类的实例，因此其名称的格式是"对象名:类名"，这两个部分是可选的，但如果是包含了类名，则必须加上"："。另外，为了和类名区分，还必须加上下划线。
- 属性：由于对象是一个具体的事物，所有的属性值都已经确定，因此通常会在属性的后面列出其值。

（3）包图：对语义联系紧密的事物进行分组。在UML中，包是用一个带标签的文件夹符号来表示的，可以只标明包名，也可以标明包中的内容。具体如图1-4-14所示，本图表示一订单系统的局部模型。

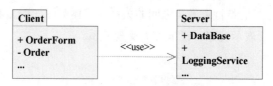

图1-4-14　包图图例

（4）用例图：描述用例、参与者及其关系。具体如图1-4-15所示，该图描述一张小卡片公司的围棋馆管理系统，描述了预定座位、排队等候、安排座位、结账（现金、银行卡支付）等功能。

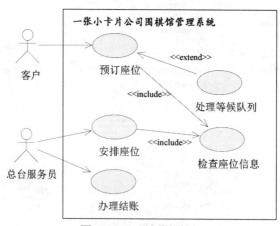

图1-4-15　用例图图例

（5）构件图：描述构件的结构与连接。通俗地说，构件是一个模块化元素，隐藏了内部的实现，对外提供一组外部接口。具体如图 1-4-16 所示，该图是简单图书馆管理系统的构件局部。

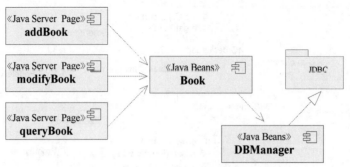

图 1-4-16　构件图图例

（6）复合结构图：显示结构化类的内部结构。具体如图 1-4-17 所示，该图描述了船的内部构造，包含螺旋桨和发动机。螺旋桨和发动机之间通过传动轴连接。

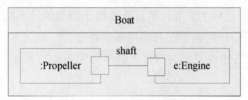

图 1-4-17　复合结构图图例

（7）顺序图：描述对象之间的交互，重点强调顺序，反映对象间的消息发送与接收。具体如图 1-4-18 所示，该图将一个订单分拆到多个送货单。

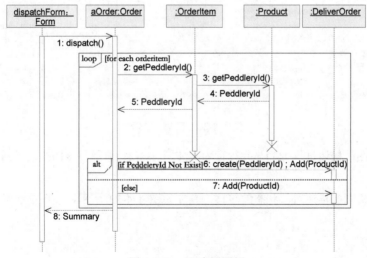

图 1-4-18　顺序图图例

（8）通信图：描述对象之间的交互，重点在于连接。通信图和顺序图语义相通，关注点不同，可相互转换。具体如图 1-4-19 所示，该图仍然是将一个订单分拆到多个送货单。

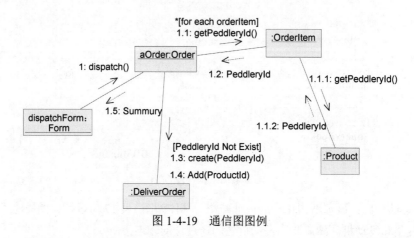

图 1-4-19　通信图图例

（9）定时图：描述对象之间的交互，重点在于给出消息经过不同对象的具体时间。

（10）交互概观图：属于一种顺序图与活动图的混合。

（11）部署图：描述在各个结点上的部署。具体如图 1-4-20 所示，该图描述了某 IC 卡系统的部署图。

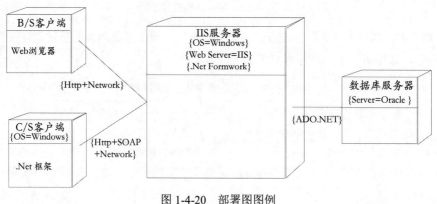

图 1-4-20　部署图图例

（12）活动图：描述过程行为与并行行为。如图 1-4-21 所示，该图描述了网站上用户下单的过程。

（13）状态机图：描述对象状态的转移。具体如图 1-4-22 所示，该图描述考试系统中各过程状态的迁移。

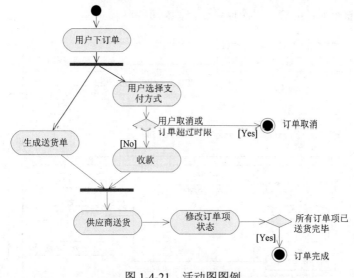

图 1-4-21　活动图图例

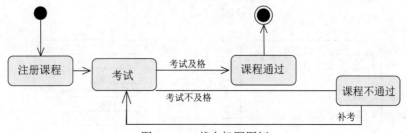

图 1-4-22　状态机图图例

八、软件架构

软件架构也称为软件体系结构，是一系列相关的抽象模式，用于指导软件系统各个方面的设计。软件架构是一个系统的草图。软件架构描述的对象是直接构成系统的抽象组件。各个组件之间的连接则明确和相对细致地描述组件之间的通信。在实现阶段，这些抽象组件被细化为实际的组件，比如具体某个类或者对象。

2 层 C/S（Client/Server，客户机/服务器）架构：其架构如图 1-4-23 所示。服务器只负责各种数据的处理和维护，为各个客户机应用程序管理数据；客户机包含文档处理软件、决策支持工具、数据查询等应用逻辑程序。这是一种"胖客户机、瘦服务器"的网络结构模式。

3 层 C/S 架构：其架构如图 1-4-24 所示。将应用功能分成表示层、功能层和数据层三部分；各层在逻辑上保持相对独立，整个系统的逻辑结构更为清晰，能提高系统和软件的可维护性和可扩展性；允许灵活有效地选用相应的平台和硬件系统，具有良好的可升级性和开放性；各层可以并行开发，也可以选择各自最适合的开发语言；功能层有效地隔离表示层与数据层，为严格的安全管理奠定了坚实的基础；整个系统的管理层次也更加合理和可控制。

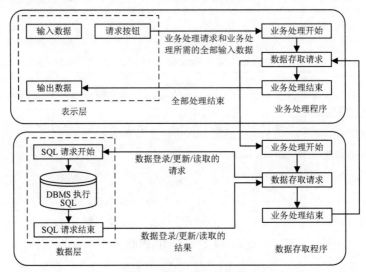

图 1-4-23 2 层 C/S 架构

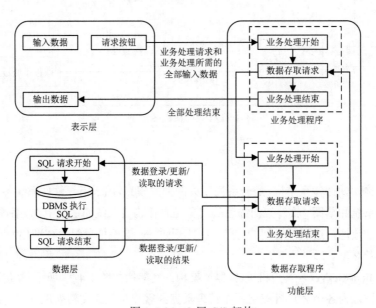

图 1-4-24 3 层 C/S 架构

在 3 层 C/S 架构中，表示层在应用用户接口部分担负与应用逻辑间的对话功能；功能层负责具体的业务处理逻辑；数据层负责管理对数据库的读写。

B/S（Browser/Server，浏览器/服务器）架构：是对 C/S 结构的一种变化或者改进的结构；在这种结构下，用户工作界面是通过 WWW 浏览器来实现的，极少部分事务逻辑在浏览器端实现，但是主要事务逻辑在服务器端实现。相对于 C/S 结构属于"胖"客户端，B/S 结构属于一种"瘦"客户端，大多数或主要的业务逻辑都存在于服务器端，因此，B/S 结构的系统不需要安装客户端软件，这样就大大减轻了客户端计算机的载荷，减少了系统维护与升级的成本和工作量，降低了用户的总体成本。

九、SOA 与 Web Service

SOA（Service-Oriented Architecture，面向服务的体系结构）是一个组件模型，它将应用程序的不同功能单元（称为服务）通过这些服务之间定义良好的接口和契约联系起来。

SOA 是一种**粗粒度、松耦合**的服务架构，服务之间通过简单、精确定义的**接口**进行通信，不涉及底层编程接口和通信模型。接口是采用中立的方式进行定义的，它独立于实现服务的硬件平台、操作系统和编程语言。这使得构建在各种此类系统中的服务可以以一种统一和通用的方式进行交互。SOA 可以看作是 B/S 模型、XML/Web Service 技术之后的自然延伸，Web Service 即 Web 服务。

在理解 SOA 和 Web 服务的关系上，经常发生混淆。Web 服务是技术规范，而 SOA 是设计原则。特别是 Web 服务中的 **WSDL**（Web Services Description Language，Web 服务描述语言），是一个 SOA 配套的接口定义标准，这是 Web 服务和 SOA 的根本联系。从本质上来说，SOA 是一种架构模式，而 Web 服务是利用一组标准实现的服务。**Web 服务是实现 SOA 的方式之一，换句话说 Web Service 让 SOA 真正得到了应用**。

Web Service 是解决应用程序之间相互通信的一项技术。严格地说，Web Service 是描述一系列操作的接口，它使用标准的、规范的 XML 描述接口。这一描述包括与服务进行交互所需要的全部细节，包括消息格式、传输协议和服务位置。而在对外的接口中隐藏了服务实现的细节，仅提供一系列可执行的操作，这些操作独立于软、硬件平台和编写服务所用的编程语言。在 Web Service 模型的解决方案中共有三种工作角色，其中**服务提供者**（服务器）和**服务请求者**（客户端）是必需的，**服务注册中心**是一个可选的角色。它们之间的交互和操作（如图 1-4-25 所示）构成了 Web Service 的体系结构。服务提供者定义并实现 Web Service，然后将服务描述发布到服务请求者或服务注册中心；服务请求者使用查找操作从本地或服务注册中心检索服务描述，然后使用服务描述与服务提供者进行绑定并调用 Web Service。

与 Web Service 有关的协议和术语还有 SOAP、XML、UDDI、XSD、WSDL 等。

XML（eXtensible Markup Language，可扩展标记语言）规定了服务之间以及服务内部数据交换的格式和结构，通过 XML 可以将任何文档转换成 XML 格式，然后跨越 Internet 协议传输。**XML 是 Web Service 表示数据的基本格式**。除了易于建立和易于分析外，XML 的主要优点在于它既是与平台无关的，又是与厂商无关的。

XML 解决了数据表示的问题，但它没有定义一套标准的数据类型，更没有说明如何扩展这套数据类型。例如，整型数到底代表什么？16 位，32 位，还是 64 位？这些细节对实现互操作性都是很重要的。W3C 制定的 XML Schema Definition（XSD）就是专门解决这个问题的一套标准。它定义了一套标准的数据类型，并给出了一种语言来扩展这套数据类型。**Web Service 就是用 XSD 来作为其数据类型系统的。**

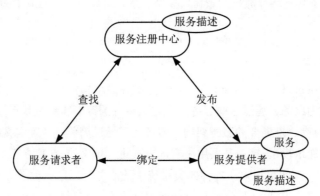

图 1-4-25　Web Service 模型的三种工作角色

Web Service 建好以后，你或者其他人就可以去调用它。**SOAP**（Simple Object Access Protocol，简单对象访问协议）提供了标准的 RPC 方法来调用 Web Service。SOAP 规范定义了 SOAP 消息的格式，以及如何通过 HTTP 协议来使用 SOAP。SOAP 也是基于 XML 和 XSD 的，XML 是 SOAP 的数据编码方式。

Web Service 有什么功能、调用的函数参数数据类型是什么、有几个参数等，这些描述就需要一种语言，这就是 **WSDL**（Web Services Description Language，Web 服务描述语言）。WSDL 本身其实就是一个标准的 XML 文档，用于描述 Web Service 及其函数、参数和返回值。

UDDI（Universal Description, Discovery and Integration，通用描述、发现与集成服务）是一种目录服务，可以使用它对 Web Services 进行注册和搜索。UDDI 是一个分布式的互联网服务注册机制，它集描述、**检索**与集成为一体，其核心是**注册机制**。UDDI 实现了一组可公开访问的接口，通过这些接口，网络服务可以向服务信息库注册其服务信息，服务需求者可以找到分散在世界各地的网络服务。

十、数据仓库有关的术语

数据仓库（Data Warehouse，DW）是一个面向主题的、集成的、相对稳定的、反映历史变化的数据集合，用于支持各种决策。

数据仓库中有关的主要术语和整体结构如图 1-4-26 所示。

- **ETL**（Extract/Transform/Load，抽取/转换/加载）：从数据源抽取出所需的数据，经过数据清洗、转换，最终按照预先定义好的数据仓库模型，将数据加载到数据仓库中去。ETL 服务包括数据同步、数据合并、数据迁移、数据交换、数据联邦及数据仓库。
- **元数据**：关于数据的数据，指在数据仓库建设过程中所产生的有关数据源定义、目标定义、转换规则等相关的关键数据。典型的元数据包括数据仓库表的结构、数据仓库表的属性、数据仓库的源数据（记录系统）、从记录系统到数据仓库的映射、数据模型的规格说明、抽取日志和访问数据的公用例行程序等。

- **粒度**：数据仓库的数据单位中保存数据的细化或综合程度的级别。细化程度越高，粒度级就越小；相反，细化程度越低，粒度级就越大。

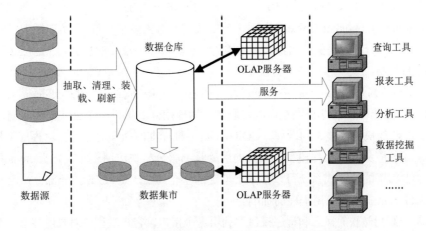

图 1-4-26　数据仓库中有关的主要术语和整体结构

- **分割**：结构相同的数据被分成多个数据物理单元。任何给定的数据单元属于且仅属于一个分割。
- **数据集市**：小型的，面向部门或工作组级的数据仓库。
- **ODS**（Operation Data Store，操作数据存储）：能支持企业日常的全局应用的数据集合，是不同于 DB 的一种新的数据环境，是 DW 扩展后得到的一个混合形式。四个基本特点：面向主题的、集成的、可变的、当前或接近当前的。

数据源是数据仓库系统的基础，数据源可以有多种，比如关系型数据库、数据文件（Excel、XML）等。数据仓库的**关键是数据的存储和管理**。数据仓库的组织管理方式决定了它有别于传统数据库，同时也决定了其对外部数据的表现形式。数据仓库按照数据的覆盖范围，可以分为企业级数据仓库和部门级数据仓库（通常称为数据集市）。

OLAP 服务器对分析需要的数据进行有效集成，按多维模型予以组织，以便进行多角度、多层次的分析，并发现趋势。前端工具主要包括各种报表工具、查询工具、数据分析工具、数据挖掘工具以及各种基于数据仓库或数据集市的应用开发工具。其中数据分析工具主要针对 OLAP 服务器，报表工具、数据挖掘工具主要针对数据仓库。

十一、软件构件

构件（组件）是可复用的软件组成成分，可被用来构造其他软件。它可以是被封装的对象类、类树、一些功能——软件工程中的构件模块、软件框架、软件构架（或体系结构）、文档、分析件、设计模式等。组件可以看成是实现了某些功能的、有输入输出接口的黑盒子，具有相对稳定的公开接口，可用任何支持组件编写的工具实现。

构件模型是对构件本质特征的抽象描述。已形成三个主要流派，分别是 **OMG**（Object Management Group，对象管理组织）的 **CORBA**（Common Object Request Broker Architecture，公共对象请求代理体系结构）、**Sun** 的 **EJB**（Enterprise JavaBean，企业级 Java 组件）和 **Microsoft** 的 **DCOM**（Distribute Component Object Model，分布式构件对象模型）。这些实现模型将构件的接口与实现进行了有效的分离，提供了构件交互的能力，从而增加了重用的机会，并适应了网络环境下大型软件系统的需要。

CORBA 体系结构是 OMG 为解决分布式处理环境中硬件和软件系统的互连而提出的一种解决方案，OMG 是一个国际性的非盈利组织，其职责是为应用开发提供一个公共框架，制订工业指南和对象管理规范，加快对象技术的发展。CORBA 是一种标准的面向对象的应用程序架构规范。

EJB 是 Sun 的服务器端组件模型，最大的用处是部署分布式应用程序。凭借 Java 跨平台的优势，用 EJB 技术部署的分布式系统可以不限于特定的平台。EJB 是 J2EE 的一部分，定义了一个用于开发基于组件的企业多重应用程序的标准。

DCOM 是一系列微软的概念和程序接口，利用这个接口，客户端程序对象能够请求来自网络中另一台计算机上的服务器程序对象。Microsoft 的 DCOM 扩展了 COM（Component Object Model，组件对象模型技术），使其能够支持在局域网、广域网甚至 Internet 上不同计算机的对象之间的通信。使用 DCOM，你的应用程序就可以在位置上达到分布性，从而满足你的客户和应用的需求。

十二、中间件技术

中间件位于操作系统、网络和数据库之上，应用软件的下层，为上层应用软件提供运行、开发环境。中间件屏蔽了底层操作系统的复杂性，程序开发人员只需面对简单而统一的开发环境，减少程序设计的复杂性，只需专注业务，不必考虑不同系统软件上的软件移植问题，大大减少了技术上的负担，减轻了系统维护与管理的工作量，从而减少了总的投入。常见的中间件有 Tomcat、WebSphere、ODBC、JDBC 等。

中间件是位于平台（硬件和操作系统）和应用之间的通用服务，这些服务具有标准的程序接口和协议。针对不同的操作系统和硬件平台，它们可以有符合接口和协议规范的多种实现。

基于目的和实现机制的不同，中间件主要分为**远程过程调用**、**面向消息的中间件**、**对象请求代理**、**事务处理监控**。

MOM（Message Oriented Middleware，面向消息的中间件）指的是利用高效可靠的**消息传递机制**进行平台无关的数据交流，并基于数据通信来进行分布式系统的集成。通过提供消息传递和消息排队模型，它可在分布环境下扩展进程间的通信，并支持多通信协议、语言、应用程序、硬件和软件平台。MOM 中间件产品有 IBM 的 **MQSeries**、BEA 的 **MessageQ** 等。

十三、J2EE 与 .NET

J2EE（Java 2 Platform,Enterprise Edition，Java 2 平台企业版）的核心是一组技术规范与指南，其中所包含的各类组件、服务架构及技术层次均有共同的标准及规格，让各种依循 J2EE 架构的不同平台之间存在良好的兼容性。

Java 2 平台有 3 个版本，它们是适用于小型设备和智能卡的 Java 2 平台 Micro 版（Java 2 Platform Micro Edition，**J2ME**）、适用于桌面系统的 Java 2 平台标准版（Java 2 Platform Standard Edition，**J2SE**）、适用于创建服务器应用程序和服务的 Java 2 平台企业版（Java 2 Platform Enterprise Edition，**J2EE**）。

J2EE 的 4 层结构如图 1-4-27 所示，各层如下：

（1）运行在客户端机器上的**客户层**组件。

（2）运行在 J2EE 服务器上的 **Web 层**组件。

（3）运行在 J2EE 服务器上的**业务逻辑层**组件。

（4）运行在 EIS 服务器上的**企业信息系统层**软件。

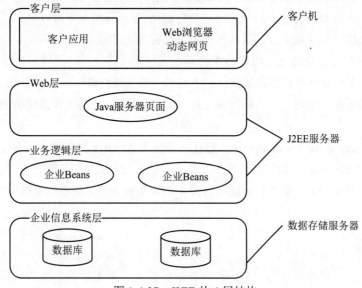

图 1-4-27　J2EE 的 4 层结构

J2EE 应用程序是由组件构成的 J2EE 组件，是具有独立功能的软件单元，它们通过相关的类和文件组装成 J2EE 应用程序，并与其他组件交互。J2EE 说明书中定义了以下 J2EE 组件：**应用客户端程序和 Applets 是客户层组件，Java Servlet 和 JSP 是 Web 层组件，EJB 是业务层组件**。

.NET 的结构如图 1-4-28 所示。.NET 将范围广泛的微软产品和服务组织起来，置于各种互联设备共同的视野范围内。只要是 .NET 支持的编程语言，开发者就可以便捷利用各类 .NET 工具。

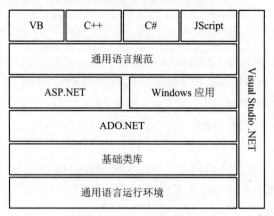

图 1-4-28　.NET 的结构

十四、工作流技术与 AJAX

根据 WfMC（Workflow Management Coalition，国际工作流管理联盟）的定义，工作流是指整个或部分经营过程在计算机支持下的全自动或半自动化。在实际情况中可以更广泛地把凡是由计算机软件系统（工作流管理系统）控制其执行的过程都称为工作流。

一个工作流包括一组**活动**及其**相互顺序关系**，还包括过程及活动的启动和终止条件，以及对每个活动的描述。工作流管理系统指运行在一个或多个**工作流引擎**上，用于定义、实现和管理工作流运行的一套软件系统，它与工作流执行者（人、应用）交互，推进工作流实例的执行，并监控工作流的运行状态。

AJAX 即 Asynchronous JavaScript and XML（异步 JavaScript 和 XML），不过 AJAX 并非缩写词，而是由 Jesse James Gaiiett 创造的名词，是指一种创建交互式网页应用的网页开发技术。

AJAX 不是一种新的编程语言，而是一种用于创建更好更快、交互性更强的 Web 应用程序的技术。

十五、课堂巩固练习

1．信息系统的生命周期分为四个阶段，即产生阶段、开发阶段、运行阶段和消亡阶段。
　（1）　是信息系统生命周期中最为关键的一个阶段。该阶段又可分为五个子阶段，即总体规划、系统分析、系统设计、系统实施和系统验收子阶段。

（1）A．产生阶段　　　B．开发阶段　　　C．运行阶段　　　D．消亡阶段

【辅导专家讲评】开发阶段是信息系统生命周期中最为关键的一个阶段。

参考答案：（1）B

2．在软件开发模型中，　（2）　的特点是引进了增量包的概念，无须等到所有需求都出来，只要某个需求的增量包出来即可进行开发；　（3）　将瀑布模型和快速原型模型结合起来，强调

了其他模型所忽视的风险分析，特别适合于大型复杂的系统；___(4)___是一种以用户需求为动力，以对象为驱动的模型，主要用于描述面向对象的软件开发过程。

（2）A．瀑布模型　　　B．演化模型　　　　C．增量模型　　　D．V 模型

（3）A．构件组装模型　B．RUP　　　　　　C．V 模型　　　　D．螺旋模型

（4）A．喷泉模型　　　B．V 模型　　　　　C．螺旋模型　　　D．演化模型

【辅导专家讲评】软件开发模型中，增量模型引入了增量包的概念；螺旋模型强调风险分析；喷泉模型主要用于面向对象的软件开发；瀑布模型适用于需求稳定的项目；V 模型强调软件测试；演化模型适用需求不稳定的项目，逐个原型递进成熟；RUP 是一个面向对象且基于网络的程序开发方法论；构件组装模型是利用预先包装好的软件构件来构造应用程序的。故第（2）空选 C，第（3）空选 D，第（4）空选 A。

参考答案：（2）C　　（3）D　　（4）A

3．模块的独立性内聚强度最高的是___(5)___；耦合性最弱的是___(6)___。

（5）A．功能内聚　　B．顺序内聚　　　C．通信内聚　　　D．偶然内聚

（6）A．数据耦合　　B．非直接耦合　　C．标记耦合　　　D．内容耦合

【辅导专家讲评】解此题则马上想起两句口诀，内聚性参考记忆口诀："偶逻时过通顺功"，耦合性参考记忆口诀："非数标控外公内"。故本题第（5）空选 A，第（6）空选 B。

参考答案：（5）A　　（6）B

4．以下有关软件测试的说法正确的是___(7)___。

（7）A．程序员自己无须进行软件测试

　　B．桌前检查由程序员自己检查自己编写的程序

　　C．代码审查是由若干程序员和测试员组成一个会审小组，通过阅读、试运行程序、讨论和争议，对程序进行动态分析的过程

　　D．软件测试工作的目的是确定软件开发的正确性

【辅导专家讲评】这里考查的都是基本概念题。程序员自己要进行一部分的测试工作，比如白盒测试的相当部分工作；代码审查是要看代码找出问题；测试的目的在于检验它是否满足规定的需求或弄清预期结果与实际结果之间的差别。

参考答案：（7）B

5．在 CMMI 阶段表示法中，过程域___(8)___属于已定义级；关于软件过程管理的描述不正确的是___(9)___。

（8）A．组织级过程焦点　　　　　　　B．组织级过程性能

　　C．组织改革与实施　　　　　　　D．因果分析和解决方案

（9）A．在软件过程管理方面，最著名的是能力成熟度模型集成 CMMI

　　B．CMMI 成熟度级别 3 级与 4 级的关键区别在于对过程性能的可预测性

　　C．连续式模型将 24 个过程域划分为过程管理、项目管理、工程和支持四个过程组

D．对同一组织采用阶段式模型和连续式模型分别进行 CMMI 评估，得到结论不同

【辅导专家讲评】已定义级包括需求开发、技术解决方案、产品集成、验证、确认、组织级过程焦点、组织级过程定义、组织级培训、集成项目管理、风险管理、集成化团队、决策分析和解决方案、组织级集成环境。

CMMI 采用统一的 24 个过程域，采用 CMM 的阶段表示法和 EIA/IS731 连续式表示法，两种表示法对 CMMI 进行评估的结论是相同的。

参考答案：（8）A　　（9）D

6. UML 是用来对软件密集系统进行可视化建模的一种语言。UML 2.0 有 13 种图，＿＿＿（10）＿＿＿ 属于结构图，＿＿＿（11）＿＿＿ 属于行为图。＿＿＿（12）＿＿＿ 是活动图和序列图的混合物。

（10）A．活动图　　　　B．交互图　　　　　　C．构件图　　　　　D．状态机图

（11）A．类图　　　　　B．交互图　　　　　　C．构件图　　　　　D．部署图

（12）A．对象图　　　　B．类图　　　　　　　C．包图　　　　　　D．交互概览图

【辅导专家讲评】在 UML 2.0 中有两种基本的图范畴：结构图和行为图。每个 UML 图都属于这两个图范畴。结构图的目的是显示建模系统的静态结构，包括类图、组合结构图、构件图、部署图、对象图和包图；行为图显示系统中对象的动态行为，包括活动图、交互图、用例图和状态机图，其中交互图是顺序图、通信图、交互概览图和时序图的统称。交互概览图是活动图和序列图的混合物。

参考答案：（10）C　　（11）B　　（12）D

7. 下列有关软件体系架构说法错误的是＿＿＿（13）＿＿＿。

（13）A．软件架构也称为软件体系结构，是一系列相关的抽象模式，用于指导软件系统各个方面的设计

　　　　B．2 层 C/S 架构的数据库服务功能部署在客户端

　　　　C．3 层 C/S 架构将应用功能分成表示层、功能层和数据层三部分

　　　　D．B/S 架构是对 C/S 结构的一种变化或者改进的结构

【辅导专家讲评】2 层 C/S 架构中，服务器负责各种数据的处理和维护，为各个客户机应用程序管理数据，故选项 B 不正确。

参考答案：（13）B

8. Web Service 是解决应用程序之间相互通信的一项技术，严格地说，Web Service 是描述一系列操作的接口。它使用标准的、规范的＿＿＿（14）＿＿＿描述接口。在 Web Service 模型的解决方案中共有三种工作角色，其中服务提供者（服务器）和服务请求者（客户端）是必需的，＿＿＿（15）＿＿＿是一个可选的角色。

（14）A．HTTP　　　　　B．XML　　　　　　　C．XSD　　　　　　　D．Java

（15）A．服务注册中心　　B．生产者　　　　　　C．消费者　　　　　　D．Web Service

【辅导专家讲评】Web Service 使用 XML 来描述接口。HTTP 是 TCP/IP 应用层的超文本链接协议；

第 1 天

XSD（XML Schema）用于约束 XML 文档的格式；Java 是一种面向对象的编程语言。Web Service 模型中的三种角色是服务提供者、服务请求者和服务注册中心，其中服务注册中心并不是必需的。

参考答案：（14）B　（15）A

9．数据仓库技术中，用户从数据源抽取出所需的数据，经过数据清洗、转换，最终按照预先定义好的数据仓库模型，将数据加载到数据仓库中去，这是指___（16）___。

（16）A．导入/导出　　　　B．XML　　　　C．SQL Loader　　　D．ETL

【辅导专家讲评】ETL（Extract/Transformation/Load，即抽取/转换/加载）正是题目所解释的定义。

参考答案：（16）D

10．EJB 有 3 种 Bean，其中___（17）___用于实现业务逻辑，它可以是有状态的，也可以是无状态的；___（18）___是域模型对象，用于实现 O/R 映射。

（17）（18）A．Session Bean　　　　　　　B．Entity Bean

　　　　　　C．MessageDriven Bean　　　　D．JMS

【辅导专家讲评】Session Bean 即会话 Bean；Entity Bean 即实体 Bean。MessageDriven Bean 是 EJB 2.0 中引入的新的企业 Bean，它基于 JMS（Java Message Service，Java 消息服务）消息，只能接收客户端发送的 JMS 消息，然后处理。

参考答案：（17）A　（18）B

11．以下___（19）___是 MOM 中间件产品。

（19）A．Tomcat　　　B．Apache　　　　C．MQSeries　　　D．Oracle

【辅导专家讲评】Tomcat 和 Apache 是 Web 中间件软件；Oracle 是数据库系统软件。目前流行的 MOM 中间件产品有 IBM 的 MQSeries、BEA 的 MessageQ 等。

参考答案：（19）C

12．Java 2 平台有 3 个版本，它们是适用于小型设备和智能卡的 Java 2 平台 Micro 版___（20）___、适用于桌面系统的 Java 2 平台标准版（Java 2 Platform Standard Edition，J2SE）、适用于创建服务器应用程序和服务的 Java 2 平台企业版___（21）___。

（20）（21）A．J2ME　　JDBC　　　　C．J2EE　　　　D．Windows CE

【辅导专家讲评】JDBC 是指的 Java DataBase Connectivity，即 Java 数据库连接。Windows CE 是用于智能终端的一种嵌入式操作系统。

参考答案：（20）A　（21）C

13．工作流管理系统指运行在一个或多个___（22）___上，用于定义、实现和管理工作流运行的一套软件系统，它与工作流执行者（人、应用）交互，推进工作流实例的执行，并监控工作流的运行状态。

（22）A．活动　　　B．工作流引擎　　　C．工作包　　　D．连接

【辅导专家讲评】活动是工作流中的工作（或称任务）；连接指出活动的关联关系，如并行、串行；工作包是指多项工作的组合。

参考答案：（22）B

第6学时　信息系统集成专业技术知识 2–网络与信息安全知识

第 6 学时中的知识点大多出现在上午试题中，主要涉及计算机网络基础、信息安全等方面的知识。下面来逐一学习。

一、计算机网络基础

1. OSI/RM

OSI/RM（Open System Interconnection/Reference Model，开放系统互连参考模型）是 1983 年 ISO 颁布的网络体系结构标准。从低到高分七层：**物理层、数据链路层、网络层、传输层、会话层、表示层、应用层**。各层之间相对独立，第 N 层向第 N+1 层提供服务。

【辅导专家提示】OSI/RM 的七层体系结构参考记忆口诀："**物数网传会表应**"。

表 1-6-1 对 OSI/RM 七层体系结构的主要功能、主要设备及协议进行了总结。不过，OSI/RM 只是一个参考模型，并不是实际应用的模型。应用最为广泛的是 TCP/IP，表 1-6-1 中的主要设备及协议其实就是 TCP/IP 的 4 层中的主要设备及协议。从对应关系来看，相当于 TCP/IP 的应用层完成了 OSI/RM 的应用层、表示层、会话层 3 层的功能。

表 1-6-1　OSI/RM 七层体系结构的主要功能、主要设备及协议

层次	名称	主要功能	主要设备及协议
7	应用层	实现具体的应用功能	POP3、FTP、HTTP、Telnet、SMTP DHCP、TFTP、SNMP、DNS
6	表示层	数据的格式与表达、加密、压缩	
5	会话层	建立、管理和终止会话	
4	传输层	端到端连接	TCP、UDP
3	网络层	分组传输和路由选择	三层交换机、路由器 ARP、RARP、IP、ICMP、IGMP
2	数据链路层	传送以帧为单位的信息	网桥、交换机、网卡 PPTP、L2TP、SLIP、PPP
1	物理层	二进制传输	中继器、集线器

物理层的数据单位是**比特**，传输方式一般为**串行**。数据链路层的数据单位是**帧**。网络层处理与寻址和传输有关的管理问题，提供点对点的**连接**，数据单位是**分组**。传输层的数据单位是**报文**，建立、维护和撤消传输连接（**端对端的连接**），并进行**流量控制**和**差错控制**。

2. TCP/IP

TCP/IP 是实际在用的模型，分为 4 层（有的书中也分为 5 层，区别就是分为 4 层的说法中将数据链路层和物理层合为网络接口层）。图 1-6-1 表示了 TCP/IP 各层的协议，以及与 OSI/RM 七层

的对应关系。哪个协议位于哪一层、协议是什么协议、用来做什么用的，这些是考试比较喜欢出考题的地方，考试中一出现这方面的考题就要马上想起图1-6-1，题目即可迎刃而解。

TCP/IP 协议（Transmission Control Protocol/Internet Protocol，传输控制/网际协议），又叫网络通信协议。这个协议是 Internet 国际互联网络的基础，它实际上是一个协议簇，也就是说其中还含有很多的协议，只是其中 TCP 和 IP 是最为重要的两个协议，故提取出来作为协议簇的名称。

网络接口层是 TCP/IP 的最底层，负责接收 IP 数据报并通过网络发送，或者从网络上接收物理帧，抽出 IP 数据报交给 IP 层。网络层、传输层功能与 OSI/RM 中对应的层相同，不再赘述。

应用层向用户提供一组常用的应用程序，比如电子邮件、文件传输访问、远程登录等。远程登录 Telnet 使用 Telnet 协议提供在网络其他主机上注册的接口。Telnet 会话提供了基于字符的虚拟终端。文件传输访问 FTP 使用 FTP 协议来提供网络内机器间的文件复制功能。

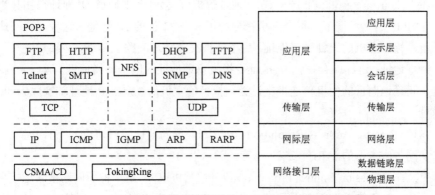

图 1-6-1　TCP/IP 各层的协议以及与 OSI/RM 七层的对应关系

下面对图 1-6-1 中的协议进行说明：

- **CSMA/CD**（Carrier Sense Multiple Access/Collision Detected，载波侦听多路访问/冲突检测）：也可称为"带有冲突检测的载波侦听多路访问"。所谓**载波侦听**（carrier sense），意思是网络上各个工作站在发送数据前都要侦听总线上有没有数据传输。若有数据传输（称总线为忙），则不发送数据；若无数据传输（称总线为空），立即发送准备好的数据。所谓**多路访问**（multiple access），意思是网络上所有工作站收发数据共同使用同一条总线，且发送数据是广播式的。所谓**冲突**（collision），意思是若网上有两个或两个以上工作站同时发送数据，在总线上就会产生信号的混合，哪个工作站都辨别不出真正的数据是什么。这种情况下的数据冲突又称**碰撞**。为了减少冲突发生后的影响，工作站在发送数据过程中还要不停地检测自己发送的数据有没有在传输过程中与其他工作站的数据发生冲突，这就是**冲突检测**（collision detected）。CSMA/CD 工作在**网络接口层**，应用最多的就是**以太网**。
- TokingRing：即令牌环网 IEEE 802.5 LAN 协议。

- IP（Internet Protocol，网际协议）：实际上是一套由软件程序组成的协议软件，它把各种不同"**帧**"统一转换成"**IP 数据包**"格式，并给 Internet 上的每台计算机和其他设备都规定了一个唯一的地址，叫做"**IP 地址**"。

- ICMP（Internet Control Message Protocol，互联网控制报文协议）：用于在 IP 主机、路由器之间传递控制消息；控制消息是指网络通不通、主机是否可达、路由是否可用等网络本身的消息；这些控制消息虽然并不传输用户数据，但是对用户数据的传递起着重要的作用。

- IGMP（Internet Group Management Protocol，Internet 组管理协议）：是 Internet 协议家族中的一个组播协议，用于 IP 主机向任意一个直接相邻的路由器报告它们的组成情况；IGMP 信息封装在 IP 报文中。

- ARP（Address Resolation Protocol，地址解析协议）：实现**通过 IP 地址得知其物理地址**；在 TCP/IP 网络环境下，每个主机都分配了一个 **32 位的 IP 地址**，这种互联网地址是在网际范围标识主机的一种逻辑地址；为了让报文在物理网路上传送，必须知道对方目的主机的物理地址，这样就存在把 IP 地址变换成物理地址的地址转换问题。以以太网环境为例，为了正确地向目的主机传送报文，必须把目的主机的 **32 位 IP 地址转换成为 48 位以太网地址**。

- RARP（Reverse Address Resolution Protocol，反向地址解析协议）：允许局域网的物理机器从网关服务器的 ARP 表或者缓存上请求其 IP 地址。

- TCP（Transmission Control Protocol，传输控制协议）：是一种面向连接（连接导向）的、可靠的、**基于字节流**的传输层通信协议；TCP 建立连接之后，通信双方可以同时进行数据的传输，TCP 是**全双工**的；在保证可靠性上，采用**超时重传**和**捎带确认**机制。

- UDP（User Datagram Protocol，用户数据报协议）：位于**传输层**；提供面向事务的简单**不可靠**信息传送服务；是一个**无连接**协议，传输数据之前源端和终端不建立连接；在网络质量不十分令人满意的环境下，UDP 协议数据包丢失会比较严重，但是具有资源消耗小、处理速度快的优点，比如我们聊天用的 **QQ 就是使用的 UDP 协议**。

- POP3（Post Office Protocol 3，邮局协议的第 3 个版本）：是规定个人计算机如何连接到互联网上的邮件服务器进行**收发邮件**的协议；是 Internet 电子邮件的第一个**离线**协议标准，POP3 协议允许用户从服务器上把邮件存储到本地主机（即自己的计算机）上，同时根据客户端的操作删除或保存在邮件服务器上的邮件。

- FTP（File Transfer Protocol，文件传输协议）：用于 Internet 上的**文件双向传输**；也是一个应用程序，基于不同的操作系统有不同的 FTP 应用程序，而所有这些应用程序都遵守同一种协议以传输文件；在 FTP 的使用当中，用户经常遇到两个概念——"下载"和"上传"，"下载"文件就是从远程主机复制文件至自己的计算机上，"上传"文件就是将文件从自己的计算机中复制至远程主机上。

- Telnet：是 Internet **远程登录服务**的标准协议和主要方式；为用户提供了在本地计算机上完成远程主机工作的能力。

- HTTP（HyperText Transfer Protocol，超文本传输协议）：是**客户端浏览器或其他程序与 Web 服务器之间的应用层通信协议**；在 Internet 的 Web 服务器上存放的都是超文本信息，客户机需要通过 HTTP 协议传输所要访问的超文本信息；HTTP 包含命令和传输信息，不仅可用于 Web 访问，也可用于其他 Internet/Intranet 应用系统之间的通信，从而实现各类应用资源超媒体访问的集成。

- SMTP（Simple Mail Transfer Protocol，简单邮件传输协议）：是一种提供可靠且有效**电子邮件传输的协议**；是**建立在 FTP 文件传输服务上**的一种邮件服务，主要用于传输系统之间的邮件信息并提供来信有关的通知；是一组用于由源地址到目的地址传送邮件的规则，由它来控制信件的中转方式；帮助每台计算机在发送或中转信件时找到下一个目的地；SMTP 服务器则是遵循 SMTP 协议的发送邮件服务器，用来发送或中转发出的电子邮件。

- NFS（Network File System，网络文件系统）：允许一个系统在网络上与他人**共享目录和文件**；通过使用 NFS，用户和程序可以像访问本地文件一样访问远端系统上的文件。

- DHCP（Dynamic Host Configuration Protocol，动态主机配置协议）：是一个局域网的网络协议，**使用 UDP 协议工作**，主要用途是为内部网络或网络服务供应商**自动分配 IP 地址**，给用户、内部网络管理员作为对所有计算机做**中央管理**的手段。

- SNMP（Simple Network Management Protocol，简单网络管理协议）：目标是管理互联网 Internet 上众多厂家生产的软硬件平台，前身是 **SGMP**（Simple Gateway Monitoring Protocol，简单网关监控协议）；使用 SNMP 进行网络管理需要**管理基站**、**管理代理**、**MIB**（Management Information Base，管理信息库）和**网络管理工具**。

- TFTP（Trivial File Transfer Protocol，简单文件传输协议）：用来在客户机与服务器之间进行**简单文件传输**的协议，提供不复杂、开销不大的文件传输服务。

- DNS（Domain Name System，域名系统）：由**解析器**和**域名服务器**组成；域名服务器是指保存有该网络中所有主机的域名和对应 IP 地址，并具有将域名转换为 IP 地址功能的服务器；**域名必须对应一个 IP 地址，而 IP 地址不一定有域名**；域名系统采用类似**目录树**的等级结构；将域名映射为 IP 地址的过程就称为"域名解析"；域名解析需要由专门的域名解析服务器来完成，DNS 就是进行域名解析的服务器。

3. 网络规划与设计

网络规划与设计首先要进行需求分析。需求主要考虑网络的**功能要求、性能要求、运行环境要求、可扩充性和可维护性要求**。

网络规划要遵循**实用性、开放性和先进性**的原则。网络的设计与实施要遵循**可靠性、安全性、高效性和可扩展性**原则。层次化的网络设计主要包括**核心层、汇聚层和接入层** 3 个层次。

4. 计算机网络分类

计算机网络按分布范围可分为**局域网、城域网和广域网**。按拓扑结构可分为**总线型、星型、环型**，如图 1-6-2 所示。

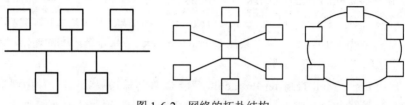

图 1-6-2　网络的拓扑结构

IEEE 802 又称为 LMSC（LAN/MAN Standards Committee，局域网/城域网标准委员会），致力于研究局域网和城域网的物理层和 MAC 层中定义的服务和协议，对应 OSI 网络参考模型的最低两层（即物理层和数据链路层）。IEEE 802 也指 IEEE 标准中关于局域网和城域网的一系列标准，主要如表 1-6-2 所示。

表 1-6-2　IEEE 802 关于局域网和城域网的主要标准

标准	网络技术类型	标准	网络技术类型
IEEE 802.3	以太网	IEEE 802.8	光纤技术
IEEE 802.4	令牌总线	IEEE 802.11	无线局域网
IEEE 802.5	令牌环	IEEE 802.13	有线电视
IEEE 802.6	城域网	IEEE 802.14	交互式电视网
IEEE 802.7	宽带技术	IEEE 802.15	无线个人局域网

IEEE 802.3 是以太网的协议。以太网（Ethernet）最早由 Xerox（施乐）公司创建，于 1980 年 DEC、Intel 和 Xerox 三家公司联合开发成为一个标准。以太网是应用最为广泛的局域网，包括标准的以太网（10Mb/s）、快速以太网（100Mb/s）、1000M 以太网和 10G（10Gb/s）以太网。

- 10M 以太网：10Base5 和 10Base2，采用同轴粗缆介质，是总线型网络；10Base-T，采用**非屏蔽双绞线**，是**星型**网络；10Base-F 采用**光纤**介质，是星型网络。
- 100M 以太网：100Base-TX，采用 5 类非屏蔽双绞线或 **1、2 类 STP** 介质；100Base-FX 采用 62.5/125 **多模光纤**介质；100Base-T4，采用 3 类非屏蔽双绞线介质。
- 1000M 以太网：1000Base-LX 采用**多模光纤或单模光纤**，最大传输距离 5000m；1000Base-SX 采用**多模光纤**，最长有效距离 550m(50μm)/275m(62.5μm)；1000Base-T 采用 **5 类 UTP**，最长有效距离 100m。

UTP（Unshielded Twisted Paired，非屏蔽双绞线）无金属屏蔽材料只有一层绝缘胶皮包裹，价格相对便宜，组网灵活，其线路优点是阻燃效果好，不容易引起火灾。

【辅导专家提示】F 表示光纤，T 表示双绞线。

IEEE 802.11 是 IEEE 最初制定的一个无线局域网标准，主要用于解决办公室局域网和校园网中用户与用户终端的无线接入，业务主要限于数据存取，**速率最高只能达到 2Mb/s**。由于 IEEE 802.11 在速率和传输距离上都不能满足人们的需要，因此，IEEE 小组又相继推出了 IEEE 802.11a、IEEE 802.11b、IEEE 802.11g、IEEE 802.n 等标准。

IEEE 802.11a（Wi-Fi 5）标准是得到广泛应用的 IEEE 802.11b 标准的后续标准。它工作在 5GHzU-NII 频带，**物理层速率可达 54Mb/s，传输层可达 25Mb/s**。

IEEE 802.11b 是无线局域网的一个标准。其载波的频率为 2.4GHz，传送速度为 11Mb/s，是所有无线局域网标准中最著名也是普及最广的标准，有时也被称为 Wi-Fi。不过实际上 Wi-Fi 是无线局域网联盟（WLANA）的一个商标。

IEEE 802.11g 兼容 IEEE 802.11a/b，同 IEEE 802.11b 一样，也工作在 2.4GHz 频段，速率可达 54Mb/s。

IEEE 802.11n 传输速率由目前 IEEE 802.11a 及 IEEE 802.11g 提供的 54Mb/s 提高到 300Mb/s，甚至高达 600Mb/s。

IEEE 802.11ac 核心技术基于 IEEE 802.11a，工作在 5.0GHz 频段上以保证向下兼容性，最高速率可达 1Gb/s。

5．网络接入方式

网络接入方式主要有有线和无线两种。有线接入技术有**拨号连接**、**ADSL**（Asymmetric Digital Subscriber Line，非对称数字用户环路）、**DDN**（Digital Data Network，数字数据网、局域网接入等。无线接入有 **Wi-Fi、Bluetooth（蓝牙）、IrDA（红外线）、WAPI**（Wireless LAN Authentication and Privacy Infrastructure，无线局域网鉴别和保密基础结构）、4G 接入等。

6．网络存储技术

（1）DAS（Direct Attached Storage，开放系统的直连式存储）：如图 1-6-3 所示，这是一种直接与主机系统相连接的存储设备。

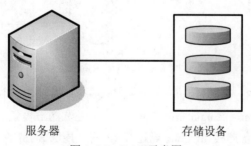

服务器　　　　　　　　存储设备

图 1-6-3　DAS 示意图

（2）NAS（Network Attached Storage，网络附属存储）：如图 1-6-4 所示。它采用单独为网络数据存储而开发的文件服务器来连接所有的存储设备。数据存储在这里不再是服务器的附属设备，而成为网络的一个组成部分。

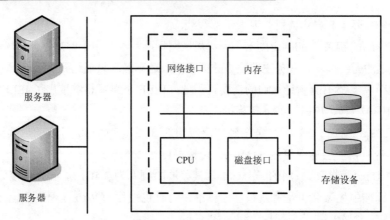

图 1-6-4　NAS 示意图

（3）SAN（Storage Area Network，存储域网络）：如图 1-6-5 所示。SAN 是一种专用的存储网络，用于将多个系统连接到存储设备和子系统。SAN 可以被看作是负责存储传输的后端网络，而前端的数据网络负责正常的 TCP/IP 传输。SAN 可以分为 FC SAN 和 IP SAN。FC SAN 的网络介质为光纤通道，而 IP SAN 使用标准的以太网。

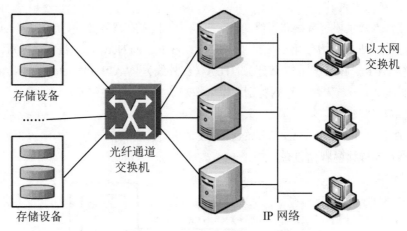

图 1-6-5　SAN 示意图

（4）iSCSI（Internet Small Computer System Interface，Internet 小型计算机系统接口）：如图 1-6-6 所示，是由 IETF（Internet Engineering Task Force，互联网工程任务组）开发的网络存储标准，目的是用 IP 协议将存储设备连接在一起。**通过在 IP 网上传送 SCSI 命令和数据**，iSCSI 推动了数据在网际之间的传递，同时也促进了数据的远距离管理。因为 IP 网络的广泛应用，iSCSI 能够在 LAN、WAN 甚至 Internet 上进行数据传送，使得数据的存储不再受地域的限制。

7. 虚拟局域网

IEEE 于 1999 年颁布了用以标准化 VLAN 实现方案的 **IEEE 802.1Q** 协议标准草案。VLAN

（Virtual Local Area Network，虚拟局域网）是一种**将局域网设备从逻辑上划分成一个个网段**，从而实现虚拟工作组的新兴数据交换技术。这一新兴技术主要应用于交换机和路由器中，但主流应用还是在交换机之中。

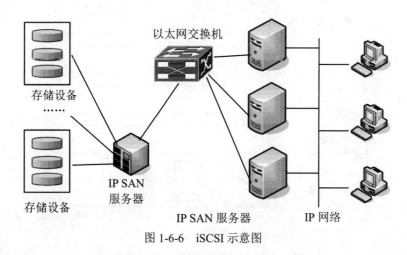

图 1-6-6　iSCSI 示意图

使用 VLAN 可以实现虚拟工作组，提高管理效率，控制广播数据，增强网络的安全性。划分 VLAN 的方法主要有按**交换机端口号**划分、按 **MAC 地址**划分、按**第三层协议**划分（**IP 组播** VLAN、**基于策略**的 VLAN）、按**用户定义**、**非用户授权**划分等方式。

8. 综合布线与机房工程

综合布线主要考虑六大子系统，如图 1-6-7 所示，即**工作区子系统**、**水平干线子系统**、**管理间子系统**、**垂直干线子系统**、**设备间子系统**、**建筑群子系统**。

机房工程的设计原则主要有：实用性和先进性原则、安全可靠性原则、灵活性和可扩展性原则、标准化原则、经济性原则、可管理性原则。

9. IP 地址

所谓 IP 地址，就是给每个连接在 Internet 上的主机分配的一个 32bit 地址。按照 TCP/IP 协议规定，IP 地址用二进制来表示，每个 IP 地址长 **32bit**，将比特换算成字节，就是 4 个字节。例如，一个采用二进制形式的 IP 地址是"00001010000000000000000000000001"，这么长的地址，人们处理起来也太费劲了。为了方便人们的使用，IP 地址经常被写成十进制的形式，中间使用符号"."分开不同的字节。于是，上面的 IP 地址可以表示为"10.0.0.1"。IP 地址的这种表示法叫做"**点分进制表示法**"，这显然比 1 和 0 容易记忆得多。

IP 地址由两部分组成，一部分为**网络地址**，另一部分为**主机地址**。网络号的位数直接决定了**可以分配的网络数**（计算方法 2^网络号位数-2）；主机号的位数则决定了网络中**最大的主机数**（计算方法 2^主机号位数-2）。

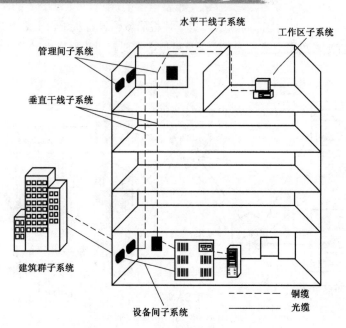

图 1-6-7　综合布线要考虑的六大子系统

IP 地址分为 A、B、C、D、E 五类。常用的是 B 和 C 两类。

A 类 IP 地址就由 1 字节的网络地址和 3 字节主机地址组成，网络地址的最高位必须是 "0"。A 类 IP 地址中网络的标识长度为 7 位，主机标识的长度为 24 位，A 类网络地址数量较少，可以用于主机数达 1600 多万台的大型网络。A 类 IP 地址的子网掩码为 **255.0.0.0**，每个网络支持的最大主机数为 $256^3-2=16777214$ 台。

B 类 IP 地址就由 2 字节的网络地址和 2 字节主机地址组成，网络地址的最高位必须是 "10"。B 类 IP 地址中网络的标识长度为 14 位，主机标识的长度为 16 位，B 类网络地址适用于中等规模的网络，每个网络所能容纳的计算机数为 6 万多台。B 类 IP 地址的子网掩码为 **255.255.0.0**，每个网络支持的最大主机数为 $256^2-2=65534$ 台。

C 类 IP 地址就由 3 字节的网络地址和 1 字节主机地址组成，网络地址的最高位必须是 "110"。C 类 IP 地址中网络的标识长度为 21 位，主机标识的长度为 8 位，C 类网络地址数量较多，适用于小规模的局域网络。C 类 IP 地址的子网掩码为 **255.255.255.0**，每个网络支持的最大主机数为 $256-2=254$ 台。

IP 地址中的每一个字节都为 0 的地址（"0.0.0.0"）对应于**当前主机**；IP 地址中的每一个字节都为 1 的 IP 地址（255.255.255.255）是当前子网的**广播地址**。地址中不能以十进制 "127" 作为开头，该类地址中，数字 127.0.0.1 到 127.1.1.1 用于**回路测试**。

D 类 IP 地址的第一个字节以 "1110" 开始，它是一个专门保留的地址，并不指向特定的网络，目前这一类地址被用在多点广播中。多点广播地址用来一次寻址一组计算机，它标识共享同一协议的一组计算机。地址范围为 224.0.0.1～239.255.255.254。

E 类 IP 地址以 "11110" 开始，保留以为实验所用。

综上所述，A 类地址以二进制 "0" 开头；B 类地址以 "10" 开头；C 类地址以 "110" 开头；D 类地址以 "1110" 开头；E 类地址以 "11110" 开头。要判断一个 IP 地址属于哪一类，要会做二进制和十进制的转换，再根据以上规则判断。

10．IPv6

IPv6（Internet Protocol Version 6）是 IETF 设计的用于替代现行 IPv4 的下一代 IP 协议。IPv6 的地址长度为 128 位，通常写作 8 组，每组为 4 个十六进制数的形式，如 2002:0db8:85a3:08d3:1319:8a2e:0370:7345 是一个合法的 IPv6 地址。IPv6 地址数量为 2^{128}。

IPv6 书写规则如下：

（1）任何一个 16 位段中起始的 0 不必写出来；任何一个 16 位段如果少于 4 个十六进制的数字，就认为其忽略了起始部分的数字 0。

例如：2002:0db8:85a3:08d3:1319:8a2e:0370:7345 的第 2、第 4 和第 7 段包含起始 0。使用简化规则，该地址可以书写为 2002:db8:85a3:8d3:1319:8a2e:370:7345。

注意：只有起始的 0 才能被忽略，末尾的 0 不能被忽略。

（2）任何由全 0 组成的一个或多个 16 位段的单个连续字符串都可以用一个双冒号 "::" 表示。

例如：2002:0:0:0:0:0:0:0001 可以简化为 2002::1。

注意：双冒号只能用一次。

二、信息与网络安全

从外部给系统造成的损害，称为**威胁**；从内部给系统造成的损害，称为**脆弱性**。**系统风险**则是威胁利用脆弱性造成损坏的可能。

图 1-6-8 所示蛋的裂缝可以看成 "鸡蛋" 系统的脆弱性，而苍蝇可以看成威胁，苍蝇叮有缝的蛋表示威胁利用脆弱性造成了破坏。

苍蝇不叮无缝的蛋

图 1-6-8　威胁、损害、系统风险示例

信息系统安全属性有不可抵赖性、完整性、保密性、可用性。

（1）不可抵赖性。数据的发送方与接收方都无法对数据传输的事实进行抵赖。

（2）完整性。信息只能被得到允许的人修改，并且能够被判别该信息是否已被篡改过。常用的保证完整性手段有安全协议、纠错编码、数字签名、密码检验、公证。应用数据完整性机制可以防止数据在途中被攻击者篡改或破坏。

（3）保密性。保证信息不泄露给未经授权的进程或实体，只供授权者使用。常用保密技术有最小授权原则、防暴露、信息加密、物理保密。

应用系统运行中涉及的安全和保密层次包括四层,这四个层次按粒度从粗到细的排列顺序是系统级安全、资源访问安全、功能性安全、数据域安全。

1）系统级安全。系统级安全是分析现行安全技术,制定系统级安全策略。具体策略有隔离敏感系统、IP 地址限制、登录时间和会话时间限制、连接数和登录次数的限制、远程访问控制等。

2）资源访问安全。对程序资源的访问进行安全控制。

3）功能性安全。功能性安全会对程序流程产生影响,如用户操作业务记录、是否需要审核、上传附件不能超过指定大小等。安全限制不是入口级的限制,是程序流程内的限制,会影响程序流程运行。

4）数据域安全。数据域安全包括两个方面：

● 行级数据域安全：用户可以访问哪些业务记录；

● 字段级数据域安全：用户可以访问业务记录的哪些字段。

（4）可用性。只有授权者才可以在需要时访问该数据,而非授权者应被拒绝访问数据。

1. 加密技术

（1）对称加密技术。在对称加密算法中,数据发信方将明文（原始数据）和加密密钥一起经过特殊加密算法处理后,使其变成复杂的加密密文发送出去。收信方收到密文后,若想解读原文,则需要使用加密用过的密钥及相同算法的逆算法对密文进行解密,才能使其恢复成可读明文。在对称加密算法中,使用的密钥只有一个,发收信双方都使用这个密钥对数据进行加密和解密,这就要求解密方事先必须知道加密密钥。常用的对称加密算法有 **DES 和 IDEA** 等。

DES 使用一个 56 位的密钥以及附加的 8 位奇偶校验位,产生最大 64 位的分组大小。这是一个迭代的分组密码,使用称为 Feistel 的技术,其中将加密的文本块分成两半。使用子密钥对其中一半应用循环功能,然后将输出与另一半进行"异或"运算；接着交换这两半,这一过程会继续下去,但最后一个循环不交换。DES 使用 16 个循环,使用异或、置换、代换、移位操作四种基本运算。

DES 的常见变体是三重 DES,是使用 168 位的密钥对资料进行三次加密的一种机制,通常（但非始终）提供极其强大的安全性。如果三个 56 位的子元素都相同,则三重 DES 向后兼容 DES。

类似于 DES,IDEA 算法也是一种数据块加密算法,它设计了一系列加密轮次,每轮加密都使用从完整的加密密钥中生成的一个子密钥。与 DES 的不同处在于,它采用软件实现和硬件实现的速度相同。IDEA 的密钥为 128 位。

（2）不对称加密算法。不对称加密算法使用两把完全不同但又完全匹配的一对钥匙——公钥和私钥。在使用不对称加密算法加密文件时，只有使用匹配的一对公钥和私钥，才能完成对明文的加密和解密过程。加密明文时采用公钥加密，解密密文时使用私钥才能完成，而且发信方（加密者）知道收信方的公钥，只有收信方（解密者）才是唯一知道自己私钥的人。广泛应用的不对称加密算法有 **RSA 和 DSA**。

RSA 算法是第一个能同时用于加密和数字签名的算法，也易于理解和操作。RSA 的安全性依赖于**大数的因子分解**，即两个素数相乘十分容易，但要对乘积结果进行因式分解却极难。

DSA 是基于**整数有限域离散对数难题**的，其安全性与 RSA 相比差不多。DSA 的一个重要特点是两个素数公开，这样当使用他人的 p 和 q 时，即使不知道私钥，也能确认它们是随机产生的还是做了手脚，RSA 算法却做不到。

（3）不可逆加密算法（报文摘要算法）。

报文摘要算法（Message Digest Algorithms）使用特定算法对明文进行摘要，生成固定长度的密文。这种密文是无法被解密的，也不可逆，只有重新输入明文，并再次经过同样不可逆的报文摘要算法处理，才能得到相同的加密密文。

这类算法的"摘要"数据与原始数据一一对应，只要原始数据稍有改动，"摘要"的结果就不同。因此，这种方式可以验证原文是否被修改。

消息摘要算法采用"单向函数"，即只能从输入数据得到输出数据，无法从输出数据得到输入数据。常见报文摘要算法有 SHA1、MD5 等。

MD5 为计算机安全领域广泛使用的一种散列函数，用以提供消息的完整性保护。MD5 用的是哈希函数。SHA 算法的思想是接收一段明文，然后以一种不可逆的方式将它转换成一段（通常更小）密文，也可以简单地理解为取一串输入码（称为预映射或信息），并把它们转化为长度较短、位数固定的输出序列（即散列值，也称为信息摘要或信息认证代码）的过程。

2. 数字签名

数字签名（又称**公钥数字签名、电子签章**）就是附加在数据单元上的一些数据，或是对数据单元所作的密码变换。这种数据或变换允许数据单元的接收者用以确认数据单元的来源和数据单元的完整性并保护数据，防止被人（例如接收者）伪造。它是对电子形式的消息进行签名的一种方法，一个签名消息能在一个通信网络中传输。基于公钥密码体制和私钥密码体制都可以获得数字签名，目前主要是基于公钥密码体制的数字签名。

数字签名技术是**不对称加密算法**的典型应用。数字签名的应用过程是，数据源发送方使用自己的私钥对数据校验和/或其他与数据内容有关的变量进行加密处理，完成对数据的合法"签名"，数据接收方则利用对方的公钥来解读收到的"数字签名"，并将解读结果用于对数据完整性的检验，以确认签名的合法性。

3. 数字信封

数字信封是**公钥密码体制**在实际中的一个应用，用加密技术来保证只有规定的特定收信人才能阅读通信的内容。

在数字信封中，信息发送方采用**对称密钥**来加密信息内容，然后将此对称**密钥**用接收方的公开密钥来加密（这部分称数字信封）之后，将它和加密后的信息一起发送给接收方，接收方先用相应的私有密钥打开数字信封，得到对称密钥，然后使用对称密钥解开加密信息。

4．PKI/CA 与 PMI

PKI（Public Key Infrastructure，**公钥基础设施**）从技术上解决了网络通信安全的种种障碍。CA（Certificate Authority，**认证中心**）从运营、管理、规范、法律、人员等多个角度来解决网络信任问题。人们统称为 PKI/CA。从总体构架来看，PKI/CA 主要由**最终用户、认证中心和注册机构**组成。PKI/CA 的工作原理就是通过发放和维护**数字证书**来建立一套信任网络，同一信任网络中的用户通过申请到的数字证书来完成身份认证和安全处理。

数字证书是由认证中心经过数字签名后发给网上交易主体（企业或个人）的一段电子文档。在这段文档中包括主体名称、证书序号、发证机构名称、证书有效期、密码算法标识、公钥信息和其他信息等。利用数字证书，配合相应的安全代理软件，可以在网上交易过程中检验对方的身份真伪，实现交易双方的相互信任，并保证交易信息的真实性、完整性、私密性和不可否认性。

PMI（Privilege Management Infrastructure）又称为授权管理基础设施。PMI 以资源管理为核心，由资源所有者对资源的访问进行控制管理，主要功能是授权管理，即判断用户"有什么权限，能做什么"。

5．访问控制

（1）DAC（Discretionary Access Control，自主访问控制）是根据自主访问控制策略建立的一种模型，针对主体的访问控制技术，对每个用户给出访问资源的权限，如该用户能够访问哪些资源。

允许合法用户以用户或用户组的身份访问策略规定的客体，同时阻止非授权用户访问客体，某些用户还可以自主地把自己所拥有的客体的访问权限授予其他用户。DAC 模型一般采用访问控制矩阵和**基于主体的访问控制列表**来存放不同主体的访问控制信息，从而达到对主体访问权限的限制目的。

（2）ACL（Access Control List，访问控制列表）是目前应用得最多的方式，是针对客体的访问控制技术，对每个目标资源拥有访问者列表，如该资源允许哪些用户访问。允许合法用户以用户或用户组的身份访问策略规定的客体，同时阻止其他非授权用户的访问。ACL 模型一般采用**访问控制矩阵和基于客体的访问控制列表**来存放不同主体的访问控制信息，从而达到对主体访问权限的限制目的。

（3）MAC（Mandatory Access Control，强制访问控制模型）是一种多级访问控制策略，它的主要特点是系统对访问主体和受控对象实行强制访问控制，系统事先给访问主体和受控对象分配不同的安全级别属性（如客体安全属性可定义为公开、限制、秘密、机密、绝密等）。在实施访问控制时，系统先对访问主体和受控对象的安全级别属性进行比较，再决定访问主体能否访问该受控对象。主体安全级别低于客体信息资源的安全级别时限制其操作，主体安全级别高于客体安全级别可以允许其操作。

（4）RBAC Model（Role-Based Access Model，基于角色的访问控制模型）的基本思想是将访问许可权分配给一定的**角色**，用户通过饰演不同的角色获得角色所拥有的访问许可权。

6. 各种等级划分

（1）系统可靠性和保密性等级。

1）系统可靠性等级。根据系统处理数据的重要性，**系统可靠性分 A 级、B 级、C 级**。其中可靠性要求最高的是 A 级，最低的是 C 级。

2）系统保密性等级。系统保密等级分为绝密、机密、秘密三级。

（2）机房等级划分。

按《电子信息系统机房设计规范》（GB50174－2008），电子信息系统机房应划分为 A、B、C 三级。设计时应根据机房的使用性质、管理要求及其在经济和社会中的重要性确定所属级别。

7. 安全管理与制度

（1）日常安全管理。常考的日常管理手段如下：

- 企业加强应用系统管理工作，至少每年组织一次系统运行检查工作，而部门则需要按季度检查一次。检查方式：普查、抽查、专项检查。
- 分配用户权限应该遵循**"最小特权"**原则，避免滥用。
- 系统维护、数据转储、擦除、卸载硬盘、卸载磁带等必须有安全人员在场。

（2）系统运行安全管理制度。系统运行安全管理制度能确保系统按照预定目标运行，并充分发挥效益的必要条件、运行机制、保障措施。为保证系统安全，可行的用户管理办法有：

- 建立用户身份识别与验证机制，拒绝非法用户；
- 设定严格的权限管理，遵循"最小特权"原则；
- 用户密码应严格保密，并定时更新；
- 重要密码交专人保管，并且相关人员调离需修改密码。

8. 信息安全等级保护管理办法

信息系统的安全保护等级由两个定级要素决定：等级保护对象受到破坏时所侵害的客体和对客体造成侵害的程度。《信息安全等级保护管理办法》（公通字 2007 43 号文）是为规范信息安全等级保护管理，提高信息安全保障能力和水平，维护国家安全、社会稳定和公共利益，保障和促进信息化建设，根据《中华人民共和国计算机信息系统安全保护条例》等有关法律法规而制定的办法，由四部委下发。

该办法重要条款如下：

第七条　信息系统的安全保护等级分为以下五级：

第一级，信息系统受到破坏后，会对公民、法人和其他组织的合法权益造成损害，但不损害国家安全、社会秩序和公共利益。

第二级，信息系统受到破坏后，会对公民、法人和其他组织的合法权益产生严重损害，或者对社会秩序和公共利益造成损害，但不损害国家安全。

第三级，信息系统受到破坏后，会对社会秩序和公共利益造成严重损害，或者对国家安全造成损害。

第四级，信息系统受到破坏后，会对社会秩序和公共利益造成特别严重损害，或者对国家安全造成严重损害。

第五级，信息系统受到破坏后，会对国家安全造成特别严重损害。

第十二条 在信息系统建设过程中，运营、使用单位应当按照《计算机信息系统安全保护等级划分准则》（GB17859－1999）、《信息系统安全等级保护基本要求》等技术标准，参照《信息安全技术信息系统通用安全技术要求》（GB/T20271－2006）、《信息安全技术网络基础安全技术要求》（GB/T20270－2006）、《信息安全技术操作系统安全技术要求》（GB/T20272－2006）、《信息安全技术数据库管理系统安全技术要求》（GB/T20273－2006）、《信息安全技术服务器技术要求》《信息安全技术终端计算机系统安全等级技术要求》（GA/T671－2006）等技术标准，同步建设符合该等级要求的信息安全设施。

9. 网络安全工具与技术

目前主流的网络安全工具包括安全操作系统、应用系统、防火墙、IDS/IPS、流量控制、上网行为管理、网络监控、扫描器、防杀毒软件、日志备份与审计、安全审计系统等。

（1）防火墙（Firewall）：是网络关联的重要设备，用于控制网络之间的通信。外部网络用户的访问必须先经过安全策略过滤，而内部网络用户对外部网络的访问则无须过滤；防火墙对预先定义好的策略中涉及的网络访问行为可实施有效管理，而对于策略之外的网络访问行为则无法控制。现在的防火墙还具有隔离网络、提供代理服务、流量控制等功能。

（2）入侵检测（Intrusion Detection System，IDS）是从系统运行过程中和监管网络中产生或发现的各类威胁系统与网络安全的因素，并可增加威胁处理模块。一般认为 **IDS 是被动防护**。

（3）入侵防护（Intrusion Prevention System，IPS）：一种可识别潜在的威胁并迅速地做出应对的网络安全防范办法。一般认为 **IPS 是主动防护**。

（4）虚拟专用网络（Virtual Private Network，VPN）是在公用网络上建立专用网络的技术。由于整个 VPN 网络中的任意两个节点之间的连接并没有传统专网所需的端到端的物理链路，而是架构在公用网络服务商所提供的网络平台，所以称之为虚拟网。

（5）Web 应用防护系统（Web Application Firewall，WAF）。通过执行一系列针对 HTTP/HTTPS 的安全策略来专门为 Web 应用提供保护的一款产品。Web 防护通常包括 WEB 访问控制、单点登录、网页防篡改、Web 内容安全管理等技术。

（6）网页防篡改：用于保护网站，防止网站网页被篡改。网页防篡改的实现技术主要有：外挂轮询技术、核心内嵌技术、事件触发技术等。

（7）单点登录（SSO）：多系统的统一身份认证即"一点登录、多点访问"。

（8）Web 内容安全管理：包括电子邮件过滤、网页过滤、反间谍软件等技术。

10. 常见网络安全威胁

目前常见的网络安全威胁如下：

（1）高级持续性威胁（Advanced Persistent Threat，APT）：利用先进的攻击手段和社会工程学方法，对特定目标进行长期持续性网络渗透和攻击。

（2）网络监听：一种监视网络状态、数据流程以及网络上信息传输的技术。黑客则可以通过侦听，发现有兴趣的信息，比如用户名、密码等。

（3）口令破解：在不知道密钥的情况下，恢复出密文中隐藏的明文信息的过程。

（4）拒绝服务（Denial of Service，DoS）：利用大量合法的请求占用大量网络资源，以达到瘫痪网络的目的。

（5）分布式拒绝服务攻击（Distributed Denial of Service，DDoS）：很多 DoS 攻击源一起攻击某台服务器就形成了 DDoS 攻击。

（6）僵尸网络（Botnet）：是指采用一种或多种手段（主动攻击漏洞、邮件病毒、即时通信软件、恶意网站脚本、特洛伊木马）使大量主机感染 bot 程序（僵尸程序），从而在控制者和被感染主机之间所形成的一个可以一对多控制的网络。

（7）网络钓鱼（Phishing）是通过大量发送声称来自于银行或其他知名机构的欺骗性垃圾邮件，意图引诱收信人给出敏感信息（如用户名、口令、信用卡详细信息等）的一种攻击方式。

（8）社会工程学是利用社会科学（心理学、语言学、欺诈学）并结合常识，将其有效地利用（如人性的弱点），最终获取机密信息的学科。

11. 信息系统安全体系

信息系统安全体系分为物理安全、运行安全、数据安全。物理安全分为环境安全（主要为机房安全和供电）、设备安全、记录介质安全。

（1）机房安全包含下面几点：

- 机房场地选择：包含基本要求、防火、防污染、防地震、防电磁、防雷、防潮等方面。
- 机房空调与防水：保持完备空调系统控温。
- 机房防静电：接地与屏蔽、服装防静电、温湿度防静电、地板防静电、材料防静电、使用静电消除仪。
- 机房接地与防雷：包含设置信号地、直流地保证去耦、滤波；良好的避雷设施；各类接地使用低阻抗的良好导体。

（2）供电与配电安全。机房供电、配电分类如表 1-6-3 所示。

表 1-6-3　配电分类

分类	特点
分开供电	计算机系统供电与其他供电分开，配备应急照明
紧急供电	配置设备，提供紧急时供电。如基本 UPS、改进的 UPS、多级 UPS 和应急电源（发电机组）等
备用供电	备用的供电系统，停电时能完成系统必要保存
稳压供电	线路稳压器，防止电压波动
电源保护	电源保护装置，如金属氧化物可变电阻、二极管、气体放电管、滤波器、电压调整变压器和浪涌滤波器等，防止 / 减少电源发生故障

分类	特点
不间断供电	不间断电源，防止电压波动、电器干扰和断电等对计算机系统的不良影响
电器噪声防护	减少机房中电器噪声干扰

（3）设施安全。设施安全包含以下几个方面：

1）设备的防盗、防毁。

● 计算机系统的设备和部件应有明显的无法擦去的标记。

● 计算机中心设备防盗。

● 机房外设备防盗

2）设备安全可用。提供必要容错能力和故障恢复能力。

12. 安全审计

安全审计属于信息安全保障系统的重要组成，包含两个方面的内容：

（1）利用网络监控和防入侵系统或设备，识别网络中的各类违规操作与攻击行为，并进行响应、阻断。

（2）审计信息内容和业务流程，防止内部机密或者敏感信息被非法泄露。

三、安全机房设计

机房部分主要集中考查《电子信息系统机房设计规范》（GB50174－2008）。该知识点可以浓缩到两张卡片中。具体如图 1-6-9、图 1-6-10 所示。

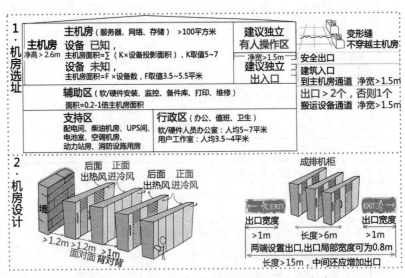

图 1-6-9　《电子信息系统机房设计规范》知识卡片 1

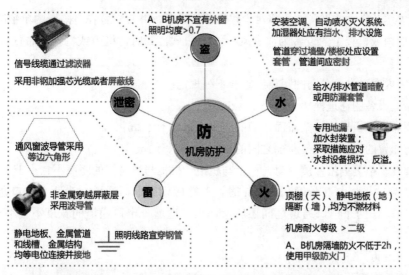

图1-6-10　《电子信息系统机房设计规范》知识卡片2

《电子信息系统机房设计规范》重要考点如下。

1. 机房位置与设备布置

（1）机房组成。

1）电子信息系统机房的组成应根据系统运行特点及设备具体要求确定，宜由主机房、辅助区、支持区、行政管理区等功能区组成。

2）主机房的使用面积应根据电子信息设备的数量、外形尺寸和布置方式确定，并应预留今后业务发展需要的使用面积。在对电子信息设备外形尺寸不完全掌握的情况下，主机房的使用面积可按下式确定：

①当电子信息设备已确定规格时，可按下式计算：

$$A=K\times\sum S$$

式中：A——主机房使用面积；K——系数，可取5～7；S——电子设备的投影面积。

②当电子信息设备尚未确定规格时，可按下式计算：

$$A=F\times N$$

式中：F——单台设备占用面积，可取3.5～5.5（/台）；N——主机房内所有设备（机柜）的总台数。

3）辅助区的面积宜为主机房面积的0.2～1倍。

4）用户工作室的面积，可按3.5～4/人计算；硬件及软件人员办公室等人长期工作的房间面积，可按5～7/人计算。

（2）设备布置。

1）电子信息系统机房的设备布置应满足机房管理、人员操作和安全、设备和物料运输、设备散热、安装和维护的要求。

2）产生尘埃及废物的设备应远离对尘埃敏感的设备，并宜布置在有隔断的单独区域内。

3）当机柜内或机架上的设备为前进风/后出风方式冷却时，机柜或机架的布置宜采用面对面/背对背方式。

4）主机房内通道与设备间的距离应符合下列规定：

①用于搬运设备的通道净宽不应小于 1.5m；

②面对面布置的机柜或机架正面之间的距离不宜小于 1.2m；

③背对背布置的机柜或机架背面之间的距离不宜小于 1m；

④当需要在机柜侧面维修测试时，机柜与机柜、机柜与墙之间的距离不宜小于 1.2m；

⑤成行排列的机柜，其长度超过 6m 时，两端应设有出口通道；当两个出口通道之间的距离超过 15m 时，在两个出口通道之间还应增加出口通道。出口通道的宽度不宜小于 1m，局部可为 0.8m。

2．建筑与结构

（1）人流、物流及出入口。

1）主机房宜设置单独出入口，当与其他功能用房共用出入口时，应避免人流和物流的交叉。

2）电子信息系统机房内通道的宽度及门的尺寸应满足设备和材料的运输要求，建筑入口至主机房的通道净宽不应小于 1.5m。

3）电子信息系统机房可设置门厅、休息室、值班室和更衣间。更衣间使用面积可按最大班人数的 $1\sim 3m^2$/人计算。

（2）防火和疏散。

1）电子信息机房的耐火等级不应低于二级。

2）面积大于 $100m^2$ 的主机房，安全出口不应少于两个，且应分散布置。面积不大于 $100m^2$ 的主机房可设置一个安全出口，并可通过其他相邻房间的门进行疏散。门应向疏散方向开启，且应自动关闭，并应保证在任何情况下均能从机房内开启。走廊、楼梯间应畅通，并应有明显的疏散指示标志。

3）主机房的顶棚、壁板（包括夹芯材料）和隔断应为不燃烧体。

（3）室内装修。

A 级和 B 级电子信息系统机房的主机房不宜设置外窗。当主机房设有外窗时，应采用双层固定窗，并应有良好的气密性。

不间断电源系统的电池室设有外窗时，应避免阳光直射。

四、课堂巩固练习

1．数据链路层的数据单位是___(1)___。网络层处理与寻址和传输有关的管理问题，提供点对点的连接，数据单位是___(2)___。

（1）（2）A．比特　　　B．帧　　　　　　C．分组　　　　　D．报文

【辅导专家讲评】物理层的数据单位是比特，传输方式一般为串行。数据链路层的数据单位是

帧。网络层处理与寻址和传输有关的管理问题，提供点对点的连接，数据单位是分组。传输层的数据单位是报文，建立、维护和撤消传输连接（端对端的连接），并进行流量控制和差错控制。

参考答案：（1）B　（2）C

2．关于 TCP 和 UDP 的说法，＿＿（3）＿＿是错误的。

（3）A．TCP 和 UDP 都是传输层的协议　　　B．TCP 是面向连接的传输协议

C．UDP 是可靠的传输协议　　　D．TCP 和 UDP 都是以 IP 协议为基础的

【辅导专家讲评】TCP（Transmission Control Protocol，传输控制协议）是一种面向连接（连接导向）的、可靠的、基于字节流的传输层通信协议；TCP 建立连接之后，通信双方可以同时进行数据的传输，TCP 是全双工的；在保证可靠性上，采用超时重传和捎带确认机制。UDP（User Datagram Protocol，用户数据报协议）位于传输层；提供面向事务的简单不可靠信息传送服务；是一个无连接协议，传输数据之前源端和终端不建立连接；在网络质量不十分令人满意的环境下，UDP 协议数据包丢失会比较严重，但是具有资源消耗小、处理速度快的优点，比如我们聊天用的 ICQ 和 QQ 就是使用的 UDP 协议。

参考答案：（3）C

3．以下 IP 地址中为 C 类地址的是＿＿（4）＿＿。

（4）A．123.213.12.23　　B．213.123.23.12　　C．23.123.213.23　　D．132.123.32.12

【辅导专家讲评】C 类 IP 地址范围 192.0.1.1～223.255.254.254，故选 B。C 类地址以"110"开头，也可将 4 个选项中的第 1 个十进制数转化二进制数，再进行判断。比如 B 选项，十进制 213 转化为二进制为"11010101"，故为 C 类地址。

参考答案：（4）B

4．PKI/CA 主要由最终用户、＿＿（5）＿＿和注册机构来组成。PKI/CA 的工作原理就是通过发放和维护＿＿（6）＿＿来建立一套信任网络，在同一信任网络中的用户通过申请到的数字证书来完成身份认证和安全处理。

（5）A．认证中心　　B．消费者　　C．生产者　　D．网络中心

（6）A．加密密钥　　C．解密密钥　　D．数字信封　　D．数字证书

【辅导专家讲评】PKI/CA 中的 CA 指的就是认证中心，是 PKI/CA 的重要组成部分。PKI/CA 靠发放数字证书来建立起信任网络。

参考答案：（5）A　（6）D

2

打好基础，深入考纲

通过第 1 天的学习，应当对考试的知识点、应该用的方法有了整体把握，而且应当也找出了自己的弱点在哪里；然后还继续学习了信息化知识、信息系统服务管理，以及系统集成专业技术知识。那么今天就将进入项目管理知识领域的学习。

今天主要学习的知识点包括有关项目管理一般知识、项目立项与招投标管理、项目整体管理、项目范围管理、项目成本管理。读者应当掌握这些基础知识点，并学会分析解题，在项目成本管理领域中还会涉及到一些计算题。

第 1 学时　项目管理一般知识

在这个学时中学习的是项目管理的一般知识，是所有项目管理知识的总起，因此要理解一些最基本的术语，如项目、项目管理等；还要初步地了解 PMBOK。

本学时主要需要学习的知识点如下：

（1）项目、项目管理的定义。

（2）项目干系人的定义，以及项目干系人包括哪些人。

（3）项目管理包括哪十大知识领域。

（4）各种项目组织风格及其优缺点，主要是项目型、职能型、矩阵型。

（5）项目费用与人力投入模式在项目各个阶段的情况；项目干系人的影响随时间的变化情况；需求变更的代价随时间变化的情况。

（6）项目各个阶段的划分，以及各个阶段的主要工作内容。

（7）项目管理过程的 PDCA（P—Plan，计划；D—Do，执行；C—Check，检查；A—Act，处理）循环。

（8）单个项目管理的 5 个过程组及其主要工作任务，5 个过程组之间的关系。

一、项目的定义

作为项目经理、程序员或是美工、工程师，总是在不断地从事项目的研发，比如一个人事管理系统、一栋大楼的建设等，那么到底什么样的情况才叫一个项目呢？可能很多人都没想清楚，下面一起来体会一下。

项目是为达到特定的目的，使用一定资源，在确定的期间内为特定发起人提供独特的产品、服务或成果而进行的一次性努力。项目管理则是要把各种知识、技能、手段和技术应用于项目活动之中，以达到项目的要求。

从项目的定义可以看出，无论是工作、过程还是努力，都包含三层含义：

（1）项目是一项**有待努力完成的任务，有特定的环境与要求**。

（2）项目任务是**有限**的，它要满足一定的**性能、功能、质量、数量、技术指标等要求**。

（3）项目是在一定的组织机构内，利用**有限的人、财、物等资源**，在规定的时间内完成的任务。

由项目的定义可以看出，项目可以是建造一栋大楼、修建一条大道、开发一种产品，也可以是某项课题的研究、某种流程的设计、某类软件的开发，还可以是某个组织的建立、某类活动的举办、某项服务的实施等。项目是建立一个新企业、新组织、新产品、新工程、新流程，或规划实施一项新活动、新系统、新服务的总称。项目的外延是广泛的，大到我国的南水北调工程建设，小到组织一次聚会都可以称其为一个项目。所以有人说："一切都是项目，一切也都将成为项目。"

项目目标的描述通常包含在**项目建议书**中。项目的目标特性有：①项目的目标有不同的优先级；②项目目标具有层次性；③项目具有**多目标性**；④项目的目标常体现为**成果性目标、约束性目标**。

清晰的项目目标最可能提供判断项目成功与否的标准，最可能降低项目风险。成本、进度、质量、技术的要求都可以成为项目的目标。而上述要求的量化就是项目的具体目标。

项目目标分为成果性目标和约束性目标。成果性目标（项目目标）指通过项目开发出的满足客户要求的产品、系统、服务或成果；约束性目标（管理性目标）包括时间、费用等。

项目目标需遵循 SMART 原则，即：

- S（Specific）：目标明确。
- M（Measurable）：目标可度量。
- A（Attainable）：目标可实现。
- R（Relevant）：目标与工作相关。
- T（Time-based）：有时间限制。

项目具有以下特点：

（1）**临时性**：有明确的开始和结束时间。

（2）**独特性**：世上没有两个完全相同的项目。

（3）**渐进明细性**：前期只能粗略定义，然后逐渐明朗、完善和精确，这也就意味着变更不可避免，所以要控制变更。

信息系统集成项目的产品是满足需求、支持用户业务的信息系统。信息系统集成项目建设的指导方法为"总体规划、分步实施"。

信息系统集成项目的特点有：

● 根本出发点是满足用户需求。

● 用户需求多变，有较大风险，需要加强变更管理。

● 不是选最好的设备，主要提供全面合适的解决方案，其核心是软件。

● 最终交付物是完整系统，不是分开产品。

● 技术是集成工作的核心，商务和管理是保障，必要时需要一把手牵头，并进行多方协调。

● 多技术集成，风险较大。

● 团队年轻，流动率高。

● 项目强调沟通。

项目管理是指在项目活动中综合运用知识、技能、工具、技术按照一定时间、质量、成本等要求实现项目目标的系列行为。

二、项目经理

项目经理是由组织委派，带领项目团队完成项目的个人。

项目经理要担当**领导者**和**管理者**的双重角色。领导者要解决的是本组织发展中的根本性问题，同时还要对组织的未来进行一定程度的预见，总地来说，其工作要具有概括性、创新性、前瞻性。给成员指明方向，并让大家朝着共同的方向努力。管理者要做的是具体化的东西，需要在已有规划指导下做好细化工作，为组织日常工作做出贡献。管理者要研究的不是变革，而是如何维持目前良好状态并使之保持稳定，将已出现的问题很好地解决。

从项目经理承担的角色来看，需要项目经理有广博的知识，不仅仅是 IT 技术领域知识，还要有客户的业务领域知识、项目管理知识等；要有丰富的经验和经历；具有良好的沟通与协调能力；具有良好的职业道德；具有一定的领导和管理能力。项目经理不需要精通技术。

三、项目干系人

项目干系人包括项目当事人，以及其利益受该项目影响的（受益或受损）个人和组织，又称作项目的**利害关系者**。对所有项目而言，主要的项目干系人包括：

（1）**项目经理**。负责管理项目的个人。

（2）**用户**。使用项目成果的个人或组织。

（3）**项目执行组织**。项目组成员，直接实施项目的各项工作，包括可能影响他们工作投入的其他社会人员。

（4）**项目发起者**。执行组织内部或外部的个人或团体，他们以现金和实物的形式为项目提供资金资源。

（5）职能经理：为项目经理提供专业技术支持，为项目提供资源保障。

（6）项目管理办公室（Project Management Office，PMO）：PMO 是组织中负责项目治理过程标准化工作的部门，通过它可以实现资源、工具与技术、方法论在组织中的共享。而项目治理是覆盖项目生命周期的、符合组织模式的项目监管。项目治理为确保项目，尤其是大型、复杂项目的成功提供了一整套方法、工具、结构、流程。如设立该办公室，则直接或间接对项目结果负责。PMO 监控项目、大型项目或各类项目组合的管理。PMO 分为如下三种：

- 支持型：PMO 充当顾问角色，可提供模版、培训、经验支持。
- 控制型：提供项目支持，并要求项目服从其管理策略。
- 指令型：直接管理、控制项目。

支持型 PMO 的项目控制度较低，控制型 PMO 的项目控制度比较适中，指令型 PMO 项目控制度较高。PMO 就是为创造和监督整个管理系统而负责的组织元素，这个管理系统是为项目管理行为的有效实施和为最大程度地达到组织目标而存在的。

1）PMO 日常职能。

- 培养项目经理，提供项目指导。
- 制定项目管理规范、标准。
- 多项目资源共享、项目间协调。
- 建立组织内项目管理的支撑环境。
- 监控项目，管理项目风险。

2）PMO 战略职能。

- 项目组合管理。
- 提高组织项目管理能力。
- 统一项目实施流程，形成文档模板，提供项目管理工具、系统。

（7）影响者：不直接购买项目产品的个人和团队，但可能会影响项目进程。

管理项目干系人的各种期望有时比较困难。这是因为各个项目干系人常有不同的目标，这些目标可能会发生冲突。例如，对于一个需求新管理信息系统的部门，部门领导可能要求低成本，而系统设计者则可能强调技术最好，而编制程序的承包商最感兴趣的是获得最大利润。

项目一开始，各项目干系人就以各自不同的方式不断地给项目组施加压力或侧面影响，企图项目向有利于自己的方向发展。由于项目干系人之间的利益往往相互矛盾，项目经理又不可能面面俱到，所以，项目管理中最重要的就是平衡，平衡各方利益关系，尽可能消除项目干系人对项目的不利影响。

四、十大知识领域

PMBOK（Project Management Body Of Knowledge，项目管理知识体系）把项目管理归纳为十大知识领域，如图 2-1-1 所示。

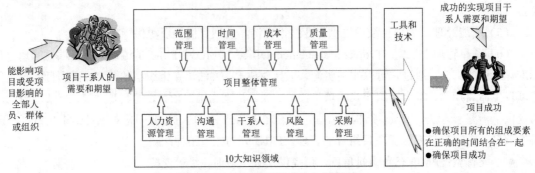

图 2-1-1　项目管理的十大知识领域

（1）**项目范围管理**。为了实现项目的目标，对项目的工作内容进行控制的管理过程。它包括范围的界定、范围的规划、范围的调整等。

（2）**项目时间管理，也叫项目进度管理**。为了确保项目最终按时完成的一系列管理过程。它包括具体活动界定、活动排序、时间估计、进度安排及时间控制等项工作。

（3）**项目成本管理**。为了保证完成项目的实际成本、费用不超过预算成本、费用的管理过程。它包括资源的配置，成本、费用的预算以及费用的控制等工作。

（4）**项目质量管理**。为了确保项目达到客户所规定的质量要求所实施的一系列管理过程。它包括质量规划、质量控制和质量保证等。

（5）**人力资源管理**。为了保证所有项目关系人的能力和积极性都得到最有效的发挥和利用所做的一系列管理措施。它包括组织的规划、团队的建设、人员的选聘和项目的班子建设等一系列工作。

（6）**项目沟通管理**。为了确保项目的信息合理收集和传输所需要实施的一系列措施，它包括沟通规划、信息传输、进度报告等。

（7）**项目干系人管理**。识别能影响项目或受项目影响的全部人员、群体或组织，分析干系人对项目的期望和影响，制定合适的管理策略来有效调动干系人参与项目决策和执行。该过程包括识别干系人、编制项目干系人管理计划、管理干系人参与、项目干系人参与的监控。新版考纲中，项目沟通管理和项目干系人管理统称为项目沟通管理和干系人管理。

（8）**项目风险管理**。用于识别项目可能遇到的各种不确定因素，增加积极事件的概率和影响，降低消极事件的概率和影响。它包括风险识别、风险量化、制定对策、风险控制等。

（9）**项目采购管理**。为了从项目实施组织之外获得所需资源或服务所采取的一系列管理措施。它包括采购计划、采购与征购、资源的选择以及合同的管理等项目工作。

（10）**整合管理，又叫项目整体管理**。指为确保项目各项工作能够有机地协调和配合所展开的综合性和全局性的项目管理工作和过程。它包括项目集成计划的制定、项目集成计划的实施、项目变动的总体控制等。

与 PMBOK 不同，有些资料认为项目管理是通过执行一系列相关过程完成：

（1）核心知识域：整体管理、范围管理、进度管理、成本管理、质量管理、信息安全管理。

（2）保障域：人力资源管理、干系人管理、合同管理、采购管理、风险管理、信息（文档）

与配置管理、知识产权管理、法律法规标准规范和职业道德规范等。

（3）伴随域：变更管理、沟通管理。

五、项目的组织方式

项目的组织方式可以分为**职能型、项目型、矩阵型**三种。职能型适用于规模较小、偏重于技术的项目；项目型适用于规模较大、技术复杂的项目；矩阵型适用于规模巨大、技术复杂的项目。矩阵型又可细分为**弱矩阵型、平衡矩阵型（又称中矩阵）、强矩阵型**。所谓强和弱都是相对项目中项目经理的权力而言的，比如弱矩阵中项目经理的权力较弱。

职能型的组织示意图如图 2-1-2 所示。职能式项目组织形式是指企业按职能以及职能的相似性来划分部门。如一般企业要生产市场需要的产品，必须具有计划、采购、生产、营销、财务、人事等职能，那么企业在设置组织部门时，按照职能的相似性将所有计划工作及相应人员归为计划部门，从事营销的人员划归营销部门等。于是企业便有了计划、采购、生产、营销、财务、人事等部门。

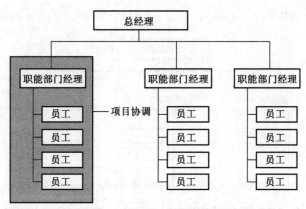

图 2-1-2　职能型的组织示意图

职能型组织的优点：①具有强大的技术支持，便于知识、技能和经验的交流；②员工有清晰的职业生涯晋升路线；③员工直线沟通简单，责任和权限很清晰；④有利于重复性工作为主的过程管理。

职能型组织的缺点：①职能利益优先于项目，具有狭隘性；②组织横向之间的联系薄弱、部门间协调难度大；③项目经理极少或缺少权利、权威；④项目管理发展方向不明，缺少项目基准等。

项目型组织的示意图如图 2-1-3 所示。

在项目型组织中，一个组织被分为一个一个的项目经理部。一般项目团队成员直接隶属于某个项目而不是某个部门。绝大部分的组织资源直接配置到项目工作中，并且项目经理拥有相当大的独立性和权限。项目型组织通常也有部门，但这些部门或是直接向项目经理汇报工作，或是为不同项目提供支持服务。

项目型组织的优点：结构单一，责权分明，利于统一指挥，目标明确单一，沟通简洁、方便，决策快。

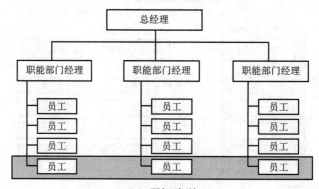

图 2-1-3　项目型组织的示意图

项目型组织的缺点：管理成本过高，如项目的工作量不足则资源配置效率低；项目环境比较封闭，不利于沟通、技术知识等共享；员工缺乏事业上的连续性和保障等。

矩阵型组织的示意图如图 2-1-4 所示。

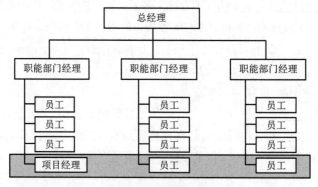

（a）弱矩阵型

（b）平衡矩阵型

图 2-1-4　矩阵型组织的示意图

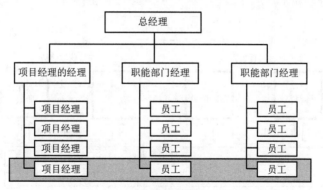

（c）强矩阵型

图 2-1-4　矩阵型组织的示意图（续图）

在矩阵型组织内，项目团队的成员来自相关部门，同时接受部门经理和项目经理的领导，**矩阵型组织兼有职能型和项目型的特征**，依据项目经理对资源（包括人力资源）的影响程度，矩阵型组织可分为弱矩阵型组织、平衡矩阵型组织和强矩阵型组织。

弱矩阵型组织保持着很多职能型组织的特征,弱矩阵型组织内项目经理对资源的影响力弱于部门经理，项目经理的角色与其说是管理者，不如说是协调人和发布人。平衡矩阵型组织内项目经理要与职能经理平等地分享权力。强矩阵型中项目经理的权力要大于职能部门经理。

项目的各种组织类型及其特点情况如表 2-1-1 所示。

表 2-1-1　项目的各种组织类型及其特点

项目特点	组织类型				
	职能型	矩阵型			项目型
		弱矩阵型	均衡型	强矩阵型	
项目经理的权力	很小和没有	有限	小～中等	中等～大	权利很大或近乎全权
全职参与项目工作职员比例	没有	0～25%	15%～60%	50%～95%	85%～100%
项目经理的职位	兼职	兼职	兼职	全职	全职
项目经理的一般头衔	项目协调人项目领导人	项目协调人项目领导人	项目经理/项目官员	项目经理	项目经理
项目管理/行政人员	兼职	兼职	兼职	全职	全职

六、项目的生命周期

项目的生命周期定义了项目从开始到结束的阶段。项目阶段的划分根据项目和行业的不同有所不同，但几个基本的阶段包括**定义、开发、实施和收尾**，有的书中分为**启动、计划、执行、收尾**，如图 2-1-5 所示。

第 2 天

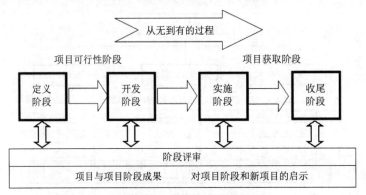

图 2-1-5　项目的生命周期

项目的各个阶段构成项目的整个生命周期。每个项目阶段都以一个或一个以上的工作成果的完成为标志。

（1）定义阶段的主要任务是制定项目建议书，它主要描述为什么要做、做什么。对于项目目标来说，项目建议书决定着其未来的蓝图与框架。

（2）开发阶段的主要任务是规划项目怎么做、谁来做。项目组要根据项目建议书，制定出更为详细的项目计划。

（3）实施阶段的主要工作是执行项目计划，并进行项目的监督和控制。其目的就是完成项目的内容。

（4）收尾阶段的主要任务是完成项目的验收与工作总结，为后续的项目提供经验、教训和帮助。

此外，项目生命周期与产品生命周期是有所不同的，**项目生命周期往往只是产品生命周期的一部分**。即使不同领域的项目甚至同领域的不同项目，其项目生命周期也具有以下共同特点：

（1）项目阶段一般按顺序首尾衔接，各阶段通过规定的技术信息、文档、部件以及相关的管理文档等中间成果的交接来确定。

（2）项目开始时对费用和人员的需求比较少，随着项目的发展，人力投入和费用会越来越多，并达到一个最高点，当项目接近收尾时又会迅速地减少，如图 2-1-6 所示。人员与费用的投入同时也体现了项目生命周期内完成的工作量与时间的关系。

（3）项目开始时，成功地完成项目的把握性较低，因此风险和不确定性是最高的。随着项目逐步地向前发展，成功的可能性也越来越高。

七、单个项目的管理过程

一个过程是指为了得到预先指定的结果而要执行的一系列相关的行动和活动。过程与过程之间会发生相互作用。

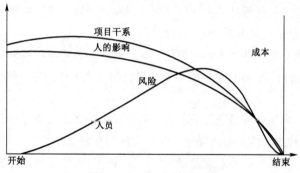

图 2-1-6　项目因素的分析

　　整体上看，项目管理过程比基本的 PDCA 循环（如图 2-1-7 所示）要复杂得多。可是，这个循环可以被应用于项目过程组内部及各过程组之间的相互关联。**规划过程组**符合 PDCA 循环中相应的 Plan 部分。**执行过程组**符合 PDCA 循环中相应的 Do 部分，而**监控过程组**则符合 PDCA 循环中的 Check/Act 部分。另外，因为项目管理是项有始有终的工作，**启动过程组**开始循环，而**结束过程组**则结束循环。从整体上看，项目管理的监控过程组与 PDCA 循环中的各个部分均进行交互。

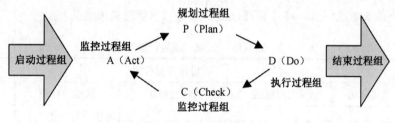

图 2-1-7　PDCA 循环

单个项目管理的过程组关系如图 2-1-8 所示。

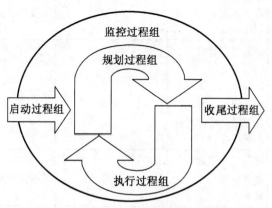

图 2-1-8　单个项目管理的过程组关系

（1）**启动过程组**的主要任务是确定并核准项目或项目阶段。在项目开始阶段，启动过程的主要成果就是形成一个项目章程和选择一位项目经理。

（2）**规划过程组**的主要任务是确定和细化目标，并规划为实现项目目标和项目范围的行动方针和路线，确保实现项目目标。规划过程的主要成果包括完成工作任务分解结构、项目进度计划和项目预算。

（3）**执行过程组**的主要任务是通过采取必要的行动，协调人力资源和其他资源，整体地、有效地实施项目计划。执行过程的主要成果就是交付实际的项目工作。

（4）**监控过程组**的主要任务是定期测量和实时监控项目进展情况，发现偏离项目管理计划之处，及时采取纠正措施和变更控制，确保项目目标的实现。监控过程的主要成果就是，在要求的时间、成本和质量限制范围内获得满意的结果。

（5）**收尾过程组**的主要任务是采取正式的方式对项目成果、项目产品、项目阶段进行验收，确保项目或项目阶段有条不紊地结束。收尾过程的主要成果包括项目的正式验收、项目审计报告和项目总结报告编制以及项目组成员的妥善安置。

对于每一个项目，无论是项目的整个生命周期还是项目生命周期的每一个阶段，大都使用这5个过程组并按照同样的顺序来实施，但不是所有交互过程都会应用在项目中。

表 2-1-2 反映 5 个过程组、47 个管理过程、10 个项目管理知识域关系。

表 2-1-2　过程组、过程、项目管理知识域关系

知识领域	项目管理过程组				
	启动过程组	规划过程组	执行过程组	监控过程组	收尾过程组
整体管理	制定项目章程	制定项目管理计划	指导与管理项目执行	监控项目工作 实施整体变更控制	结束项目或阶段
范围管理		规划范围管理 收集需求 定义范围 创建 wbs		范围确认 范围控制	
时间管理		规划进度管理 活动定义 活动排序 活动资源估算 估算活动持续时间 制定进度计划		控制进度	
成本管理		规划成本管理 成本估算 成本预算		成本控制	
质量管理		规划质量管理	质量保证	质量控制	

续表

知识领域	项目管理过程组				
	启动过程组	规划过程组	执行过程组	监控过程组	收尾过程组
人力资源管理		规划人力资源管理	项目团队组建 项目团队建设 项目团队管理		
沟通管理		规划沟通管理	管理沟通	控制沟通	
风险管理		规划风险管理 风险识别 风险定性分析 风险定量分析 规划风险应对		控制风险	
采购管理		规划采购	实施采购	管理采购	结束采购
干系人管理	识别干系人	规划干系人管理	管理干系人参与	控制干系人参与	

八、课堂巩固练习

1. 下列有关项目的说法错误的是___（1）___。

（1）A. 项目都具有特定的目标，且应当在有限的时间内完成

　　 B. 项目具有临时性和独特性，不可能有完全相同的项目

　　 C. 项目经理要担当领导者和管理者的双重角色

　　 D. 项目需求一般比较明确，后期变更较少

【辅导专家讲评】项目的前期只能粗略定义，然后逐渐明朗、完善和精确，这也就意味着变更不可避免，所以要控制变更。

参考答案：（1）D

2. PMBOK 把项目管理归纳为十大知识领域，其中核心知识领域有项目范围管理、项目时间管理、项目成本管理、___（2）___等；保障域有项目人力资源管理、干系人管理、___（3）___、项目采购管理等。

（2）A. 项目风险管理　　B. 项目配置管理　　C. 项目合同管理　　D. 项目质量管理

（3）A. 项目合同管理　　B. 项目整体管理　　C. 项目成本管理　　D. 项目质量管理

【辅导专家讲评】

项目管理是通过执行一系列相关过程完成：

（1）核心知识域：整体管理、范围管理、进度管理、成本管理、质量管理、信息安全管理。

（2）保障域：人力资源管理、干系人管理、合同管理、采购管理、风险管理、信息（文档）与配置管理、知识产权管理、法律法规标准规范和职业道德规范等。

（3）伴随域：变更管理、沟通管理。

参考答案：（2）D　（3）A

3．项目的组织方式可以分为 3 种，即职能型、项目型、___（4）___。

（4）A．部门型　　　　B．矩阵型　　　　C．平衡型　　　　D．纵向型

【辅导专家讲评】项目的组织方式可以分为职能型、项目型、矩阵型 3 种。矩阵型又可细分为弱矩阵型、平衡矩阵型（又称中矩阵）、强矩阵型。

参考答案：（4）B

4．下列有关项目生命周期的说法错误的是___（5）___。

（5）A．项目的生命周期分为启动、计划、执行、收尾 4 个阶段

　　　B．项目的生命周期往往涵盖了产品的生命周期

　　　C．项目开始时对费用和人员的需求比较少，随着项目的发展，人力投入和费用会越来越多，并达到一个最高点，当项目接近收尾时又会迅速地减少

　　　D．项目开始时，成功地完成项目的把握性较低，因此风险和不确定性是最高的

【辅导专家讲评】项目生命周期与产品生命周期是有所不同的，项目生命周期往往只是产品生命周期的一部分。

参考答案：（5）B

5．单个项目管理的过程组中，___（6）___的主要任务是确定和细化目标，并规划为实现项目目标和项目范围的行动方针和路线，确保实现项目目标。

（6）A．启动过程组　　B．规划过程组　　　C．执行过程组　　　D．监控过程组

【辅导专家讲评】题干中提到"目标"及"规划项目方针、路线"，故可明确理解为这是规划过程组。

参考答案：（6）B

第 2~3 学时　项目立项与招投标管理

立项管理即管理一个项目从提出申请到批准立项的整个过程，它能有效管理立项前的项目需求、相关文档和审批过程，从而保证项目立项的严谨性和科学性。招投标是在市场经济条件下进行大宗货物的买卖时所采取的一种交易方式，如工程建设项目的发包与承包、设备的采购与提供。招投标的特点是公开、公正、公平、诚实信用。

因为项目立项以后，接下来通常就是进行招投标工作，所以这里将这两者合在一起作为 1 个课时来讲解。

一、项目立项管理的内容

项目立项管理包括的主要内容有：**需求分析**、**编制项目建议书**、**可行性研究**、项目审批、**招**

投标、合同谈判与签订。对于考生来说，要掌握需求分析是要确定待开发的系统做什么；编制项目建议书是要清楚项目建议书有哪些内容、可行性研究的内容有哪些、招投标中的注意事项，以及合同签订有哪些注意事项。

需求分析是指对要解决的问题进行详细的分析，弄清**项目发起人及其他干系人**的要求、待开发的信息系统要解决客户和用户的什么问题及这些问题的来龙去脉。可以说，需求分析就是确定待开发信息系统要**"做什么"**。

项目建议书是由项目筹建单位或项目法人，根据国民经济发展情况、国家和地方中长期规划、产业政策等，提出某一具体项目建议文件，是对拟建项目的框架性的总体设想。

可行性研究是为避免盲目投资，在决定一个信息系统项目是否应该立项之前，对项目的背景、意义、目标、开发内容、国内外同类产品和技术、本项目的创新点、技术路线、投资额度与详细预算、融资措施、投资效益，以及项目的社会效益等多方面进行全面的分析研究，从而提出该**项目是否值得投资和如何进行建设**的咨询意见。

二、项目建议书

项目建议书（又称**立项申请**）是项目建设单位向本单位内的项目主管机构或上级主管部门提交项目申请时所必需的文件。项目建议书是项目发展周期的初始阶段，是国家或上级主管部门选择项目的依据，也是**可行性研究的依据**。有些企业单位根据自身发展需要自行决定建设的项目，也参照这一模式首先编制项目建议书。系统集成项目的项目建议书可以裁剪，也不是必须提供的内容。

项目建议书的主要内容有：项目**简介**与项目**建设单位**情况、项目的**必要性**、**业务**分析、**总体建设方案**、**本期**项目建设方案、环保、消防、职业**安全**、项目实施**进度**、**投资**估算与**资金筹措**、效益**风险**分析等。

【辅导专家提示】项目建议书主要内容参考记忆口诀："简介建设单位必要业务，总体本期建设安全进度，投资资金筹措风险市场方案条件"。

三、可行性研究的内容

信息系统项目可行性分析的目的就是，用最小的代价在尽可能短的时间内确定以下问题：项目**有无必要？能否完成？是否值得去做？**

针对项目建议书，可行性报告要拿出具体的、能够说话的数据，需要对项目的背景、意义、目标、开发内容、国内外同类产品和技术、本项目的创新点、技术路线、投资额度与详细预算、融资措施、投资效益，以及项目的社会效益等多方面进行全面的评价，对项目的**技术**、**经济**、**社会**等可行性进行研究。项目建议书可以和可行性研究报告合并。

可行性研究一般应包括以下内容：

（1）**投资必要性**。主要根据市场调查及预测的结果，以及有关的产业政策等因素，论证项目投资建设的必要性。

（2）**技术可行性**。主要是从项目实施的技术角度，合理设计技术方案，并进行比较、选择和评价。

（3）**财务可行性**。主要从项目及投资者的角度，设计合理财务方案，从企业理财的角度进行资本预算，评价项目的财务盈利能力，进行投资决策，并从融资主体（企业）的角度评价股东投资收益、现金流量计划及债务偿还能力。

（4）**组织可行性**。制定合理的项目实施进度计划、设计合理的组织机构、选择经验丰富的管理人员、建立良好的协作关系、制定合适的培训计划等，保证项目顺利执行。

（5）**经济可行性**。主要是从资源配置的角度衡量项目的价值，评价项目在实现区域经济发展目标、有效配置经济资源、创造就业、增加供求、改善环境、提高人民生活等方面的效益。

（6）**社会可行性**。主要分析项目对社会的影响，包括政治体制、方针政策、经济结构、法律道德、宗教民族、妇女儿童及社会稳定性等。

（7）**风险因素及对策**。主要是对项目的市场风险、技术风险、财务风险、组织风险、法律风险、经济及社会风险等因素进行评价，制定规避风险的对策，为项目全过程的风险管理提供依据。

【辅导专家提示】可行性研究主要内容参考记忆口诀："投技财组经社风"。

可行性研究阶段包含机会可行性研究，初步可行性分析，详细可行性分析，项目可行性研究报告的编写、提交和获批，项目评估。

项目建设单位应依据项目建议书批复，按照《国家电子政务工程建设项目可行性研究报告编制要求》的规定，**招标选定或委托具有相关专业甲级资质的工程咨询机构编制项目可行性研究报告，报送项目审批部门**。项目审批部门委托有资格的咨询机构评估后审核批复，或报国务院审批后下达批复。

项目建设单位应依据项目审批部门对可行性研究报告的批复，按照《国家电子政务工程建设项目初步设计方案和投资概算报告编制要求》的规定，**招标选定或委托具有相关专业甲级资质的设计单位编制初步设计方案和投资概算报告，报送项目审批部门**。项目审批部门委托专门评审机构评审后审核批复。

项目审批部门对电子政务项目的项目建议书、可行性研究报告、初步设计方案和投资概算的批复文件是项目建设的主要依据。批复中核定的建设内容、规模、标准、总投资概算和其他控制指标原则上应严格遵守。

项目可行性研究报告的编制内容与项目建议书批复内容有重大变更的，应重新报批项目建议书。项目初步设计方案和投资概算报告的编制内容与项目可行性研究报告批复内容有重大变更，或变更投资**超出已批复总投资额度 10%** 的，应重新报批可行性研究报告。项目初步设计方案和投资概算报告的编制内容与项目可行性研究报告批复内容有少量调整，且其调整内容未超出已批复总投资额度 10%的，需在提交项目初步设计方案和投资概算报告时以独立章节对调整部分进行定量补充说明。

四、成本效益分析

这里要重点掌握几个公式的应用。一是**利率**的计算；二是**净现值**的计算；三是**净现值率**的计算；四是**投资回收期**的计算。记忆这些公式对初学的考生来说并不容易，一定要从理解上来记忆，其实理解了也就会做应用题了。

先来看利率的计算公式。利率有单利和复利之说，对于单利来说，很好理解：

$$利息=本金×利率×期限$$

来看个例子加深理解，比如 100 万元存入银行，年利率为 2%，以单利计算，2 年后有多少利息？据此，2 年后利息为 100 万元×2%×2=4 万元。

复利，俗称"利滚利"，即第　个时期的利息会作为本金计入第二个时期的本金之中，公式如下：

$$F = P \times (1+i)^n$$

式中，F：复利终值；P：本金；i：利率；n：利率获取时间的整数倍。

再来以单利计算同样的例子来加深理解。比如 100 万元存入银行，年利率为 2%，以复利计算，2 年后有多少利息？据此，F=100 万元×$(1+0.02)^2$=104.04 万元，2 年后利息值为 F-P=104.04 万元−100 万元=4.04 万元。

净现值（Net Present Value，NPV）是指投资方案所产生的现金净流量以资金成本为贴现率折现之后与原始投资额现值的差额。净现值法就是按净现值大小来评价方案优劣的一种方法。**净现值大于零则方案可行，且净现值越大，方案越优，投资效益越好。**

按财务管理学的观点来看，投资项目投入使用后的净现金流量，按资本成本或企业要求达到的报酬率折算为现值，减去初始投资以后的余额，叫净现值。

$$NPV = \sum_{t=0}^{n} \frac{(CI-CO)_t}{(1+i)^t}$$

式中：CI——现金流入；CO——现金流出；（CI-CO）——第 t 年净现金流量；i——基准收益率。

NPV 的计算步骤如下：

（1）根据项目的资本结构设定项目的折现率。

（2）计算每年项目现金流量的净值。

（3）根据设定的折现率计算每年的净现值。

（4）将净现值累加起来。

净现值率（Net Present Value Ratio，NPVR）是指投资项目的净现值占原始投资现值总和的比率，也可将其理解为单位原始投资的现值所创造的净现值。

净现值率的计算公式为：

$$净现值率（NPVR）=项目的净现值（NPV）/原始投资的现值合计$$

即

$$NPVR = NPV / P = \frac{\sum_{t=0}^{n}(CI-CO)_t(1+i)^{-t}}{\sum_{t=0}^{n}I_t(1+i)^{-t}}$$

似乎仍不太好理解，那就通过做题来理解透彻一些。

例题：某信息系统项目，假设现在的时间点是 2015 年**年初**，预计投资和收入的情况如表 2-2-1 所示，单位为万元。假定折现率为 10%，请计算 NPV，并判断方案是否可行。

表 2-2-1 某信息系统项目预计投资和收入情况表　　　　　单位：万元

年份 科目	2015	2016	2017	2018	2019	2020
投资	600	400	—	—	—	—
成本	—	—	900	700	600	500
收入	—	—	1200	1500	1100	700

【辅导专家提示】这道题有一定的计算量，但不必纠缠于计算，要理解计算过程。在看后续内容之前，可先自行在草稿纸上演算一下。

根据 NPV 的计算步骤，先来计算每年项目现金流的净值。2015 年净现金流为-600，是负数的原因是只有投资；2016 的净现金流为-400；2017 年净现金流为 300；2018 年净现金流为 800；2019 年净现金流 500；2020 年净现金流为 200。

根据利率计算公式：

2015 年净现金流=-600

2016 年净现值=2016 年净现金流/（1+折现率）^1=-400/(1+0.1)^1=-364

2017 年净现值=2017 年净现金流/（1+折现率）^2=300/(1+0.1)^2=300/1.21=248

2018 年净现值=2018 年净现金流/（1+折现率）^3=800/(1+0.1)^3=800/1.331=601

2019 年净现值=2019 年净现金流/（1+折现率）^4=500/(1+0.1)^4=500/1.4641=342

2020 年净现值=2020 年净现金流/（1+折现率）^5=200/(1+0.1)^5=200/1.61=124

NPV=2015 年净现值+2016 年净现值+2017 年净现值+2018 年净现值+2019 年净现值+2020 年净现值

＝-600-364+248+601+342+124=351

可见净现值大于 0，故项目可行。

理解以上内容后，再来看**内部收益率、投资回收期、投资回报率**的定义和计算。

净现值为零时的折现率就是项目的内部收益率。它是一项投资可望达到的报酬率，该指标**越大越好**。一般情况下，**内部收益率大于或等于基准收益率时，该项目是可行的**。

投资回收期是指从项目的投建之日起，**用项目所得的净收益偿还原始投资所需要的年限**。投资回收期分为静态投资回收期与动态投资回收期两种。

静态投资回收期是在不考虑资金时间价值的条件下，以项目的净收益回收其全部投资所需要的时间。投资回收期可以自项目建设开始年算起，也可以自项目投产年开始算起，但应予以注明。

动态投资回收期是把投资项目各年的净现金流量按基准收益率折成现值之后，再来推算投资回收期，这就是它与静态投资回收期的根本区别。动态投资回收期就是净现金流量累计现值等于零时的年份。

ROI（Return On Investment，投资回报率）是指生产期正常年度利润或年均利润占投资总额的百分比。再简单地说，ROI 的值其实就是投资回收期的倒数。

【辅导专家提示】建议考生细细体会这些定义，定义理解了就能解题，公式其实可以不必死记。

仍以本节中的例题来进行演算，假定要求静态投资回收期、动态投资回收期和相应的投资回报率。

如果是计算静态投资回收期，则不考虑资金的时间价值，因此要根据现金流量净值来判断。可知 2015 年和 2016 年共投入了 1000 万；2017 年赚回 300 万；2018 年赚回 800 万，至此累计赚回 1100 万，故在 2018 年收回了投资。到 2018 年已经过去了 3 年的时间，因此静态投资回收期应当是 3 年多一点，3 年多多少呢？则看 2018 年还有多少投资没有赚回，用这个数除以 2018 年总计可赚回的数量可得到还要多长的时间，即(1000-300)/800=700/800=0.875，所以静态投资回收期为 3.875 年。对应的投资回报率则为 1/3.875，结果为 0.258，即投资回报率为 25.8%。

如果是计算动态投资回收期，则应考虑资金的时间价值，因此要根据净现值来判断。可知累计投资值为(-600-364)= -964；2017 赚回净现值 248；2018 年赚回净现值 601，累计赚回净现值 849，尚未收回投资；2019 年赚回净现值 342，累计赚回净现值 1191，已经超过了累计投资值，因此应当是在 2019 年收回了投资，此时已经过去了 4 年，故投资回收期应当是 4 年多一点。4 年多多少呢？即 2019 年还有多少投资没有赚回，用这个数除以 2019 年总计可赚回的数量可得到还要多长的时间，即(964-849)/342=0.34，所以动态投资回收期为 4.34 年。对应的投资回报率则为 1/4.34，结果为 0.23，即投资回报率为 23%。

五、建设方的立项管理

建设方的立项管理要经历**项目建议书的编写、申报和审批，初步可行性研究，详细可行性研究，编写可行性报告，项目论证与评估，招标**等步骤。

首先要注意区分建设方和承建方的概念。需要获得产品、服务或成果的一方称为**采购方**（或称为**建设方**），提供产品、服务或成果的一方称为**供应方**（或称为**承建方**）。

企业自建的项目一般可自行进行立项，企业应当有立项的业务流程，常由项目发起人或组织来编写立项申请书，再由相关的审批机构、人员来进行审批。**企业内部立项流程一般包括项目资源估算、项目资源分配、准备项目任务书和任命项目经理等**。国家的各种各级项目均会有相应的立项流程，如国家科技攻关计划项目、国家自然科学基金计划项目等，不同类型的项目可能有不同的审批流程。

（1）项目资源估算。依据项目前期的招投标文件、商务合同、售前资料等，估算项目所需资源，确定项目人员需求与构成。

（2）项目资源分配。依据项目资源估算，协调部门资源，保障项目资源，优化及分配项目资源。

（3）准备项目任务书。依据进度与质量要求、项目面临的风险、合同内容、资源分配情况等，准备项目任务书。准备项目任务书包含任务目标和考核要求，这两项会成为评价项目绩效的主要依据。

（4）任命项目经理。组织根据项目实际情况，通常在项目启动会议（开踢会议）中指派项目经理。

初步可行性研究是介于机会研究和详细可行性研究的一个中间阶段，是在项目意向确定之后对项目的初步估计。详细可行性研究需要对一个项目的技术、经济、环境及社会影响等进行深入调查研究，是一项费时、费力且需一定资金支持的工作，特别是大型的或比较复杂的项目更是如此。

初步可行性研究的内容与详细的项目可行性研究基本相同，概括为以下内容：市场和工厂生产能力、原材料投入、地点和厂址、工艺技术和设备选择、土建工程、企业管理费、人力资源、项目实施及经济评价。

经过初步可行性研究，可以形成**初步可行性研究报告**，该报告虽然比详细可行性研究报告粗略，但是对项目已经有了全面的描述、分析和论证，所以初步可行性研究报告可以作为正式的文献供决策参考；也可以依据项目的初步可行性研究报告形成项目建议书，通过审查项目建议书决定项目的取舍，即通常所说的**"立项"决策**。

详细可行性研究方法有很多，如**经济评价法、市场预测法、投资估算法和增量净效益法**等。详细可行性研究的内容包括需求确定，现有资源、设施情况分析，设计（初步）技术方法，项目实施进度计划建设，投资估算和资金筹措计划，项目组织、人力资源、技术培训计划，经济和社会效益分析（效果评价），合作/协作方式等。实际工作中，**详细可行性研究阶段是不可缺少的**。

六、详细的可行性研究报告的内容

详细的可行性研究报告主要包括以下内容：

（1）项目背景情况（含技术背景、市场背景等）。

（2）编制项目建议书的过程及必要性。

（3）市场情况调查分析，客户现行系统业务、资源、设施情况调查分析。

（4）项目技术方案。

（5）实施进度计划。

（6）投资估算与资金筹措计划。

（7）人员及培训计划。

（8）风险分析。

（9）经济与社会效益预测与评价。

（10）可行性研究结论与建议。

七、项目论证与项目评估

项目论证与评估是项目立项前的最后一关，一般遵循"先论证（评估），后决策"的原则。

项目论证是指对拟实施项目技术上的先进性、成熟性、适用性，经济上的合理性、盈利性，实施上的可能性、风险性进行全面科学的综合分析，为项目决策提供客观依据的一种技术经济研究活动。

根据论证执行主体的不同，项目论证可分为内部论证和外部论证。内部论证的执行主体为项目承担单位内部没有参加过项目可行性研究的技术专家、市场专家和财务专家，必要时可邀请客户（明确的或潜在的）代表和单位外有关专家参加。外部论证一般由项目投资者（如国家各类科技计划或基金的管理机构、银行或投资公司）或其委托的第三方权威机构（如科技计划或基金的评审机构、投资咨询公司）执行。

项目论证活动包含了机会研究、初步与详细可行性研究、评价和决策等工作。项目论证各阶段投资估算误差与时间如表 2-2-2 所示。

表 2-2-2　项目论证各阶段投资估算误差与时长

阶段	估计精度	占总投资额	估计时间
机会研究（毛估）	±30%	0.2%~1%	1~3 个月
初步可行性研究	±20%	0.25%~1.5%	4~6 个月
详细可行性研究	±10%	大项目 1%~3% 小项目 0.2%~1%	大项目 8~12 个月 中小项目 4~6 个月

项目评估指在项目可行性研究的基础上，项目投资者或项目主管部门（如国家各类科技计划或基金的管理机构、银行或投资公司）或其委托的第三方权威机构（如科技计划或基金的评审机构、投资咨询公司）根据国家颁布的政策、法律、法规、标准和技术规范，对拟开发项目的市场需求、技术先进性和成熟性、预期经济效益和社会效益等进行评价、分析和论证，进而判断其是否可行的过程。项目评估是项目立项之前必不可少的重要环节，其目的是审查项目可行性研究的可靠性、真实性和客观性，为行政主管部门的审批决策和投资机构的投资决策提供科学依据。

项目评估的方法，如表 2-2-3 所示。

表 2-2-3　项目评估方法

项目评估方法	特点	适用范围
项目评估法（局部评估法）	以具体技术改造项目为评估对象。费用、效率范围限于项目本身	简单、费用和效益容易分离的技术改造项目
企业评估法（全局评估法）	比较企业改造、不改造两个方案带来的不同效率	复杂、费用和效益不容易分离的技术改造项目
总量评估法	费用效率估算，采用总量数据和指标。该方法简单、直观、整体评估效果好，但无法正确把握新增投入资金的经济效果	需要从整体把握效益的变化和达到的效益指标的项目
增量评估法	采用增量数据和指标	技术改造（扩能）评价的项目

项目论证与评估可以分步进行，也可以合并进行。实际上，项目论证与评估的内容、程序和依据都是大同小异的，只是**侧重点稍有不同，具体不同**，如表 2-2-4 所示。

表 2-2-4 项目论证和项目评估的区别

不同点	项目论证	项目评估
针对方案	一般是未完工方案	一般是正式提交方案
目的	听取各方专家意见	得出权威的结论

八、承建方的立项管理

承建方的立项管理要经历**项目识别**、**项目论证**、**投标**等步骤。

在项目识别这一步，主要的任务就是"找项目"。项目可从以下 3 个方面去寻找：①从**政策导向**中寻找机会；②从**市场需求**中寻找机会；③从**技术发展**中寻找机会。

承建方也要进行项目论证。由于是承担建设任务，并由采购方支付费用，因此承建方还应投标，根据建设方的要求来编制投标书。

九、招投标流程

招投标中主要需要经历**招标**、**投标**、**开标**、**评标**、**中标** 5 个过程。

【攻克要塞软考专家提示】记忆口诀："招投开评中"

招标一定要坚持公开、公平、公正、诚实信用的原则。采购方也可以委托招标代理机构组织招投标。招标又有公开招标和邀请招标之分，要掌握这些术语，并在实际工作中能够运用。在招投标工作流程中还会有很多注意事项，这些也是考试的重点关注点，在后续内容中还会详细解析。

十、合同的签订

合同谈判时要特别注意的是应当**先谈技术条款，再谈商务条款**。

签订合同需要注意的是自中标通知书发出之日起三十日内应当签订。如果中标人不同意按照招标文件规定的条件或条款按时进行签约，招标方有权宣布该标作废而与第二候选投标人进行签约。此外，合同中应当写明**项目名称、标的内容、范围和要求、计划、进度、地点、保密约定、风险责任、技术成果的归属、验收标准、价格及付款方式、违约金、索赔等**。

十一、课堂巩固练习

1.   (1)   是可行性研究的依据，是项目建设单位向本单位内的项目主管机构或上级主管部门提交项目申请时所必须的文件。

（1）A．项目合同　　　B．项目建议书　　　C．招标书　　　D．投标书

【辅导专家讲评】项目合同是招投标完成后建设方和承建方签订的合约；招标书是建设方招标时发出的书面文件；投标书是投标人根据招标书的要求编制的投标文件。

参考答案：（1）B

2．可行性研究概括起来主要包括 3 个方面：___(2)___、经济和社会可行性。

（2）A．组织　　　　　B．财务　　　　　C．投资　　　　　D．技术

【辅导专家讲评】如果按题目所述概括为 3 个方面，则 B、C 均涵盖在经济可行性之中；题中缺少的部分就是技术了。

参考答案：（2）D

3．某人向银行存入 10000 元，假设年得率为 5%，采用单利方式，则两年后利息收入为___(3)___。

（3）A．1000　　　　　B．1025　　　　　C．11000　　　　　D．11025

【辅导专家讲评】首先要审清题，采取的是单利方式，要求的是利息收入，而并非本息合计值，故 C、D 可以排除。由于是单利方式，故第 1 年的利息为 10000×5%=500，第 2 年利息仍为 500。所以答案选 A。选项 B 是复利方式下计算而得的利息。

参考答案：（3）A

4．某信息系统项目的投资、收入情况如表 2-2-5 所示。假定现在是 2016 年年初，据此可知该项目的静态投资回收期为___(4)___年。

表 2-2-5　项目的投资、现金流量情况（单位：万元）

	2016 年	2017 年	2018 年	2019 年	2020 年
投资	800	600			
收入			900	1000	800
净现金流量	−800	−600	900	1000	800

（4）A．1.5　　　　　B．2.5　　　　　C．3.5　　　　　D．4.5

【辅导专家讲评】本题考查的是静态投资回收期的计算。从题目已知条件可知，2016 年和 2017 年累计投入 1400 万元，从 2018 年开始不再投入；2018 年收入 900 万元，则尚有 500 万元投入没有收回；2019 年收入 1000 万元，则可在 2019 年收回投资。故投资回收期为 3 年多一点，可排除选项 A、B、D，答案为 C。

参考答案：（4）C

5．项目通过审查___(5)___决定项目的取舍，即通常所称的"立项"决策。

（5）A．详细的可行性研究报告　　　　　B．需求规格说明书

　　　C．市场调研报告　　　　　　　　　D．项目建议书

【辅导专家讲评】初步可行性研究报告可以作为正式的文献供决策参考；也可以依据项目的初步可行性研究报告形成项目建议书，通过审查项目建议书决定项目的取舍，即通常所说的"立项"决策。详细的可行性研究报告是立项之后再行编写的文件。选项 B、C 明显不合题意。

参考答案：（5）D

第 4 学时　项目整体管理

项目整体管理是十大领域中起到整合作用的知识领域，所以又叫项目整合管理、项目组合管理，它位于其他 9 个知识领域的中心位置。整体管理包括为识别、定义、组合、统一和协调各项目管理过程组的各种过程和活动而开展的过程与活动。整体管理，有协调分配资源，平衡和协调竞争的手段与方案，目的就是让项目可控，并能满足干系人希望，达到项目目标。在这个学时里要学习并掌握以下主要知识点：

（1）项目整体管理的过程有哪些。

（2）项目章程的定义及其作用；项目章程的主要内容有哪些；如何产生项目经理；项目经理的选择标准如何考虑。

（3）项目计划内容包括哪些。

（4）实施整体变更控制的流程及输入、输出。

（5）结束项目或阶段的内容；管理收尾（**又称行政收尾**）和合同收尾的定义。

一、整体管理的过程

项目整体管理的主要过程是：**制定项目章程，**项目章程包含了项目的批准、授权项目经理可用的资源等内容；**制定项目管理计划**，定义、准备和协调所有子计划，并将其整合为一个协调一致的项目计划；**指导与管理项目工作**，领导和执行项目管理计划，并实施已批准的变更的过程；**监控项目工作**是跟踪、审查和报告项目进展，以实现项目管理计划中确定的绩效目标的过程；实施**整体变更控制**，审定和批准变更请求，管理变更，包括调整与控制整个项目的变更，并对变更处理结果进行沟通；**结束项目或阶段**，完成项目过程中的所有活动，以正式结束一个项目或项目阶段。

整体管理是一项综合性和全面性工作；整体管理涉及相互竞争的项目各分目标之间的集成；项目经理通过干系人的汇报获取项目需求。

二、制定项目章程

项目立项以后，就要正式启动项目。所谓项目启动，就是以书面的、正式的形式肯定项目的成立与存在，同时以书面正式的形式为项目经理进行授权。书面正式的形式即为项目章程。

（1）项目章程的定义：项目章程是正式授权一个项目和项目资金的文件，由项目发起人或者项目组织之外的主办人颁发。

（2）项目章程的作用：首先，项目章程正式**宣布项目的存在**，对项目的开始实施赋予合法地位。项目章程的颁发就意味着项目的企业手续合法，项目的投资者正式启动项目，职业的项目经理人和项目领导班子可以正式接手项目。其次，项目章程将**规定项目总体范围、时间、成本、质量，**

这也是项目各管理后续工作的重要依据。项目章程是项目的商业需求文件，项目理由、最新的客户需求、最新的产品、服务或成果的需求在项目章程中都会有所体现。第三，项目章程中**正式任命项目经理**，授权其使用组织的资源开展项目活动。项目章程中规定项目经理的权利及项目组中各成员的职责，还有项目其他干系人的职责，这也是对以后的项目范围管理工作中各个角色如何做好本职工作所给出的一个明确规定，以至后续工作可以更加有序地进行。第四，叙述启动项目理由，把项目的日常运作及战略计划联系起来。

（3）项目经理的产生。项目经理的产生主要有三种方式：第一种是**由企业高层领导委派**，一般程序是由企业高层领导提出人选或由职能部门推荐人选，经人事部门综合考查，若合格则由总经理委派；第二种是由**企业和用户协商选择**，即分别由企业和用户提出项目经理的人选，双方在协商的基础上确定最后的人选；第三种是**竞争上岗**，这种方式主要适用于企业内部项目，由上级部门提出项目的要求，广泛征集项目经理的候选人，由主管部门对项目候选人进行考核和选拔，最后确定适合的人选。

一个优秀的 IT 项目经理至少需要具备三种基本能力：解读项目信息的能力、发现和整合项目资源的能力、将项目构想变成项目成果的能力。项目经理是一个整合者，需要与项目干系人主动、全面沟通，了解他们对项目的需求；在不同干系人甚至是竞争干系人间寻找平衡点；通过协调协调工作，达到项目需求间平衡，实现整合。

（4）项目章程的主要内容。主要有：项目立项的理由；项目干系人的需求和期望；项目必须满足的业务要求或产品需求；委派的项目经理及项目经理的权限；概要的里程碑进度计划；项目干系人的影响，组织环境及外部的假设、约束；概要预算及投资回报率；项目主要风险；可测量的项目目标和相关的成功标准。

（5）项目章程发布与修改。项目章程由项目以外的实体（发起人、项目集或项目管理办公室（PMO）职员、或项目组合治理委员会主席或授权代表）发布。项目章程遵循"谁签发，谁修改"的原则，一般项目章程定义原则问题和大方向，通常不会修改。

制定项目章程的输入、工具与技术、输出如图 2-4-1 所示。

图 2-4-1 制定项目章程的输入、工具与技术、输出

三、制定项目管理计划

项目整体管理的过程是围绕项目管理计划进行的。制定项目管理计划就是定义、准备和协调

所有子计划（例如范围管理计划与项目范围说明书、进度管理计划与进度基准等），并把它们整合为一份综合项目管理计划的过程。项目管理计划包括经过整合的项目基准和子计划。项目管理计划是项目组织根据项目目标的规定，对项目实施过程中进行的各项活动做出周密安排。项目管理计划围绕项目目标的完成，系统地确定项目的任务，安排任务进度，编制完成任务所需的资源、预算等，从而保证项目能够在合理的工期内，用尽可能低的成本和尽可能高的质量完成。

项目计划包含的内容：**项目的整体介绍、项目的组织描述、项目所需的管理程序和技术程序，以及所需完成的任务、时间进度和预算**等。

【**辅导专家提示**】参考项目计划内容的记忆口诀："**整体组织—管理技术任务—进度预算**"。

项目整体介绍或概述至少要包括以下内容：项目名称、项目以及项目所需满足需求的简单描述、发起人的名称、项目经理与主要项目组成员的姓名、项目可交付成果、重要资料清单。

对项目组织情况的描述应该包括以下内容：组织结构图、项目责任、其他与组织或过程相关的信息。

项目计划中用来描述项目的管理和方法的部分主要包括以下内容：管理目标、项目控制、风险管理、项目人员、技术过程。

项目计划中用来描述项目任务的那部分应当参考范围管理计划的内容，并概括叙述以下内容：主要工作包、主要可交付成果、与工作有关的其他信息。

项目进度信息部分应包括以下内容：进度概要、进度细要、与进度有关的其他信息。整体项目的预算部分应该包含以下内容：预算概要、预算细要、与项目预算有关的其他信息。

制定项目管理计划是定义、准备和协调所有子计划，并把它们整合为一份综合项目管理计划的过程。项目管理计划确定项目的执行、监控和收尾方式。编制项目管理计划，需要整合一系列相关过程，而且要持续到项目收尾。项目管理计划是**渐进明细**的。

项目经理要善于与项目组成员及其他项目干系人一道制定项目计划，这将有利于项目经理较好地理解项目的整体计划并有效指导计划的实施。几个人在两三个月内就能做的小项目可能会有一份两页纸的项目计划书，包括一个工作分解结构和一幅甘特图。大项目则会有详细得多的项目计划。因此，按照特定的项目量体裁衣，制定相符的项目计划是非常重要的。

制定项目管理计划的输入、工具与技术、输出，如图 2-4-2 所示。

输入	工具与技术	输出
1. 项目章程 2. 其他过程的输出 3. 组织过程资产 4. 事业环境因素	1. 引导技术 2. 专家判断	项目管理计划

图 2-4-2　制定项目管理计划的输入、工具与技术、输出

四、指导与管理项目工作

指导与管理项目工作是为实现项目目标而领导和执行项目管理计划中所确定的工作，并实施已批准变更的过程。本过程的主要作用是对项目工作提供全面管理。

指导与管理项目工作通常以开踢会议（又称项目启动会、开工会）为开始标志。开踢会议（kick off meeting）是在项目计划制订结束、项目执行开始时，由项目的主要干系人召开的、用于沟通与协调的会议。

指导与管理项目工作的活动可以是：

（1）开展活动，得到项目成果，实现项目目标。

（2）配备、培训和管理团队成员。

（3）获取、管理和利用工具、材料、设备等资源。

（4）执行计划好的方法和标准。

（5）建立、管理项目内外的沟通渠道。

（6）生成进度、成本、质量的进度与状态等工作绩效数据，便于预测。

（7）提出变更请求，审查变更影响并实施批准的变更。

（8）管理风险并实施风险应对。

（9）管理供应商、卖家、项目组等项目干系人。

（10）收集和记录经验教训，并实施批准的过程改进。

指导与管理项目工作的输入、工具与技术、输出，如图 2-4-3 所示。

输入	工具与技术	输出
1. 项目管理计划 2. 批准的变更请求 3. 组织过程资产 4. 事业环境因素	1. 专家判断 2. 会议 3. 项目管理信息系统	1. 可交付成果 2. 工作绩效数据 3. 变更请求 4. 项目文件更新 5. 项目管理计划更新

图 2-4-3　指导与管理项目工作的输入、工具与技术、输出

五、监控项目工作

监控项目工作：监控项目工作是跟踪、审查和报告项目进展，以实现项目管理计划中确定的绩效目标的过程。**监控工作贯穿整个项目管理过程。**

监控项目工作主要关注：以**项目管理计划**为基准，比较实际的项目绩效；评估绩效，以确定是否需要采取改正或者预防性的行动，单项的改正或者预防性的行动；分析、追踪和监控项目风险，以确保风险被识别、状态被报告，适当的风险应对计划被执行；维持一个项目产品及其相关文档的一个准确和及时的信息库，并保持到项目完成；提供信息，以支持状态报告和绩效报告；提供预测，以更新当前的成本和进度信息；当变更发生时，监控已批准的变更的执行。

监控项目工作的输入、工具与技术、输出，如图 2-4-4 所示。

输入	工具与技术	输出
1. 项目管理计划 2. 进度、成本预测 3. 确认的变更 4. 工作绩效信息 5. 组织过程资产 6. 事业环境因素	1. 专家判断 2. 分析技术 3. 会议 4. 项目管理信息系统	1. 变更请求 2. 工作绩效报告 3. 项目文件更新 4. 项目管理计划更新

图 2-4-4　监控项目工作的输入、工具与技术、输出

六、实施整体变更控制

实施整体变更控制工作要注意及时识别可能发生的变更；管理每个已识别的变更；维持所有基线的完整性；根据已批准的变更，更新范围、成本、预算、进度和质量要求，协调整体项目内的变更；基于质量报告，控制项目质量使其符合标准；维护一个及时、精确的关于项目产品及其相关文档的信息库，直至项目结束。

变更是计划改变，是依据新计划而执行的一系列动作。变更需要及时通知各干系人。项目变更越早，成本越低。

整体变更控制工作有：

- 及时**识别**变更；
- **管理**已识别的变更；
- **维持**所有基线的**完整性**；
- 根据已批准的变更，**调整项目范围、成本、时间、质量**；
- 使用质量报告，**控制项目质量**；
- **维护文档**信息库，直至项目结束。

小项目变更更应该注重高效和简洁，但更应注意以下两点：

（1）影响变更因素，减少无谓的变更与评估。

（2）规范化和正式化。明确变更的组织与分工合作；变更申请和确认需要文档化。

1. 变更控制委员会

项目变更过程主要涉及两类重要角色，分别为项目经理和项目变更控制委员会。

- 项目经理的作用：提出变更请求，评估变更并提出变更涉及的资源需求，实施变更。
- 项目变更控制委员会（Change Control Board，CCB）：审批变更请求。项目变更控制委员会的组成可以是一个人，甚至是兼职人员，通常包含建设方管理层、用户方、实施方的决策人员、项目经理、配置管理员及监理方。CCB 主席不一定是项目经理，CCB 成员不一定是全职。

2. 变更控制流程

变更控制流程需要遵循的流程如下：

（1）变更申请：提出变更申请。

（2）变更评估：对变更的整体影响进行分析。

变更评估（审核）的目的如下：

● 确认变更的必要性；

● 确保评估信息充分、完整；

● 干系人间对评估的变更信息达成共识。变更评估过程又可以细分为变更初审和变更方案论证两步。

● 变更评审：确认变更必要性、信息完整性、干系人间达成共识。变更评审的常见方式为变更申请文档的审核流转。

● 变更方案论证：对变更请求的可实现性进行论证，论证通过后，提出资源需求，供 CCB 决策。

（3）变更决策：由 CCB（变更控制委员会）决策是否接受变更。

（4）实施变更：实施变更，在实施过程中注意版本的管理。

（5）变更验证：追踪和审核变更结果。

（6）沟通存档。

要掌握实施整体变更控制这个过程，还要清楚它的输入和输出，脑海中能浮现并记住图 2-4-5。

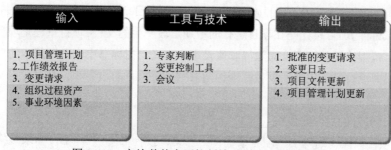

输入	工具与技术	输出
1. 项目管理计划 2. 工作绩效报告 3. 变更请求 4. 组织过程资产 5. 事业环境因素	1. 专家判断 2. 变更控制工具 3. 会议	1. 批准的变更请求 2. 变更日志 3. 项目文件更新 4. 项目管理计划更新

图 2-4-5　实施整体变更控制输入/输出工具与技术

七、结束项目或阶段

结束项目或阶段（又称项目收尾）过程是结束项目某一阶段中的所有活动，正式收尾该项目阶段的过程。**合同收尾**就是按照合同约定，项目组和业主一项项地核对，检查是否完成了合同所有的要求，是否可以结束项目，也就是我们通常所说的项目验收。系统集成项目在验收阶段主要包含以下四方面的工作内容，分别是验收测试、系统试运行、系统文档验收和项目终验。**管理收尾（又称行政收尾）**是对于内部来说的，把做好的项目文档等归档，对外宣称项目已经结束，释放资源，转入维护期，把相关的产品说明转到维护组，同时进行经验教训总结。

该过程的输入、工具与技术、输出如图 2-4-6 所示。

输入	工具与技术	输出
1. 项目管理计划 2. 组织过程资产 3. 验收的可交付成果	1. 专家判断 2. 会议 3. 分析技术	1. 组织过程资产更新 2. 最终产品、服务或成果移交

图 2-4-6　输入、工具与技术、输出

八、课堂巩固练习

1. ___(1)___中正式任命项目经理，授权其使用组织的资源开展项目活动。

（1）A．项目合同　　　B．项目建议书　　　C．项目章程　　　D．投标书

【辅导专家讲评】项目章程是正式授权一个项目和项目资金的文件，由项目发起人或者项目组织之外的主办人颁发。在项目章程中会正式任命项目经理，并给项目经理授权。

参考答案：（1）C

2. 下面___(2)___会对项目的边界和假设条件进行定义。

（2）A．项目设计书　　B．项目章程　　　C．项目范围说明书　D．招标书

【辅导专家讲评】项目设计是在项目进行的中期阶段产生的文档；项目章程是项目启动的输出，会有粗略的项目范围描述，但不会对边界和假设进行定义；招标书中也会有基本的项目需求描述，但对边界和假设并没有进行定义；项目范围说明书则会对项目的边界和假设进行定义。

参考答案：（2）C

3. 项目整体管理的过程是围绕___(3)___进行的。

（3）A．项目管理计划　　B．项目章程　　　C．投标书　　　　D．需求规格说明书

【辅导专家讲评】项目管理计划是整体管理的基本依据文件，在管理过程中，计划可以适度调整，但一定要有计划并按计划实施。

参考答案：（3）A

4. 以下不是项目实施整体变更控制的输入的是___(4)___。

（4）A．项目管理计划　　B．工作绩效报告　　C．变更请求　　D．项目任务书

【辅导专家讲评】首先要审清题，题目要求找出不是项目实施整体变更控制的输入的选项；项目整体变更中依据的主要文件就是项目管理计划；从执行工作绩效报告可以得知项目目前的进展情况，以便于实施整体变更控制；要进行变更就需要变更请求作为输入。故本题选 D。

参考答案：（4）D

5．项目收尾过程是结束项目某一阶段中的所有活动，正式收尾该项目阶段的过程。__（5）__就是按照合同约定，项目组和业主一项项地核对，检查是否完成了合同所有的要求，是否可以把项目结束掉，也就是我们通常所讲的项目验收。

（5）A．管理收尾　　　　B．合同收尾　　　　C．项目验收　　　　D．项目检查

【辅导专家讲评】本题中考查的是项目收尾过程的基本知识。项目收尾包括管理收尾和合同收尾两部分。从题目来看，项目验收要对照合同来一项项检验，故是合同收尾。

参考答案：（5）B

第5学时　项目范围管理

项目范围管理包括确保项目做且只做所需的全部工作，以成功完成项目的各个过程。管理项目范围主要在于定义和控制哪些工作应该包括在项目内，哪些不应该包括在项目内。项目范围管理需要掌握以下知识点：

（1）项目范围管理的过程有哪些。

（2）项目范围说明书包括哪些内容；产品范围与项目范围的定义。

（3）WBS（Work Breakdown Structure，工作分解结构）的定义、使用；编制WBS的方法。

（4）项目范围确认的定义。

（5）项目范围控制有哪些方法。

一、范围管理的过程

项目范围管理有以下过程：**范围管理计划编制（又称规划范围管理）、收集需求、范围定义、创建WBS、范围确认、范围控制。**

这里要掌握不少知识点，比如详细的项目范围说明书的主要内容、WBS的定义和制作WBS的方法等，下面来逐一讲解。

二、范围管理计划编制（又称规划范围管理）

范围管理计划编制（又称规划范围管理）就是定义、确认和控制项目范围的过程。该过程在整个项目中，是管理范围的指南。

项目范围管理计划是一种规划的工具，说明项目组将如何定义、制定、监督、控制和确认项目范围。项目范围管理计划的内容包括描述如何根据初步的项目范围说明书编制一个详细的项目范围说明书的**方法**；描述从详细的项目范围说明书创建WBS的**方法**；关于正式确认和认可已完成可交付物**方法**的详细说明；有关控制需求变更如何落实到详细的项目范围说明书中的**方法**。

【辅导专家提示】注意区分范围管理计划和项目范围，管理计划中的主要内容是有关**"方法"**

的说明，但并不会具体说明项目的范围。

该过程的输入、工具与技术、输出如图 2-5-1 所示。

图 2-5-1　输入、工具与技术、输出

三、收集需求

收集需求是确定、记录并管理干系人需求的过程，收集需求的目的就是实现项目目标，为定义并管理好项目范围打好基础。

该过程的输入、工具与技术、输出如图 2-5-2 所示。

图 2-5-2　输入、工具与技术、输出

四、范围定义

范围定义就是定义项目的范围，即根据范围规划阶段定义的范围管理计划，采取一定的方法，逐步得到精确的项目范围。通过项目定义，将项目主要的可交付成果细分为较小的便于管理的部分。**范围定义就是制定项目和产品详细描述的过程。**详细的**项目范围说明书是范围定义工作最主要的成果。**

项目范围说明书是干系人之间的共识，主要用于描述项目范围、主要可交付物、各种假设条件和制约因素。项目范围说明书描述了产品范围、项目范围、项目可交付物、完成可交付物必须开展的工作。

第 2 天

详细的项目范围说明书包括如下具体内容：

（1）**项目目标**。包括度量项目是否成功的项目目标及度量项目工作是否成功的指标，具体涉及项目的各种要求和指标、项目成本、质量和时间等方面的要求和指标、项目产品的技术和质量要求等。所有这些指标都应该有具体的指标值。

（2）**项目产品范围说明书**。主要说明项目产品的特性和项目产出物的构成，以便人们能够据此生成项目产品。这方面内容也是逐步细化和不断修订的，其详尽程度要能为后续项目的各种计划工作提供依据，要清楚地给出项目的边界，明确项目包括什么和不包括什么。

（3）**项目可交付成果的规定**。项目可交付成果既包括所有构成项目产品的最终成果，也包括生成项目产品过程中的阶段成果，如项目进度报告和系统需求分析报告、软件设计文档等。在制定的详细项目范围说明书中，可以详细地介绍和说明项目可交付成果的构成和要求。

（4）**项目假定条件**。详细项目范围说明书中还应该给出与项目范围有关的各种假定条件。制定计划时，不需要验证即可视为正确、真实或确定的条件假设；同时计划还应描述如果这些条件不成立，可能造成的影响。这些条件也是确定项目合同或承包书的依据，需要按照定量化的原则详细给出。

（5）项目边界。定义了项目包含什么，不包含什么。

（6）**项目配置关系及其管理要求**。这是有关项目目标、产品、可交付成果、工作、成本、时间、质量等，以及项目组织和项目团队等各方面配置关系和配置管理的说明及项目要素的具体限定说明。

（7）**项目批准的规定**。包括批准项目计划和变更请求的规定，这里必须说明批准的项目计划和项目变更请求程序、做法与要求。主要包括对项目目标、项目产品、项目可交付成果、项目工作四个方面的批准程序、做法和要求的规定。

（8）**制约因素**。对项目或过程的执行有影响的限制性因素。

（9）验收标准。可交付成果通过验收前必须满足的一系列条件。

该过程的输入、工具与技术、输出如图 2-5-3 所示。

图 2-5-3　输入、工具与技术、输出

五、创建 WBS

创建 WBS 的过程是将大问题分解为更小、更容易管理与解决的问题的过程。

WBS（Work Breakdown Structure，工作分解结构）的定义：以可交付成果为导向对项目要素进行的分组，它归纳和定义了项目的整个工作范围每下降一层代表对项目工作的更详细定义。WBS 的通常表现形式为**表格**或**树形**，如图 2-5-4 和图 2-5-5 所示。WBS 的编制需要主要项目干系人、项目团队成员的参与。

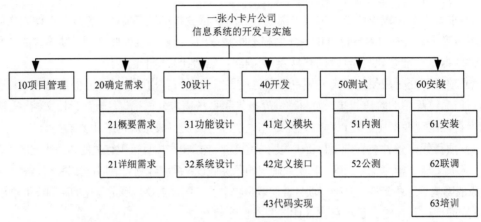

图 2-5-4 树型结构

一、项目基本情况				
项目名称	T 客户考察公司		项目编号	T0808
制作人	刘毅		审核人	施游
项目经理	王冀		制作日期	2013/12/8

二、工作分结构（R－负责 responsible；As－辅助 assist；I－通知 informed；Ap－审指 to approve）											
分解代码	任务名称	包含活动	工时估算	人力资源	其他资源	费用估算	老刘	老朱	小施	小王	老王
1.1		提交邀请函给客户	1	2			I	AP	R	I	I
1.2	邀请客户	安排行程	2	4			R	AP	AS	I	AS
1.3		与客户确认行程安排	1	2			I	AP	R	I	I
2.1		安排我司高层接待资源	2	4			R	AP	AS	I	I
2.2	落实资源	安排各部门座谈人员	1	6			AP	R	I	AS	I
2.3		确定总部可参观卡片基础	2	4			AP	R	I	AS	I

图 2-5-5 列表结构

（1）树型结构层次清晰、直观，不易修改。

（2）列表结构直观性较差，分类多、容量大，适合大型、复杂的分解。

无论是在项目管理的实践中还是在系统集成项目管理工程师的考试中，WBS 都是重要的内容之一。WBS 总是处于计划过程的中心，也是制定进度计划、资源需求、成本预算、风险管理计划和采购计划等的重要基础。WBS 同时也是控制项目变更的重要基础。项目范围是由 WBS 定义的，所以 WBS 也是一个项目的综合工具。

WBS 是由 3 个关键元素构成的名词：工作——可以产生有形结果的工作任务；分解——是一种逐步细分和分类的层级结构；结构——按照一定的模式组织各部分。

根据这些概念，WBS 有相应的构成因子与其对应：

（1）**结构化编码**。编码是最显著和最关键的 WBS 构成因子，编码用于将 WBS 彻底结构化。通过编码体系，我们可以很容易识别 WBS 元素的层级关系、分组类别和特性。

WBS 应控制在 4～6 层，如果超过 6 层，则将该项目分解成若干子项目，然后针对子项目来做 WBS。

（2）**工作包**。**工作包是 WBS 的最底层元素**，一般的工作包是最小的"可交付成果"，这些可交付成果很容易估算出完成它的活动、成本、持续时间、组织以及资源信息。一个用于项目管理的 WBS 必须被分解到工作包层次才能够使其成为一个有效的管理工具。**WBS 中每个工作包的工作量应介于一个人工作 8 小时至 80 小时之间。** 一个活动不能属于多个工作包。

（3）**WBS 元素**。WBS 元素实际上就是 WBS 结构上的一个个"节点"，通俗的理解就是"组织机构图"上的一个个"方框"，这些方框代表了独立的、具有隶属关系/汇总关系的"可交付成果"。WBS 中的元素必须有人负责，而且只由一个人负责。

每一级 WBS 应将上一级的一个元素分为 4～7 个新的元素。一个工作单元只能隶属于某个上层单元，避免交叉隶属。

（4）**WBS 字典**。用于描述和定义 WBS 元素中的工作的文档。字典相当于对某一 WBS 元素的规范，即 WBS 元素必须完成的工作以及对工作的详细描述；工作成果的描述和相应规范标准；元素上下级关系以及元素成果输入/输出关系等。

WBS 的创建方法主要有以下 4 种：

（1）**类比方法**。参考类似项目的 WBS，创建新项目的 WBS。

（2）**自上而下与自下而上的方法**。自上而下方法从项目的最大单位开始，逐步将项目工作分解为下一级的多个子项目，在完成整个过程以后，所有的项目工作都将分配到工作包一级的各项工作之中。自下而上的方法则要求项目团队成员从项目一开始就尽可能地确定项目相关的各项具体任务，然后再将各项任务进行整合，并归并到对应的上一级的任务中，形成 WBS 的一部分。

（3）**使用指导方针**。如果存在 WBS 的指导方针，比如在项目的建议书中就明确要求针对 WBS 中每一项任务的成本估算，既有明细估算项，也有归总估算项，则在制作 WBS 时应当遵循。

（4）**滚动波策划**。也称滚动式规划，即近期工作计划细致，远期粗略。因为未来远期才能完成的可交付成果或子项目当前可能无法分解，需要等到这些可交付成果或子项目的信息足够明确后，才能制定出 WBS 中的细节。

分解 WBS 结构采用的表现形式主要有三种，如图 2-5-6 所示。

（1）按子项目分：子项目作为分解的第一层。

（2）按阶段分：把项目生命周期的各阶段作为分解的第一层。

（3）按功能分：主要功能作为分解的第一层。

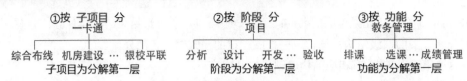

图 2-5-6　分解 WBS 结构的表现形式

创建 WBS 结构分解步骤：

（1）识别和确认项目的阶段和主要可交付物和相关工作。

（2）确认项目主要交付成果的组成要素。

（3）分解并确认每一组成部分是否分解得足够详细。

（4）核实分解的正确性。

创建 WBS 时要遵循的原则有：

● 各层次上保持项目的完整性，避免遗漏；

● 每个工作单元只从属某一上层单元；

● 同层的工作单元性质可不同，分解方法需相同；

● 工作单元应能分开不同责任者和不同工作内容；

● 便于管理者对项目的计划、控制；

● 最底层工作包应是可比、可管理、可定量检查；

● 包括项目管理工作（包含外包部分）。

该过程的输入、工具与技术、输出如图 2-5-7 所示。

输入	工具与技术	输出
1.范围管理计划 2.项目范围说明书 3.需求文件 4.事业环境因素 5.组织过程资产	1.分解 2.专家判断	1.范围基准 2.项目文件更新

图 2-5-7　输入、工具与技术、输出

六、范围确认

　　项目范围确认是客户等相对外部的项目干系人正式验收并接受已完成的项目可交付物的过程。项目范围确认包括审查项目可交付物以保证每一交付物令人满意地完成。确认范围过程的目标是提高最终产品、服务或成果通过验收的可能性。确认范围过程应该以书面文件的形式记录下来。如果项目在早期被终止，项目范围确认过程将记录其完成的情况。项目范围确认应该**贯穿项目的始终**。

　　该过程的输入、工具与技术、输出如图 2-5-8 所示。

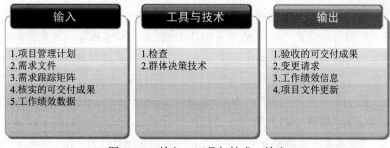

图 2-5-8   输入、工具与技术、输出

范围确认与核实产品的术语比较，如表 2-5-1 所示。

表 2-5-1   范围确认与核实产品术语比较

	确认范围	核实产品
针对的对象	针对项目可交付成果	产品是否完成，强调产品是否完整
发起的时间点和对象	项目各阶段末，由发起人或客户验证	项目结束时，由发起人或客户验证

范围确认与质量控制的术语比较，如表 2-5-2 所示。

表 2-5-2   范围确认与质量控制术语比较

	确认范围	质量控制
关注点	可交付成果被发起人或客户接受	可交付成果的正确性,符合质量要求(标准)
发起的时间点	一般在阶段末	一般在确认范围前，也可以同时；不一定在阶段末
验收者属于项目内部还是外部	项目外部的干系人（发起人或客户）确认	项目内部的质量部门检查

范围确认与项目收尾的术语比较，如表 2-5-3 所示。

表 2-5-3   范围确认与项目收尾术语比较

	确认范围	项目收尾
发起的时间点	一般在阶段末	项目末
关注点	可交付成果的核实、接受	结束项目（阶段）要做的工作
验收工作	验收项目可交付成果	验收产品

七、范围控制

项目范围控制是指当项目范围变化时对其采取纠正措施的过程,以及为使项目朝着目标方向发展而对项目范围进行调整的过程，即监督项目和产品的范围状态，管理范围基准变更的过程。范围控制涉及的内容有：①**识别**范围变更的**因素**；②确保**遵循**整体变更**流程**；③**管理**实际**变更**。

在项目的实施过程中，项目的范围难免会因为很多因素，需要或者至少为项目利益相关人提出变更，如何控制项目的范围变更，这需要与项目的时间控制、成本控制及质量控制结合起来管理。这是项目范围控制所要解决的问题。范围变更应该通过**整体变更过程**处理，变更均需通过变更控制委员会。定义范围变更的流程包括必要的书面文件、纠正行动、跟踪系统和授权变更的批准等级。

作为范围变更控制管理者，关注的内容有：判断范围变更是否发生；对范围变更采取何种措施，是否得到一致认同；如何管理范围变更。

项目范围控制的主要方法是**偏差分析**。根据范围基准测量项目绩效（如实际完成的项目范围），以此来评估变更的程度。项目范围控制还需要确定有关变更的原因、确定是否需要纠正行动。范围的变更往往与项目的质量、进度、投资等相关，所以范围变更控制必须和其他控制过程综合在一起。

该过程的输入、工具与技术、输出如图 2-5-9 所示。

输入	工具与技术	输出
1. 项目管理计划 2. 需求文件 3. 需求跟踪矩阵 4. 组织过程资产 5. 工作绩效数据	偏差分析	1. 工作绩效信息 2. 变更请求 3. 项目管理计划更新 4. 组织过程资产更新 5. 项目文件更新

图 2-5-9　输入、工具与技术、输出

八、课堂巩固练习

1. 项目范围管理有以下过程：范围管理计划编制、范围定义、___(1)___、范围确认、范围控制。

（1）A. 签订项目合同　　　　　　　　　　B. 范围变更管理

　　　 C. 创建 WBS　　　　　　　　　　　D. 可行性分析

【辅导专家讲评】创建 WBS 是项目范围管理中的重要过程。

参考答案：（1）C

2. 以下有关项目范围管理计划说法错误的是___(2)___。

（2）A. 项目范围管理计划是一种规划的工具，说明项目组将如何进行项目的范围管理

　　　 B. 项目范围管理计划是一种规划的工具，说明项目组将如何定义、制定、监督、控制和确认项目范围

　　　 C. 项目范围管理计划的内容包括描述从详细的项目范围说明书创建 WBS 的方法

　　　 D. 项目范围管理计划的内容包括项目的详细范围说明

【辅导专家讲评】项目范围管理计划中的主要内容是有关"方法"的说明，但并不会具体说明项目的范围。

参考答案：（2）D

3. ＿＿（3）＿＿是范围定义工作最主要的成果。

（3）A. 范围管理计划　　B. 范围说明书　　　C. 项目章程　　　D. 项目建议书

【辅导专家讲评】范围管理计划是范围定义过程的输入；范围说明书是项目范围管理中范围定义的最主要的输出；项目章程是项目启动的输出；项目建议书用于项目立项。故本题选 B。

参考答案：（3）B

4. WBS 的最底层元素是＿＿（4）＿＿；该元素可讲一步分解为＿＿（5）＿＿。

（4）（5）A. 工作包　　B. 活动　　　　　C. 任务　　　　D. WBS 字典

【辅导专家讲评】WBS 中，工作包是最小的可交付成果，是最底层的元素，但可进一步分解为活动。WBS 字典是用于描述和定义 WBS 元素中的工作的文档。

参考答案：（4）A（5）B

5. 以下不是项目范围控制的方法的是＿＿（6）＿＿。

（6）A. 偏差分析　　B. 重新制订计划　　C. CCB　　　D. WBS

【辅导专家讲评】注意审清题，本题是要选出不是项目范围控制的方法。项目范围控制的方法有 4 种：偏差分析、重新制订计划、变更控制系统和变更控制委员会、配置管理系统。

参考答案：（6）D

6. 在项目管理领域，经常把不受控制的变更称为项目"范围蔓延"。为了防止出现这种现象，需要控制变更。批准或拒绝变更申请的直接组织称为＿＿①＿＿，定义范围变更的流程包括必要的书面文件、＿②＿和授权变更的批准等级。＿＿（7）＿＿

（7）A. ①变更控制委员会；②纠正行动、跟踪系统

　　　B. ①项目管理办公室；②偏差分析、配置管理

　　　C. ①变更控制委员会；②偏差分析、变更管理计划

　　　D. ①项目管理办公室；②纠正行动、配置管理

【辅导专家讲评】变更控制委员会属于批准或拒绝变更申请的直接组织。范围变更应该通过**整体变更过程**处理，变更均需通过变更控制委员会。定义范围变更的流程包括必要的书面文件、纠正行动、跟踪系统和授权变更的批准等级。

范围蔓延又叫范围潜变，是指未得到控制的变更。范围蔓延、得不到投资人批准、项目小组未尽责任属于常见的范围变更管理过程中遇到的问题。

参考答案：（7）A

第 6 学时　项目成本管理

成本管理是确保在预算内完成项目，而对成本采取的规划、估算、预算、控制等活动。在这个学时里要掌握以下知识点：

（1）项目成本管理的过程有哪些。

（2）掌握成本管理有关的术语，如全生命周期成本、可变成本、固定成本、直接成本、间接成本、管理储备、成本基准、成本预算等。

（3）成本估算常用的一些方法，如类比估算法、专家判断、自下而上估算法、参数模型估算法、三点估算、储备分析等。

（4）掌握挣值分析法，理解术语并会计算 PV、AC、BAC、ETC、SV、CV、SPI、CPI、EAC等，会作图和分析，根据分析可得知项目当前进度和成本的情况，会采取相应的措施进行调整。

一、成本管理的过程

项目成本是指为完成项目目标而付出的费用和耗费的资源。项目成本管理就是在整个项目的实施过程中，为确保项目在批准的预算条件下尽可能保质如期完成，而对所需的各个过程进行管理与控制。其主要目标是确保在批准的预算范围内完成项目所需的各个过程。

项目成本管理的过程有规划成本管理、**成本估算、成本预算、成本控制**。规划成本管理在整个项目中为如何管理项目成本提供指南和方向。成本估算过程要对完成项目所需成本进行估计和计划，是项目计划中一个重要的、关键的、敏感的部分；成本预算过程要把估算的总成本分配到项目的各个工作细目，建立成本基准计划以衡量项目绩效。成本控制过程保证各项工作在各自的预算范围内进行。

二、成本管理有关的重要术语

1. 全生命周期成本

对于一个项目而言，全生命周期成本指的是权益总成本，即**开发成本和维护成本的总和**。全生命周期成本可以用下面的公式表述：

$$C = C1 + C2$$

式中：C1 表示开发成本；C2 表示维护成本。

全生命周期成本有助于对贯穿于项目生命期的成本状况有一个整体的认识，帮助项目管理者更精确地制定项目成本计划。在项目决策阶段进行项目可行性研究是进行全生命期成本的考虑，注重项目成本计划的作用和立足点。对于软件项目，特别要考虑全生命周期成本的计算，合理地分配项目各个阶段的成本。

2. 可变成本

随着生产量、工作量或时间而变的成本为可变成本，如原料、劳动、燃料成本。**可变成本又称变动成本**。

3. 固定成本

不随生产量、工作量或时间的变化而变化的非重复成本为固定成本，如工资、固定税收。

注意：固定成本大部分是间接成本，如企业管理人员的薪金和保险费、固定资产的折旧和维护费、办公费等。

4. 直接成本

凡是可以直接计入产品成本的费用，称为直接费用（成本），如构成产品实体的原材料、生产工人工资等。直接材料费用有直接用于产品生产、构成产品实体的原材料等费用。直接人工费用有直接从事产品生产的工人工资及福利费。

5. 间接成本

不能直接计入各产品成本的费用（成本），称为间接费用，如制造费用等、车间管理人员的工资费用和福利费、办公费、保险费、水电费等。

6. 沉没成本

过去的决策已经发生了的，而不能由现在或将来的任何决策改变的成本。沉没成本的特点是已付出，不可收回。

7. 应急储备和管理储备

应急储备是包含在成本基准内的一部分预算，用来应对已经接受的已识别风险，以及已经制定应急或减轻措施的已识别风险。使用应急储备不会改变进度和成本基准。

管理储备是一个单列的计划出来的成本，以备未来不可预见的事件发生时使用。管理储备包含成本或进度储备，以降低偏离成本或进度目标的风险。使用管理储备可能会改变进度和成本基准。

应急储备和管理储备的定义如图 2-6-1 所示，它们关系如表 2-6-1 所示。

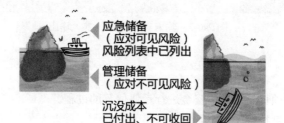

图 2-6-1　应急储备和管理储备

表 2-6-1　管理储备与应急储备的关系

储备类型	定义	是否属于成本基准	是否属于总预算	项目经理对其支配方式
管理储备	计划单列的成本，以备将来不可知的事件、风险所使用的储备（成本、时间等）	不属于	属于	使用前需向高层申请
应急储备	应对已知风险而使用的储备	属于	属于	直接支配

8. 成本基准

成本基准是经批准的按时间安排的成本支出计划，并随时反映经批准的项目成本变更，被用于度量和监督项目的实际执行成本。

9. 机会成本

机会成本是企业为从事某种经营活动而放弃另一经营活动的机会，或利用一定资源获得某种收入时所放弃的另一种收入，泛指一切在做出选择后其中一个最大的损失。

三、规划成本管理

规划成本管理是为了规划、管理、花费和控制项目成本，而制定的成本管理计划的过程。

成本管理计划是项目管理计划的组成部分，描述将如何规划、安排和控制项目成本。成本管理过程及其工具与技术应记录在成本管理计划中。成本管理计划可以是正式的，也可以是非正式的；可以是非常详细的，也可以是概括性的。

该过程的输入、工具与技术、输出如图 2-6-2 所示。

输入	工具与技术	输出
1. 项目管理计划 2. 项目章程 3. 组织过程资产 4. 事业环境因素	1. 专家判断 2. 会议 3. 分析技术	成本管理计划

图 2-6-2   输入、工具与技术、输出

四、成本估算

估算成本是对完成项目活动所需资金进行近似估算的过程。

项目成本估算需要进行以下三个主要步骤：

（1）**识别并分析成本的构成科目**。该部分的主要工作就是确定完成项目活动需要物质资源（人、设备、材料）的种类，说明工作分解结构中各组成部分需要资源的类型和所需的数量。

（2）**根据已识别的项目成本构成科目，估算每一科目的成本**。根据前一步形成的资源需求，考虑项目需要的所有资源成本。估算可以用货币单位表示，也可用工时、人月、人天、人年等其他单位表示。有时候，同样技能的资源来源不同，其对项目成本的影响也不同。

（3）**讲评成本估算结果，找出各种可以相互替代的成本，协调各种成本之间的比例关系**。通过对每一成本科目进行估算而形成的总成本上，应对各种成本进行比例协调，找出可行的低成本的替代方案，尽可能地降低项目估算的总成本。但是，无论如何降低项目成本估算值，项目的应急储备和管理储备都不应被裁减。

该过程的输入、工具与技术、输出如图 2-6-3 所示。

图 2-6-3　输入、工具与技术、输出

成本估算的方法有类比估算法、专家判断、自下而上估算法、参数估算法等。

（1）类比估算法。成本类比估算是一种粗略的估算方法，该方法以过去类似项目的参数值（例如成本、范围、预算和持续时间等）或规模指标（如尺寸、重量和复杂性等）为基础，来估算当前项目的同类参数或指标。有两种情况可以使用这种方法，一种是以前完成的项目与当前项目非常相似，另一种是项目成本估算专家或小组具有必需的专业技能。类比估算法将被估算项目的各个成本科目与已完成同类项目的各个成本科目进行比较，从而估算出新项目的各项成本。

（2）**专家判断**。专家判断可以对项目环境及以往类似项目的信息提供有价值的见解。专家判断还可以联合使用多种估算方法，并协调方法之间的差异之后，再作出决定。

（3）自下而上估算法。自下而上估算法是估算单个工作项成本，然后从下往上汇总成整体项目成本。自下而上估算法的优点在于，项目涉及活动所需要的成本是由直接参与项目建设的人员估算出来的，他们比高层管理人员更清楚项目活动所需要的资源，因而能更精确地估算出项目所涉及活动的成本。缺点是估算要保证涉及到的所有任务都被考虑到，这一点比自上而下估算更为困难。因此，它通常花费的时间更长，应用代价更大。

（4）参数估算法。参数估算法是在数学模型中应用项目特征参数来估算项目成本的方法。参数估算法重点集中在成本影响因子（即影响成本最重要的因素）的确定上，这种方法并不考虑众多项目成本细节，因为项目的成本影响因子决定了项目的成本变量，并且对项目成本有举足轻重的影响。其优点是快速并容易使用，它只需要小部分信息，即可据此得出整个项目的成本费用。缺点在于参数如果不经过标准的验证，则参数估算可能不准确，估算出来的项目成本精度不高。参数估算利用历史数据之间的统计关系和其它变量进行。

（5）三点估算。考虑估算中的不确定性与风险，使用三种估算值来划定成本近似区间，可提高成本估算的准确性。

● 最可能成本（C_M）：现实估算的活动成本。

● 最乐观成本（C_O）：最好情况下的活动成本。

● 最悲观成本（C_P）：最差情况下的活动成本。

使用贝塔分布公式得到，预期成本 $C_E=(C_O+4C_M+C_P)/6$。

注意：计算预期成本的公式，还有三角分布公式，即预期成本 $C_E=(C_O+C_M+C_P)/3$。

（6）储备分析。应对已知风险的不确定性而加入的准备金或者应急储备。

（7）其他方法。包含项目管理软件、卖方投标分析、群体决策技术（群体决策技术方法有一致同意、大多数原则、相对多数原则）。

五、成本预算

成本预算是汇总所有单个活动或工作包的估算成本，形成一个经批准的成本基准的过程。成本预算的步骤如下：

（1）分摊项目总成本到 WBS 的各个工作包中，为每一个工作包建立总预算成本，在将所有工作包的预算成本进行相加时，结果不能超过项目的总预算成本。

（2）将每个工作包分配得到的成本二次分配到工作包所包含的各项活动上。

（3）确定各项成本预算支出的时间计划，以及每一时间点对应的累积预算成本，制定出项目成本预算计划。

项目成本预算的原则有：以**项目需求**为基础；与项目目标相联系，必须同时考虑到项目质量目标和进度目标；要切实可行；预算应当留有一定的弹性。

该过程的输入、工具与技术、输出如图 2-6-4 所示。

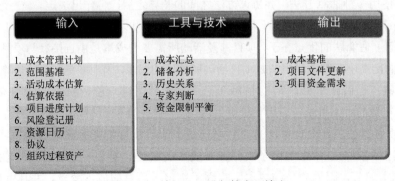

输入	工具与技术	输出
1. 成本管理计划 2. 范围基准 3. 活动成本估算 4. 估算依据 5. 项目进度计划 6. 风险登记册 7. 资源日历 8. 协议 9. 组织过程资产	1. 成本汇总 2. 储备分析 3. 历史关系 4. 专家判断 5. 资金限制平衡	1. 成本基准 2. 项目文件更新 3. 项目资金需求

图 2-6-4　输入、工具与技术、输出

六、成本控制

成本控制是监督项目状态，以更新项目成本，管理成本基准变更的过程。成本控制主要包括以下内容：

（1）对造成成本基准变更的因素施加影响。

（2）确保变更请求获得同意。

（3）当变更发生时，管理这些实际的变更。

第 2 天

（4）监督成本执行，找出与成本基准的偏差。

（5）准确记录所有与成本基准的偏差。

（6）防止错误的、不恰当的或未获批准的变更纳入成本或资源使用报告中。

（7）将审定的变更，通知项目干系人。

（8）采取措施，将预期的成本超支控制在可接受的范围内。

该过程的输入、工具与技术、输出如图 2-6-5 所示。

图 2-6-5　输入、工具与技术、输出

七、挣值分析

为了方便读者快速学习和复习，我们将挣值分析这一小节的重要知识点浓缩在 3 张学习卡片中。其中，图 2-6-6 介绍了挣值分析的基础知识 PV、AC、EV；图 2-6-7 介绍了挣值分析的进阶知识 SPI、CPI；图 2-6-8 介绍了挣值分析的高阶知识 BAC、ETC、EAC。

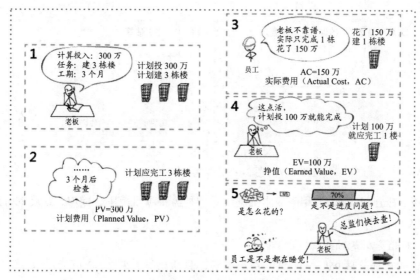

图 2-6-6　学习卡片 1

图 2-6-7　学习卡片 2

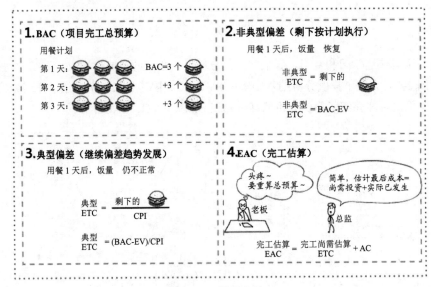

图 2-6-8　学习卡片 3

挣值分析（Earned Value）用于成本控制，是一种监督项目范围、成本、进度的方法，又称为挣值管理（EVM）。

考点 1：挣值分析基础知识

挣值分析的基础就是 PV、AC、EV 三个参数，具体功能如表 2-6-2 所示。

表 2-6-2　挣值分析的三个基本参数

参数名	含义
计划费用（Planned Value，PV）	当前时间点，计划完成工作的预算成本。 在学习卡片中，3 个月后检查时，计划投入是花费 300 万建 3 栋楼，因此 PV=300 万
实际费用（Actual Cost，AC）	当前时间点，实际发生的成本。 在学习卡片中，实际上项目组只花了 150 万，因此 AC=150 万
挣值（Earned Value，EV）	当前时间点，已完成工作的预算值。 在学习卡片中，3 个月建好了一栋楼，而建好一栋楼计划是投入 100 万，因此 EV=100 万

例 1：图 2-6-9 是一项布线工程计划和实际完成的示意图，2020 年 3 月 23 日的 PV、EV、AC 分别是多少？

分析：

（1）2020 年 3 月 23 日，PV 计划成本为 4000 元。

（2）2020 年 3 月 23 日，只完成了第一层布线工作，而这层花费对应的预算（EV）为 2000 元。

（3）2020 年 3 月 23 日，AC 实际发生的成本为 3800 元。

考点 2：挣值分析进阶知识

挣值分析进阶知识涉及两个偏差和两个指数，即 CV、SV、CPI、SPI。CV 和 CPI 用于判断项目成本偏差与绩效；SV 和 SPI 用于判断项目进度偏差与绩效。具体功能如表 2-6-3 所示。

图 2-6-9　例 1 图

表 2-6-3　挣值分析的两个偏差和两个指数

名称	公式	具体值表示的含义	
成本偏差（Cost Variance，CV）	CV=EV-AC，挣值（EV）和实际成本（AC）的差	CV=0	计划和实际花费一致
		CV>0	结余
		CV<0	超支

名称	公式	具体值表示的含义	
进度偏差 （Schedule Variance，SV）	SV=EV-PV，挣值（EV）和计划成本（PV）的差	SV=0	项目按计划进行
		SV>0	进度超前
		SV<0	进度滞后
成本绩效指数 （Cost Performance Index，CPI）	CPI=EV/AC，挣值（EV）和实际成本（AC）的比值	CPI=1	计划和实际花费一致
		CPI>1	结余
		CPI<1	超支
进度绩效指数 （Schedule Performance Index，SPI）	SPI=EV/PV，挣值（EV）和计划成本（PV）的比值	SPI=1	项目按计划进行
		SPI>1	进度超前
		SPI<1	进度滞后

例2：项目进行到某阶段时，项目经理进行了绩效分析，计算出 CPI 值为 0.91，这表示 ___(2)___ 。

分析：CPI 值为 0.91 表示 100 元成本只实现了 91 元价值。

考点 3：挣值分析高阶知识

挣值分析高阶知识涉及 BAC、EAC、ETC 三个定义，具体功能如表 2-6-4 所示。

表 2-6-4　挣值分析的三个高阶知识

参数名	含义与公式	
项目完工总预算 （Budget At Completion，BAC）	所有计划成本的和，BAC=$\sum$PV 例如，挣值分析第 3 张卡片中，第 1～3 天均计划吃 3 个汉堡，则 BAC=3 天计划吃的汉堡量=9 个汉堡	
完工尚需估算 （Estimate To Completion，ETC）	当前时间点，项目剩余工作完工的估算。	
	非典型 （剩下按计划执行）	ETC=剩下工作量对应计划值=总计划值-已完成工作的计划值（EV），即 ETC = BAC-EV
	典型 （继续偏差趋势发展）	ETC=剩下工作量对应计划值/成本绩效指数，即 ETC = (BAC-EV)/CPI
	考虑 SPI 和 CPI 同时影响 ETC 时	EAC =AC +[(BAC-EV)/(CPI$\times$SPI)]
完工估算 （Estimate At Completion，EAC）	项目整体完工估算成本=AC+剩余工作的预算。 EAC=ETC+AC	

注：

①非典型 ETC 和典型 ETC 公式可以统一起来，即 **ETC = (BAC-EV)/CPI**，因为非典型 ETC 下项目 CPI=1。

②EAC 中的 ETC，是按照典型、非典型、SPI 和 CPI 同时影响的公式进行对应计算。

③完工偏差（Variance at Completion，VAC）：对预算亏空量或盈余量的一种预测，是完工总预算与完工估算之差。VAC = BAC-EAC。

例 3：某大楼布线工程基本情况为：一层到四层，必须在低层完成后才能进行高层布线。每层工作量完全相同。项目经理根据现有人员和工作任务，预计每层需要一天完成。项目经理编制了该项目的布线进度计划，并在 2020 年 3 月 18 号工作时间结束后对工作完成情况进行了绩效评估，如表 2-6-5 所示。

表 2-6-5　布线计划表

计划	计划进度任务	完成第一层布线	完成第二层布线	完成第三层布线	完成第四层布线
		2020 年 3 月 17	2020 年 3 月 18	2020 年 3 月 19	2020 年 3 月 20
	预算（元）	10000	10000	10000	10000
实际绩效	实际进度		完成第一层		
	实际花费（元）		8000		

【问题 1】（5 分）

请计算 2020 年 3 月 18 日时对应的 PV、EV、AC、CPI 和 SPI。

【问题 2】（4 分）

（1）根据当前绩效，在图 2-6-10 中画出 AC 和 EV 曲线。（2 分）

（2）分析当前的绩效，并指出绩效改进的具体措施。（2 分）

【问题 3】（6 分）

（1）如果在 2020 年 3 月 18 日绩效评估后，找到了影响绩效的原因，并纠正了项目偏差，请计算 ETC 和 EAC，并预测此种情况下的完工日期。（3 分）

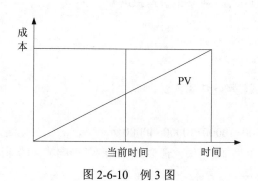

图 2-6-10　例 3 图

（2）如果在 2020 年 3 月 18 日绩效评估后，未进行原因分析和采取相关措施，仍按目前状态开展工作，请计算 ETC 和 EAC，并预测此种情况下的完工日期。（3 分）

试题分析

【问题 1】

（1）PV=完成第一层布线预算+完成第二层布线预算=10000+10000=20000 元。

（2）EV=完成第一层布线预算=10000元。

（3）AC=实际花费=8000元。

（4）CPI = EV/ AC=10000/8000=1.25，表明实际成本低于预期，有结余。

（5）SPI = EV/PV=10000/20000=0.5<1，表明实际进度迟于预期。

【问题2】

（1）由于 EV=10000元，AC=8000元，则曲线如图 2-6-11 所示。

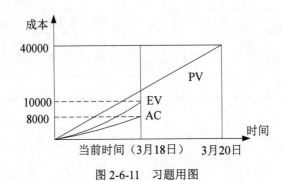

图 2-6-11　习题用图

（2）CPI = EV/ AC=10000/8000=1.25，表明实际成本低于预期，有结余。

SPI = EV/PV=10000/20000=0.5<1，表明实际进度迟于预期。

因此可以采用的方法有：

①赶工，缩短关键路径上的工作历时；

②采用并行施工方法以压缩工期（或快速跟进）；

③追加资源；

④改进方法和技术；

⑤缩减活动范围；

⑥使用高质量的资源或经验更丰富人员。

【问题3】

本题 BAC=10000+10000+10000+10000=40000元。

（1）"如果在 2020 年 3 月 18 日绩效评估后，找到了影响绩效的原因，并纠正了项目偏差"属于非典型偏差计算。因此：

ETC=BAC-EV=40000-10000 =30000元

EAC=AC+BAC-EV=8000+40000-10000 =38000元

2020 年 3 月 18 日仅完成第一层布线，如果之后调整问题，按原计划进度进行，则只要多一天即能完成迟滞的任务"完成第二层布线"。所以项目完成日为 3 月 21 日。

（2）"如果在 2020 年 3 月 18 日绩效评估后，未进行原因分析和采取相关措施"属于典型偏差计算。因此：

ETC=(BAC-EV)/CPI=(40000-10000)/1.25 =24000 元

EAC=AC+ETC = 8000+24000 =32000 元

原计划一天完成一层（估计费用 10000）的工作，用了两天完成；则完成四层（估计费用 40000）的工作需要 8 天。所以完工日期为 3 月 24 日。

考点 4：完工尚需绩效指数

完工尚需绩效指数（To Complete Performance Index，TCPI）是指为了实现具体的管理目标（如 BAC 或 EAC），剩余工作的实施必须达到的成本绩效指标。TCPI 等于完成剩余工作所需成本与剩下预算的比值。TCPI 有两种计算公式，具体说明如表 2-6-6 所示。

表 2-6-6　TCPI 计算的两种情形

情况	公式	具体值表示的含义	
BAC 可行的情况	TCPI=剩余工作/剩余资金 =(BAC-EV)/(BAC-AC)	TCPI=1	正好完成
		TCPI>1	很难完成
		TCPI<1	很容易完成
BAC 明显不可行，经批准，使用 EAC 取代 BAC 的情况	TCPI=(BAC-EV)/(EAC-AC) =(BAC-EV)/ETC	TCPI=1	正好完成
		TCPI>1	很难完成
		TCPI<1	很容易完成

考点 5：挣值曲线

挣值技术表现形式很多，常用图形方式表示，如图 2-6-12 所示。该图表示的项目预算超支且进度落后。

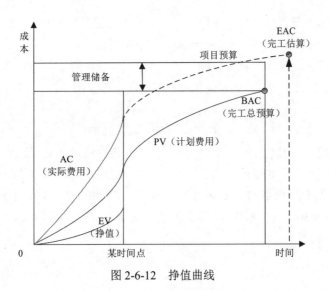

图 2-6-12　挣值曲线

八、课堂巩固练习

1. 在项目成本管理的子过程中，___(1)___ 过程要把估算的总成本分配到项目的各个工作细目，建立成本基准计划以衡量项目绩效。

（1）A．成本计划　　　B．成本估算　　　C．成本预算　　　D．成本控制

【辅导专家讲评】项目成本管理有 3 个子过程——成本估算、成本预算、成本控制，其中成本预算的重要输出就是项目预算，项目预算是进行成本控制的基础。故本题选 C。

参考答案：（1）C

2. 构成产品实体的原材料应当计入___(2)___。

（2）A．成本基准　　　B．全生命周期成本　　C．直接成本　　　D．管理储备

【辅导专家讲评】这里考查的是有关成本管理的术语。成本基准是经批准的按时间安排的成本支出计划，并随时反映经批准的项目成本变更，被用于度量和监督项目的实际执行成本。全生命周期成本指的是权益总成本，即开发成本和维护成本的总和。凡是可以直接计入产品成本的费用，称为直接费用（成本）。如构成产品实体的原材料，生产工人工资等。管理储备是一个单列的计划出来的成本，以备未来不可预见的事件发生时使用。所以这里选 C。

参考答案：（2）C

3. 以下不是成本估算方法的是___(3)___。

（3）A．类比估算法　　B．自上而下估算法　　C．自下而上估算法　　D．挣值分析

【辅导专家讲评】注意审清题，题目要求找出不是成本估算方法的选项。题目提供的 4 个选项中，挣值分析是用来衡量项目绩效的方法，故选 D。

参考答案：（3）D

4. 项目成本预算的原则是要以___(4)___为基础；与项目目标相联系，必须同时考虑到项目质量目标和进度目标；要切实可行；预算应当留有一定的弹性。

（4）A．项目需求　　　B．项目目标　　　C．项目合同　　　D．项目建议书

【辅导专家讲评】成本预算应当以需求为基础。所以选 A。

参考答案：（4）A

5. 某项目当前的 PV=100，AC=120，EV=150，则项目的绩效情况：___(5)___。

（5）A．进度超前，成本节约　　　　　　B．进度滞后，成本超支

　　　C．进度超前，成本超支　　　　　　D．进度滞后，成本节约

【辅导专家讲评】根据题目已知条件可计算出，SV=EV-PV=150-100=50，故进度超前；CV=EV-AC=150-120=30，故成本节约。据此，答案选 A。

参考答案：（5）A

3

鼓足干劲，逐一贯通

经过前面的学习，我们应当已经掌握了项目管理的基础知识了，还学习了整体管理、范围管理、成本管理这 3 个核心知识领域的知识。

第 1～2 学时　项目进度管理

项目进度管理又叫项目时间管理，包括为管理项目按时完成所需的各个过程，是十大知识领域中的核心知识领域之一。这里安排两个学时来讲解，是因为项目进度管理一直以来是考生的难点，但也是考试的热点，特别是有关网络图的计算，几乎是历年必考的内容。

有关项目进度管理需要掌握的知识如下：

（1）项目进度管理的过程有哪些。

（2）活动定义与 WBS（Work Breakdown Structure，工作分解结构）的定义，有关 WBS 的一些专业术语的理解，如检查点、里程碑、基线、工作包、活动等。

（3）活动定义采用的一些工具和技术，如分解、模板、滚动式规划、专家判断等。

（4）掌握前导图法（即单代号网络图）和箭线图法（即双代号网络图），会作图、看图，会找关键路径，掌握虚路径的概念，理解术语并会计算 ES、LS、EF、LF、FF、TF，并能对网络图结合项目的工序情况进行分析。

（5）活动资源估算的几种方法，如专家判断法、类比估算法、参数估算法、三点估算法，会用三点估算法进行计算。

（6）掌握滚动波浪式计划、甘特图等术语。

（7）掌握进度控制的几种工具和技术，如进度报告、S 曲线、香蕉曲线等。

一、进度管理的过程

项目进度管理的过程有：规划进度管理、**活动定义、活动排序、活动资源估算**、估算活动持续时间、**制订进度计划、进度控制**。

（1）规划进度管理是为规划、编制、管理、执行和控制项目进度而制定政策、程序和文档的过程。

（2）活动定义过程是确定完成项目各项可交付成果而需开展的具体活动。

（3）活动排序过程是识别和记录计划活动之间相互逻辑关系的过程。

（4）活动资源估算过程是估算完成各项计划活动所需资源类型和数量，以及何时用于项目的过程。

（5）估算活动持续时间过程估算完成单项计划活动的时间。

（6）制订进度计划过程分析计划活动顺序、计划活动持续时间、资源要求和进度制约因素，制定项目进度表的过程。

（7）进度控制过程是控制项目进度变更的过程。主要交付物是更新的进度基准、绩效衡量等。

二、规划进度管理

规划进度管理是为了管理项目进度而制定指南和方向的过程。

该过程的输入、工具与技术、输出如图 3-1-1 所示。

图 3-1-1　输入、工具与技术、输出

1. 进度管理计划

进度管理计划是项目管理计划的组成部分。进度管理计划可以是正式或非正式的，非常详细或高度概括的，其中应包括合适的控制临界值。进度管理计划也会规定如何报告和评估进度紧急情况。在项目执行过程中，可能需要更新进度管理计划，以反映在管理进度过程中所发生的变更。

2. 项目进度表

项目进度表为项目进度计划的结果，它的图形表现形式主要有以下 3 种。

（1）项目进度网络图。项目进度网络图中列明活动日期，即可表示项目活动的先后逻辑，又能表示项目关键路径上的计划活动。

进度网络图可以使用时标进度网络图（逻辑横道图）描述，具体如图 3-1-2 所示。该图描述了一项工作分解为彼此连续的计划活动。

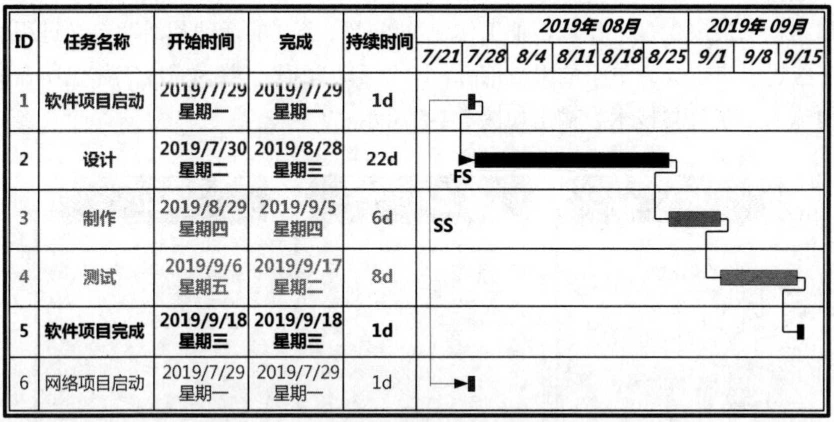

ID	任务名称	开始时间	完成	持续时间	2019年08月						2019年09月		
					7/21	7/28	8/4	8/11	8/18	8/25	9/1	9/8	9/15
1	软件项目启动	2019/7/29 星期一	2019/7/29 星期一	1d									
2	设计	2019/7/30 星期二	2019/8/28 星期三	22d	FS								
3	制作	2019/8/29 星期四	2019/9/5 星期四	6d	SS								
4	测试	2019/9/6 星期五	2019/9/17 星期二	8d									
5	软件项目完成	2019/9/18 星期三	2019/9/18 星期三	1d									
6	网络项目启动	2019/7/29 星期一	2019/7/29 星期一	1d									

图 3-1-2　时标进度网络图（逻辑横道图）

（2）横道图（甘特图）。横道图中的活动列于纵轴，日期排于横轴，活动长度表示预期的持续时间。具体的横道图的实例概括性进度表如图 3-1-3 所示。

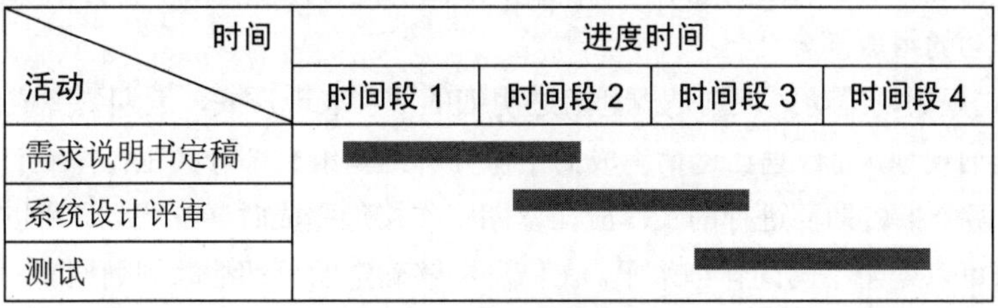

时间＼活动	进度时间			
	时间段 1	时间段 2	时间段 3	时间段 4
需求说明书定稿				
系统设计评审				
测试				

图 3-1-3　概括性进度表

（3）里程碑图。里程碑图与横道图类似，但只标识出可交付的成果。标识主要可交付成果和关键外部接口的计划时间段。具体的里程碑图的实例里程碑进度表如图 3-1-4 所示。

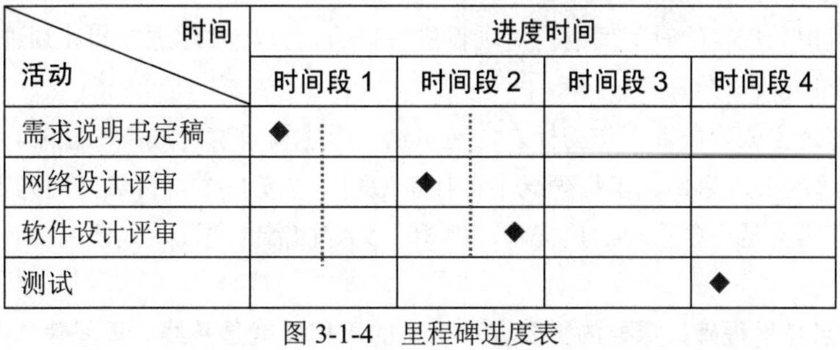

时间＼活动	进度时间			
	时间段 1	时间段 2	时间段 3	时间段 4
需求说明书定稿	◆			
网络设计评审		◆		
软件设计评审			◆	
测试				◆

图 3-1-4　里程碑进度表

三、活动定义

项目活动定义过程是为了保障项目目标实现而开展的对已确认的项目工作包的进一步分解和界定，并从中识别出为生成项目产出物所必需的各种项目活动。

工作分解结构的最底层是工作包，把工作包分解成一个个的活动是活动定义过程的基本任务。工作包通常还应进一步细分为更小的组成部分，即"活动"，代表着为完成工作包所需的工作投入。

该过程的输入、工具与技术、输出如图 3-1-5 所示。

输入	工具与技术	输出
1. 进度管理计划 2. 范围基准 3. 组织过程资产 4. 事业环境因素	1. 分解 2. 专家判断 3. 滚动式规划	1. 活动清单 2. 活动属性 3. 里程碑清单

图 3-1-5 输入、工具与技术、输出

活动定义所采用的技术和工具有**分解、滚动式规划、专家判断**。

（1）分解。就活动定义过程而言，分解技术指把项目工作组合进一步分解为更小、更易于管理的称作计划活动的组成部分。

（2）滚动式规划。滚动式规划是规划**渐进明细**的一种表现形式，近期要完成的工作在工作分解结构最下层详细规划，而计划在远期完成的工作分解结构组成部分的工作，在工作分解结构较高层规划。最近一两个报告期要进行的工作应在本期工作接近完成时详细规划。所以，项目计划活动在项目生命期内可以处于不同的详细水平。在信息不够确定的早期战略规划期间，活动的详细程度可能仅达到里程碑的水平。

（3）专家判断。擅长制定详细项目范围说明书、工作分解结构和项目进度表并富有经验的项目团队成员或专家，可以提供活动定义方面的专业知识。

此外，还要掌握有关活动定义的几个术语：

（1）**检查点**指在规定的时间间隔内对项目进行检查，比较实际进度和计划进度的差异，从而根据差异进行调整。

（2）**里程碑**是完成阶段性工作的标志，通常指一个主要可交付成果的完成。一个项目中应该有几个用作里程碑的关键事件。里程碑既不消耗资源也不花费成本，持续时间为零。

（3）**基线**其实就是一些重要的里程碑，但相关交付物需要通过正式评审，并作为后续工作的基准和出发点。

重要的检查点是里程碑，重要的需要客户确认的里程碑就是基线。里程碑是由相关人负责的、

按计划预定的事件，**用于测量工作进度**，它是项目中的重大事件。

四、活动排序与网络图

活动排列是识别和记录项目活动之间的关系的过程。活动排列定义了工作之间的逻辑顺序，以便在既定的所有项目制约因素下获得最高的效率。

该过程的输入、工具与技术、输出如图 3-1-6 所示。

图 3-1-6　输入、工具与技术、输出

该部分知识点中，网络图往往是考生的难点，但又是考试的必考点，所以一定要掌握，要会作图、会计算，还要会分析。考生掌握网络图比较难的主要原因在于：①概念不理解；②公式记不住；③记住了又不会用。

在这里可以提供一个简便快捷而且记忆深刻的方法——"记口诀"，口诀记住了，以上三个问题可迎刃而解。不过首先还是来理解基本的几个术语。

（1）**理解术语 ES、EF、LS、LF**。

E 即 Early，表示早；S 即 Start，表示开始，所以 ES 表示最早开始时间。

F 即 Finish，表示完成，所以 EF 表示最早完成时间。

L 即 Late，表示晚，所以 LS 表示最晚开始时间。

LF 表示最晚完成时间。

（2）**理解缩写 TF、FF**。

T 即 Total，表示总的；F 即 Float，表示浮动，所以 TF 表示总的浮动时间，即总时差。

F 即 Free，表示自由的，所以 FF 表示自由的浮动时间，即自由时差。

那么怎么理解 ES、EF、LS、LF、TF、FF 呢？这些术语都是针对活动而言的，ES、EF、LS、LF 顾名思义，不必太多解释，相信读者马上就清楚了。那么 TF 和 FF 呢？

TF：一项活动的最早开始时间和最迟开始时间不相同时，它们之间的差值是该活动的总时差。

FF：在不影响紧后活动完成时间的条件下，一项活动最多可被延迟的时间。

（3）**学会作图**。**前导图**（Precedence Diagramming Method，**PDM**）：是一种用**结点表示活动**、**箭线表示活动关系**的项目网络图，这种方法也叫做**单代号网络图**。在这种方法中，每项活动有唯一的活动号，每项活动都注明了预计的工期，工期一般就标在活动的上方，如图 3-1-7 所示。

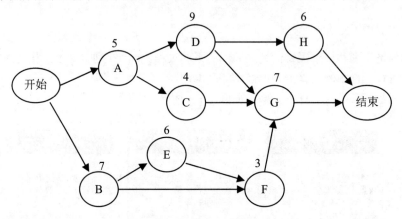

图 3-1-7　单代号网络图

前导图法活动间依赖关系：在前导图中，箭尾结点表示的活动是箭头结点的紧前活动；箭头结点所表示的活动是箭尾结点的紧后活动。

在绘制前导图时，需要遵守下列规则：

- 前导图必须正确表达项目中活动之间的逻辑关系。
- 图中不能出现循环回路。
- 图中不能出现双向箭头或无箭头的连线。
- 图中不能出现无箭尾结点的箭线或无箭头结点的箭线。
- 图中只能有一个起始结点和一个终止结点。当图中出现多项无内向箭线的活动或多项无外向箭线的活动时，应在前导图的开始或者结束处设置一项虚活动，作为该前导图的起始结点或终止结点。

箭线图法（Arrow Diagramming Method，ADM）：这种表示方法与前导图相反，是用**箭线表示活动、结点表示活动排序**的一种网络图方法，这种方法又叫做**双代号网络图法**（Activity On the Arrow，AOA）。每一项活动都用一根箭线和两个结点来表示，每个结点都编以号码，箭线的箭尾结点和箭头结点是该项活动的起点和终点。

箭线表示项目中独立存在、需要一定时间或资源完成的活动。在箭线图中，依据是否需要消耗时间或资源，可将活动分为实活动和虚活动。

实活动是需要消耗时间和资源的活动，在箭线图用实箭线表示，如图 3-1-8 所示。在箭线上方标出活动的名称，如果明确了活动时间，则在箭线下方标出活动的持续时间，箭尾表示活动的开始，箭头表示活动的结束，相应结点的号码表示该活动的代号。

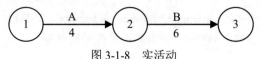

图 3-1-8　实活动

虚活动是既不消耗时间也不消耗资源的活动，它只表示相邻活动之间的逻辑关系，在箭线图中用虚线表示。当出现下列情况时，需要定义虚活动：

①平等作业。如图3-1-9（a）所示，活动A和活动B完成后才能够转入活动C，为了说明活动B、C之间的关系，需要在结点2、3之间定义虚活动。

②交叉作业。如图3-1-9（b）所示，要求a_1完成后，才开始b_1，a_2完成后，才开始b_2，a_3完成后，才开始b_3，因此，需要在结点2和结点3、结点4和结点5、结点6和结点7之间建立虚活动。

③在复杂的箭线图中，为避免多个起点或终点引起的混淆，也可以用虚活动来解决，即用虚活动与所有能立即开始的结点连接，如图3-1-9（c）所示。

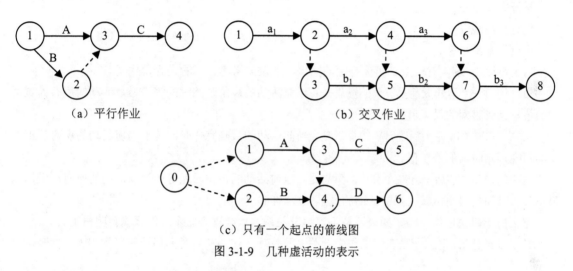

（a）平行作业　　　　　　　　　　　　　　（b）交叉作业

（c）只有一个起点的箭线图

图3-1-9　几种虚活动的表示

在箭线图表示法中，有以下三个基本原则：

● 箭线图中每一事件必须有唯一的一个代号，即箭线图中不会有相同的代号；

● 任两项活动的紧前事件和紧后事件至少有一个不相同，结点序号沿箭线方向越来越大；

● 流入（流出）同一结点的活动均有共同的后继活动（或先行活动）。

（4）**学会找关键路径**。关键路径就是权值累加和最大的路径了，而该路径的长度就是总工期。想一想也对，最长的一般指时间，也就是耗时最多了，自然是总工期了。值得注意的是，关键路径可能有多条。

（5）**会计算**。对于关键路径上的活动来说，ES、EF、LS、LF很好求。ES=LS，EF=LF，因为关键路径上的活动是不允许延迟的，否则就会影响总工期。据此，TF、FF必为0。

那非关键路径上的呢？有公式如下：

ES=max{紧前活动的EF}

EF=ES+D

说明：D是指活动历时。

LF=min{紧后活动的 LS}

LS=LF-D

TF=LS-ES

FF=min{紧后活动的 ES}-EF

EF、LS、TF 的公式看上去倒是很好记也好理解。ES 和 EF、LS 和 LF 之间相差都是 D，TF 就是两个开始时间之差或两个完成时间之差。因为关键路径上的活动是不允许延迟的，故关键路径上的活动的 TF、FF 均为 0，ES=LS 且 EF=LF。非关键路径上的处理麻烦一点，特别是 ES、LF、FF 真不好理解和记忆。下面提供三句口诀：

早开大前早完；

晚完小后晚开；

小后早开减早完。

请大声读 10 遍，背下来。再请身边的同事、朋友来考考你，看是否记住了。

第一句口诀"早开大前早完"的意思是：当前活动的最早开始时间等于当前活动的所有前置活动的最早完成时间的最大值。

第二句口诀"晚完小后晚开"的意思是：当前活动的最晚完成时间等于当前活动的所有后继活动的最晚开始时间的最小值。

第三句口诀"小后早开减早完"的意思是：当前活动的自由时差等于当前活动的所有后继活动最早开始时间的最小值减去当前活动的最早完成时间。

怎么样，口诀记住了吗？如果还是不理解没关系，后续再来做个案例题就会明白了。

某项目经分析，得到一张表明工作先后关系及每项工作的初步时间估计的工作列表，如表 3-1-1 所示。

表 3-1-1　工作列表

工作代号	紧前工作	历时（天）
A	—	5
B	A	2
C	A	8
D	B、C	10
E	C	5
F	D	10
G	D、E	15
H	F、G	10

1）请根据上表完成此项目的前导图和箭线图，并指出关键路径和项目工期。

2）请分别计算工作 B、C 和 E 的自由浮动时间。

3）为了加快进度，在进行工作 G 时加班赶工，因此将该项工作的时间压缩了 7 天（历时 8 天）。请指出此时的关键路径，并计算工期。

先来解决第 1 问，来看如何完成前导图和箭线图。相对来说，前导图容易作一些，可先作前导图再作箭线图，非常熟练的话顺序也可随意。

【**辅导专家提示**】考生可自行在草稿纸上先画画试试，这样学习效果会更好一些。

可一步一步制作出前导图，步骤如图 3-1-10 所示。在图中每步制作出了两个活动及连线，在制作图时可能图形并不像书上的这么美观，没关系，先画完再调整就是了。

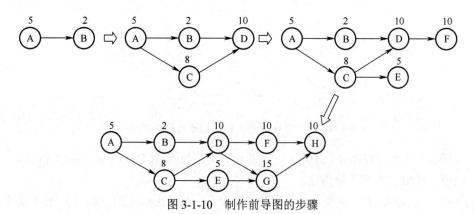

图 3-1-10　制作前导图的步骤

可一步一步制作出箭线图，步骤如图 3-1-11 所示。在图中每步制作出了两个活动及结点。

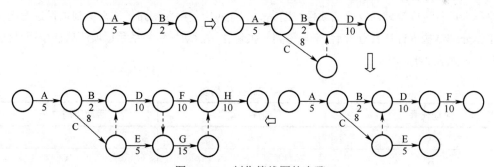

图 3-1-11　制作箭线图的步骤

图画出来了，关键路径就好找了。找关键路径就是要找出权值累加和最大的那条路径，因为这里的权值是工期，所以关键路径上的权值累加和为总工期。

可以看出，关键路径为 ACDGH，总工期为 48 天。

接下来解第 2 问。第 2 问是要求 B、C 和 E 的自由浮动时间。其中 C 在关键路径上，关键路径上的活动是不允许延迟的，故可得知 FFC=0。再来求非关键路径上的 B 和 E。马上想起计算 FF 的口诀"**小后早开减早完**"，所以 FFB 和 FFE 的演算过程如下：

FFB=min{ESD}-EFB=ESD-(ESB+DB)=13-(5+2)=13-7=6

FFE=min{ESG}-EFE=ESG-EFE=max{EFE,EFD}-EFE

$\qquad$ =max{ESE+DE,23}-(ESE+DE)=max{EFC+5,23}-(EFC+5)

$\qquad$ =max{13+5,23}-(13+5)=max{18,23}-18=23-18=5

【辅导专家提示】 能掌握和理解以上演算过程，相信考生在做网络图计算题时可以迎刃而解。

下面解第 3 问，题干说活动 G 压缩了 7 天，即变成 8 天，可在网络图上将 G 上权值改为 8，单代号网络图如图 3-1-12 所示。

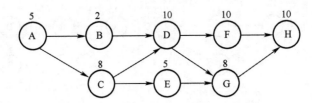

图 3-1-12　将 G 缩短工期后的单代号网络图

得到此图后，再求关键路径就不难了，可看出关键路径为 ACDFH，总工期为 43 天。

（6）使用 PDM 法求解关键路径。

我们使用一道典型例题来完整讲解网络图节点表示、包括 ES、LS、EF、LF 推导以及关键路径的推导。

例 1： 某系统集成项目的建设方要求必须按合同规定的期限交付系统，承建方项目经理李某决定严格执行项目进度管理，以保证项目按期完成。他决定使用关键路径法来编制项目进度网络图。在对工作分解结构进行认真分析后，李某得到一张包含了活动先后关系和每项活动初步历时估计的工作列表，如表 3-1-2 所示。

表 3-1-2　工作列表

活动代号	前序活动	活动历时（天）
A	-	5
B	A	3
C	A	6
D	A	4
E	B、C	8
F	C、D	5
G	D	6
H	E、F、G	9

（1）画出该系统集成项目建设的网络图；

（2）标记各节点的 ES、LS、EF、LF；

（3）求该网络图关键路径。

网络图中求各节点的 ES、LS、EF、LF、及求关键路径的方法一般分为如下四步：

1. 解题第 1 步：将工作表转换网络图

前导图法使用矩形代表活动，活动间使用箭线连接，表示之间的逻辑关系。PDM 存在四种依赖关系。如图 3-1-13 所示。

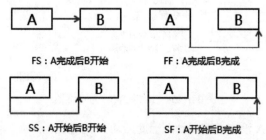

图 3-1-13　前导图四种依赖关系

（1）FS（结束-开始），表示前序活动结束后，后续活动开始；

（2）FF（结束-结束），表示前序活动结束后，后续活动结束；

（3）SS（开始-开始），表示前序活动开始后，后续活动开始；

（4）SF（开始-结束），表示前序活动开始后，后续活动结束。

PDM 中，活动如图 3-1-14 所示。

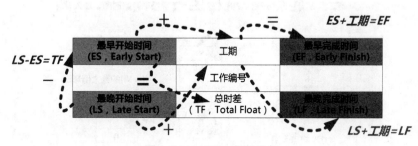

图 3-1-14　PDM 表示节点

其中，节点中各时间的关系如下：

（1）ES（最早开始时间）+工期=EF（最早完成时间）；

（2）LS（最晚开始时间）+工期=LF（最晚完成时间）；

（3）LS（最晚开始时间）-ES（最早开始时间）

　　=TF（总时差）

　　=LF（最晚完成时间）-EF（最早完成时间）

将例题 1 的工作列表转换为活动图，如图 3-1-15 所示。

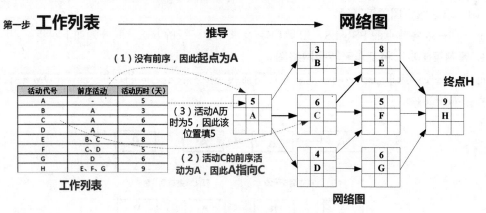

图 3-1-15　工作列表转为网络图

- **确定起点**：活动 A **没有前序**活动，因此活动 A 为起点；
- **确定终点**：活动 H **没有后续**活动，因此活动 H 为终点；
- **确定依赖关系**：工作列表给出活动 B 前序为 A，因此在网络图中，有一条从 A 到 B 的射线；
- **确定工期**：工作表给出的活动历时，即为各项活动的工期。

2. 解题第 2 步：从左至右求各节点的最早开始时间

如图 3-1-16 所示，节点 B 的所有前序节点的 MAX{最早开始时间+工期}，即为节点 B 的最早开始时间。

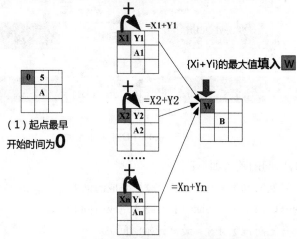

图 3-1-16　求 ES

根据上述逻辑，得到题目对应网络图所有节点的最早开始时间，如图 3-1-17 所示。

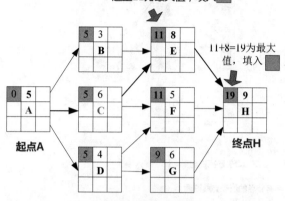

求出所有节点的最早开始时间

图 3-1-17　求所有节点的最早开始时间

3. 解题第 3 步：从右至左求各节点的最晚完成时间

如图 3-1-18 所示，节点 A 的所有后继序节点的 MIN{最晚完成时间-工期的最大值}，即为节点 A 的最晚完成时间。

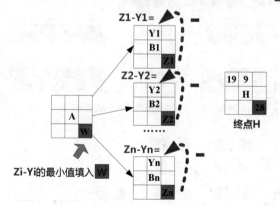

图 3-1-18　求 LF

根据上述逻辑得到题目对应网络图所有节点的最晚完成时间，如图 3-1-19 所示。

图 3-1-19　求所有节点的最晚完成时间

4. 解题第 4 步：求最早完成时间、最晚开始时间、关键路径

根据节点时间关系，求最早完成时间、最晚开始时间、时间差。其中，ES=LS 或者 EF=LF 的节点均可视为关键路径节点。尝试连接这些节点，能从起点连接到终点的，就是关键路径。

根据上述逻辑得到题目对应网络图所有节点的**最早完成时间、最晚开始时间、关键路径**，如图 3-1-20 所示。

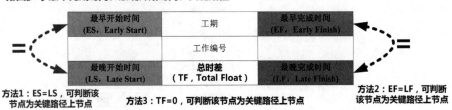

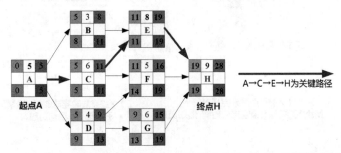

图 3-1-20　所有节点的**最早完成时间、最晚开始时间**，获得关键路径

5. 解题第 5 步：求总时差

总时差是指不影响总工期的前提下所具有的机动时间。每个活动总时差（机动时间）用完后，必须马上开始，否则将会耽误工期。关键路径上的节点总时差为 0。

总时差公式：TF=LS-ES=LF-EF。

根据上述逻辑得到例 1 对应网络图所有节点的**总时差**，如图 3-1-21 所示。

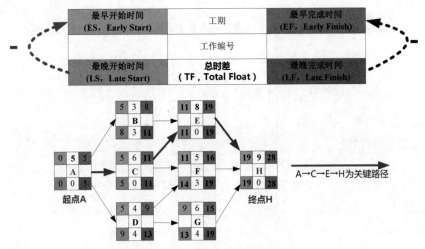

图 3-1-21　所有节点的**总时差**

6. 解题第 6 步：自由时差

自由时差是指不影响后继节点最早开始时间，本节点的机动时间。

如图 3-1-22 所示，节点 A 的所有后继序节点的 MIN{ES}-本节点的 EF，即为节点 A 的自由时差。

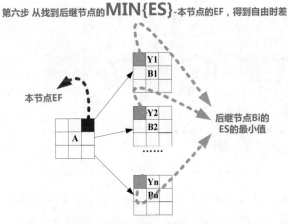

图 3-1-22　所有节点的**自由时差**

五、活动资源估算

活动资源估算包括决定需要什么资源（人力、设备、原材料）和每一种资源需要多少，以及何时使用资源来有效地执行项目。活动资源估算通过明确各类资源种类、数量和特性，从而做出更准确的成本和持续时间估算。

该过程的输入、工具与技术、输出如图 3-1-23 所示。

图 3-1-23　输入、工具与技术、输出

六、估算活动持续时间

估算活动持续时间（又称活动历时估算）是根据资源估算的结果，估算完成单项活动所需工作时段数的过程。

该过程的输入、工具与技术、输出如图 3-1-24 所示。

图 3-1-24　输入、工具与技术、输出

估算活动持续时间所采用的主要技术和工具有**专家判断、类比估算、参数估算、三点估算**。

类比估算法是以过去类似项目活动的实际时间为基础,通过类比来推测估算当前项目活动所需的时间。当项目相关性的资料和信息有限，而先前活动与当前活动又有本质上的类似性时，用这种方法来估算项目活动历时是一种较为常用的方法。

历时的三点估算法是一种模拟估算，以一定的假设条件为前提，估算多种活动时间的方法。最常用的方法是**三点估算法**。三点估算法考虑估算中的不确定性和风险，提高估算活动持续时间的准确性。

（1）三点估算的 **3 个**估算前提。

● **最乐观**历时，设定为 T_a。

● **最可能**历时，设定为 T_b。

● **最悲观**历时，设定为 T_c。

（2）三点估算的两个重要公式。

公式 1：

期望时间（PERT 值）=（最悲观时间+4×最有可能时间+最乐观时间）/6

公式 2：

标准差（σ）=（最悲观时间–最乐观时间）/6

例：活动 A 的乐观历时为 6 天，最可能历时为 21 天，最悲观历时为 36 天。

活动 A 最可能的历时=(6+4×21+36)/6=21 天

活动 A 标准差=(36–6)/6=5 天

（3）标准差与工期发生**概率**关系。

总工期完成服从正态分布，如图 3-1-25 所示。

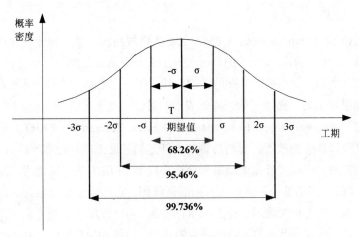

图 3-1-25　总工期的正态分布

正态分布图的横轴代表工期，纵轴代表概率密度；

● T 代表工期期望值；

● 以 T（工期期望值）为中心，工期在正负一个标准差内（T±σ）的完工概率 68.26%；工期在正负两个标准差内（T±2σ）的完工概率 95.46%；工期在正负三个标准差内（T±3σ）的完工概率 99.736%。

● 结合例题，得到图 3-1-26。

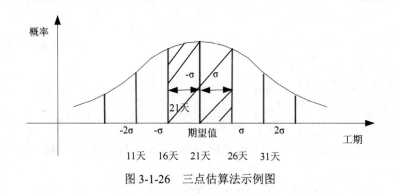

图 3-1-26 三点估算法示例图

工期（16～26 天）完成概率为 68.26%（16～26 天阴影部分面积为总面积的 68.26%）；

工期（11～31 天）完成概率为 95.46%（其范围内的曲线面积为总面积的 95.46%）。

【辅导专家提示】对于三点估算法来说，从历年试题可以看到其出题的灵活性和变化趋势。此类题型解题的关键点在于掌握"面积法"，即把求概率的问题转换成求面积的问题，复杂问题即可迎刃而解。

七、CPM 与 PERT

关键路径法（Critical Path Method，**CPM**）又称**关键线路法**，是一种计划管理方法，它是通过分析项目过程中哪个活动序列进度安排的总时差最少来预测项目工期的网络分析。它用**网络图**表示各项工作之间的相互关系，找出控制工期的关键路线，在一定工期、成本、资源条件下获得最佳的计划安排，以达到缩短工期、提高工效、降低成本的目的。

计划评审技术（Program/Project Evaluation and Review Technique，**PERT**）是利用**网络分析**制定计划以及对计划予以评价的技术。它能协调整个计划的各道工序，合理安排人力、物力、时间、资金，加速计划的完成。在现代计划的编制和分析手段上，PERT 被广泛使用，是现代项目管理的重要手段和方法。PERT 网络是一种类似流程图的**箭线图**，它描绘出项目包含的各种活动的先后次序，标明每项活动的时间或相关成本。对于 PERT 网络，项目管理者必须考虑要做哪些工作，确定时间之间的依赖关系，辨认出潜在的可能出问题的环节，借助 PERT 还可以方便地比较不同行动方案在进度和成本方面的效果。

八、进度计划

项目进度计划应包括以下几个基本内容：①项目综合进度计划；②项目实施进度计划；③项目

采购进度计划；④项目验收进度计划；⑤项目的维护计划。

该过程的输入、工具与技术、输出如图 3-1-27 所示。

输入	工具与技术	输出
1. 进度管理计划 2. 活动清单 3. 活动属性 4. 项目进度网络图 5. 活动资源需求 6. 资源日历 7. 活动持续时间估算 8. 项目范围说明书 9. 风险登记册 10. 项目人员分配 11. 资源分解结构 12. 事业环境因素 13. 组织过程资产	1. 进度网络分析 2. 关键路径法 3. 关键链法 4. 资源优化技术 5. 建模技术 6. 提前量和滞后量 7. 进度压缩 8. 进度计划编制工具	1. 进度基准 2. 项目进度计划 3. 进度数据 4. 项目日历 5. 项目管理计划更新 6. 项目文件更新

图 3-1-27 输入、工具与技术、输出

进度计划编制常采用的技术和工具如下：

（1）**关键链法**：考虑有限资源的分配、优化、平衡、活动历时不确定性对关键路径的影响。关键链法的特点就是增加各种缓冲应对各种不确定。通过增加**项目缓冲**（放置在关键链末端的缓冲）的方式，用来保证项目不因非关键路径延误而延误；通过**接驳缓冲**（放置在非关键链和与关键链结合处），用来保证关键链不受非关键活动延误的影响。关键链法通过比较剩余缓冲时间与所需缓冲时间，可以确定进度状态。

（2）**资源优化技术**是根据资源供需情况来调整进度模型的技术。该技术主要有下面两种方式：

● 资源平衡。为了在资源需求与资源供给之间取得平衡，根据资源制约对开始日期和结束日期进行调整的一种技术。如果共享资源或关键资源只在特定时间可用，数量有限或被过度分配，就需要进行资源平衡。也可以为保持资源使用量处于均衡水平而进行资源平衡。资源平衡往往导致关键路径改变，通常是延长。

● 资源平滑。对进度模型中的活动进行调整，从而使项目资源需求不超过预定的资源限制的一种技术。相对于资源平衡而言，**资源平滑不会改变项目关键路径**，完工日期也不会延迟。也就是说，活动只在其自由和总浮动时间内延迟。因此，资源平滑技术可能无法实现所有资源的优化。

（3）关键路径法。

（4）建模技术。该技术主要有下面两种方式：

● 假设情景分析。假设情景分析是对各种情景进行评估，预测它们对项目目标的影响（积极或消极的）。假设情景分析就是对"如果情景 X 出现，情况会怎样？"这样的问题进行分析。可以根据分析结果，评估并作出应对计划。

- 模拟。模拟技术基于多种不同的活动假设计算出多种可能的项目工期，以应对不确定性。最常用的模拟技术是蒙特卡洛分析。

（5）提前量和滞后量。该方法通过调整紧后活动的开始时间来编制一份切实可行的进度计划。提前量是在条件许可的情况下，提早开始紧后活动；而滞后量是在某些限制条件下，在紧前和紧后活动之间增加一段不需要工作或资源的自然时间。

（6）进度压缩技术。该技术不缩减项目范围，能缩短进度工期。该技术主要有下面两种方式：

- 赶工。赶工通过增加资源，增加最小的成本，来压缩进度工期。赶工的手段有批准加班、增加额外资源、支付加急费用，用于加快关键路径上的活动。赶工可能导致风险和成本的增加。
- 快速跟进。快速跟进将部分为顺序进行的活动调整为并行方式。快速跟进可能造成返工和风险增加。该技术只能用于可通过并行活动缩短项目工期的情况。

九、进度控制

控制进度是监督项目活动状态，更新项目进展，管理进度基准变更，以实现计划的过程。本过程的主要作用是，提供发现计划偏离的方法，从而可以及时采取纠正和预防措施，以降低风险。

有效项目进度控制的关键是监控项目的实际进度，及时、定期地将它与计划进度进行比较，并立即采取必要的纠正措施。项目进度控制必须与其他变化控制过程紧密结合，并且贯穿于项目的始终。当项目的实际进度滞后于计划进度时，首先发现问题、分析问题根源并找出妥善的解决办法。

常见的项目拖延的原因如下：

（1）计划方面。

- 依据不充分（例如用道路监控项目经验作为智能交通管理系统项目依据）。
- 制定进度计划时，未考虑节假日。
- 方案、管理计划没有经过评审。
- 未考虑风险。

（2）人员方面。

- 增加新手，增加了沟通和管理成本。
- 新手工作效率低下。

（3）管理方面。

- 监控粒度过粗（或监控周期过长）。
- 估计工作量不准确。

（4）技术方面。

错误导致返工。

项目进度控制的作用主要有：①确定项目进度的当前状态；②对引起进度变更的因素施加影响，以保证这种变化朝着有利的方向发展；③确定项目进度已经变更；④当变更发生时管理实际的变更。

通常可用的缩短工期的方法有：①赶工，缩短关键路径上的工作历时；②采用并行施工方法以压缩工期（或快速跟进）；③加强质量管理，减少返工，缩短工期；④改进方法和技术；⑤缩减活动范围；⑥使用高质量的资源或经验更丰富人员。

该过程的输入、工具与技术、输出如图 3-1-28 所示。

输入	工具与技术	输出
1. 项目管理计划 2. 项目进度计划 3. 工作绩效数据 4. 项目日历 5. 进度数据 6. 组织过程资产	1. 绩效审查 2. 项目管理软件 3. 资源优化技术 4. 建模技术 5. 提前量和滞后量 6. 进度压缩 7. 进度计划编制工具	1. 工作绩效信息 2. 进度预测 3. 变更请求 4. 项目管理计划更新 5. 项目文件更新 6. 组织过程资产更新

图 3-1-28　输入、工具与技术、输出

PMBOK 给出的进度控制工具与技术如下。

1. 绩效审查

绩效审查是指测量、对比和分析进度绩效，如实际开始和完成日期、已完成百分比及当前工作的剩余持续时间。绩效审查可以使用各种技术，其中包括：

● 趋势分析。趋势分析检查项目绩效随时间的变化情况，以确定绩效是在改善还是在恶化。

● 关键路径法。通过比较关键路径的进展情况来确定进度状态。

● 挣值管理。采用进度绩效测量指标，如进度偏差（SV）和进度绩效指数（SPI），评价偏离初始进度基准的程度。

2. 应用项目进度管理软件

对项目进度控制而言，项目管理软件是一种有效的工具。项目管理软件可以绘制网络图、确定项目关键路径、绘制甘特图、PERT 图等，并可用来报告、浏览和筛选具体的项目进度管理信息。

3. 资源优化技术

该技术在考虑资源可用性和项目时间的情况下，对活动和活动所需资源进行进度规划。

4. 建模技术

该技术通过风险监控，审查各种不同的情景，以便使进度模型与项目管理计划保持一致。

5. 提前量和滞后量

在网络分析中调整提前量与滞后量，设法使进度滞后的活动赶上计划。

6. 进度压缩

用进度压缩技术使进度落后的活动赶上计划。

7. 进度计划编制工具

更新进度数据，并把新的进度数据应用于进度模型，来反映项目的实际进展和待完成的剩余工作。

除 PMBOK 给出的进度工具与技术，还有以下几种。

1. 项目进度报告

项目进度报告是记录观测检查的结果、项目进度现状和发展趋势等有关内容的最简单的书面形式报告。项目进度观测、检查的结果通过**项目进度报告**的形式报告给有关部门和人员。

项目关键点检查报告是指对项目进度影响较大的时间点或事件，如**里程碑事件点**就是项目的关键点。对项目关键点的检查、测评是项目进度动态监测的重点之一。将关键点的检查结果进行分析、归纳，所得出的报告就是项目关键点检查报告。

项目执行状态报告反映一个项目或一项活动的现行状态。重大突发事件报告就某一重大突发事件的基本情况及其对项目的影响等有关问题所形成的特别分析报告。

2. 使用进度变更控制系统

进度变更控制系统定义了改变项目进度计划应遵循的过程。该系统包括书面工作、跟踪系统以及批准变更所必要的授权级别。

项目进度的变化除了项目开发的技术和环境等客观原因外，一般来说，进度变化的主要原因则是项目的范围、质量、资源以及人员等的变化，进度变更是这些变更引起的必然结果。与其他变更一样，变更的产生、批准与执行一定要在受控的情况下发生，否则进度管理将无法进行。进度变更控制系统是实施整体变更控制过程的一部分。

3. 进行比较分析

将项目的实际进度与计划进度进行比较分析，以确定实际进度与计划不符合的原因，进而找出相应的对策，这是进度控制的重要环节之一。进行比较分析的方法主要有**横道图比较法**和**列表比较法等**。

（1）横道图比较法。横道图比较法是将在项目进展中通过观测、检查、收集到的信息经整理后，直接用**横道线并列**标于原计划的横道线一起，进行直观比较的方法。

（2）列表比较法。列表比较法采用无时间坐标网络计划时，在计划执行过程中，记录检查时刻正在进行的活动名称、已使用的时间以及仍需要的时间，然后列表计算有关参数，根据计划时间参数判断实际进度与计划进度之间的偏差。

（3）S 型曲线比较法。S 型曲线比较法是以横坐标表示进度时间，纵坐标表示累计完成任务量或已完成的投资，而绘制出一条按计划时间累计完成任务量的 S 型曲线，将项目的各检查时间实际完成的任务量与 S 型曲线进行实际进度与计划进度相比较的一种方法。

S 型曲线比较法在图上直观地进行项目实际进度与计划进度的比较。通常，在计划实施前绘制出计划 S 型曲线，在项目进行过程中按规定时间将检查的实际完成情况绘制在与计划 S 型曲线同一张图中，即可得出实际进度的 S 型曲线，示例如图 3-1-29 所示，比较两条 S 型曲线，即可得到相关信息。

项目实际进度与计划进度进行比较的方法：当实际进展点落在计划 S 型曲线左侧时，表明实际进度超前；若在右侧，则表示滞后；若正好落在计划曲线上，则表明实际与计划一致。

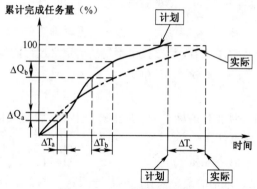

图 3-1-29　S 型曲线比较法

在如图 3-1-29 所示的项目中，项目实际进度与计划进度之间的偏差情况分析：ΔT_a 表示 T_a 时刻实际进度超前的时间；ΔT_b 表示 T_b 时刻实际进度拖后的时间。

项目实际完成任务量与计划任务量之间的偏差情况：ΔQ_a 表示 T_a 时刻超额完成的任务量；ΔQ_b 表示在 T_b 时刻少完成的任务量。

据图 3-1-29 可知，项目后期若仍然按原计划速度进行，则工期拖延预测值为 ΔT_c。

（4）"香蕉"型曲线比较法。

对于一个项目的网络计划，在理论上总是分为最早和最迟两种开始和完成时间。因此，任何一个项目的网络计划都可以绘制出两条 S 型曲线，即以最早时间和最迟时间分别绘制出相应的 S 型曲线，前者称为 ES 曲线，后者称为 LS 曲线。不管是 ES 曲线还是 LS 曲线，整个项目的起始时间和终止时间一致，由于两条 S 型曲线能够组成一个闭合曲线，形如香蕉，故称"香蕉"曲线，示例如图 3-1-30 所示。实际进度曲线位于"香蕉"之中，表示进度没有失控。

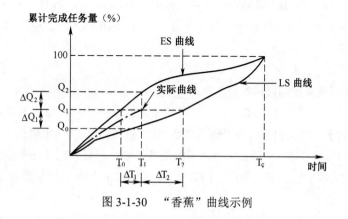

图 3-1-30　"香蕉"曲线示例

十、课堂巩固练习

1. 项目进度管理的活动定义过程是确定完成项目各项可交付成果而需开展的具体活动。下面不是活动定义过程的输出的是___(1)___。

（1）A. 活动清单　　　B. 活动属性　　　　C. 里程碑清单　　D. WBS

【辅导专家讲评】从题目要求来看，是要找出不是活动定义过程的输出，而题目给出的选项中，WBS 是活动定义过程的输入，故选 D。

参考答案：(1) D

2. ___(2)___是完成阶段性工作的标志，通常指一个主要可交付成果的完成。一个项目中应该有几个用作___(2)___的关键事件。

（2）A. 里程碑　　　　B. 需求分析完成　　C. 项目验收　　D. 设计完成

【辅导专家讲评】从试题术语的定义来看应当是选项 A。选项 B、C、D 一般是项目的里程碑之一。故最优的答案应当选 A。

参考答案：(2) A

3. 在箭线图中，___(3)___是既不消耗时间也不消耗资源的活动，它只表示相邻活动之间的逻辑关系，在箭线图中用虚线表示。

（3）A. 实活动　　　　B. 虚活动　　　　　C. 结点　　　　D. 箭线

【辅导专家讲评】从题目的定义来看，选项中给出的术语应当是用虚线来表示的，所以应当是选 B。

参考答案：(3) B

4. 在关键路径上的活动 A 的 FF 值为___(4)___。

（4）A. 总工期　　　B. A 的历时　　　　C. 0　　　　　D. 以上都不是

【辅导专家讲评】关键路径上的活动是不能延迟的，故自由时差 FF 值均为 0。

参考答案：(4) C

5. 在单代号网络图中，用结点表示___(5)___。

（5）A. 事件　　　　B. 活动　　　　　C. 历时　　　D. 人力资源投入数量

【辅导专家讲评】单代号网络图中，用结点表示活动，用箭线表示活动之间的逻辑关系，历时一般标在结点的上方。

参考答案：(5) B

6. 以下没有使用网络图的技术的是___(6)___。

（6）A. CPM　　　　B. PERT　　　　C. PDM　　　D. S 型曲线

【辅导专家讲评】CPM、PERT、S 型曲线都是进度控制的工具与技术中的比较分析工具，CPM 和 PERT 都用到了网络图技术，S 型曲线中使用的是按计划时间累计完成任务量的 S 型曲线，并不是网络图。PDM 是指前导图，又叫单代号网络图，是网络图的一种。所以答案选 D。

参考答案：(6) D

7. PERT 网络是一种类似流程图的___(7)___。

（7）A. 箭线图　　　B. 单代号网络图　　C. S 曲线　　　D. 横道图

【辅导专家讲评】PERT 网络中使用的是箭线图。

参考答案：（7）A

8．以下有关"香蕉"型曲线比较法，说法错误的是　__(8)__ 。

（8）A．S 型曲线比较法是以横坐标表达进度时间，纵坐标表示累计完成任务量或已完成的投资

　　　B．实际进度曲线位于"香蕉"之中表示进度没有失控

　　　C．实际进度曲线位于"香蕉"之中表示进度失控

　　　D．"香蕉"型曲线图中需绘制两条曲线．ES 曲线和 LS 曲线

【辅导专家讲评】本题要求找出说法错误的选项，而 B、C 这两个选项矛盾，故答案必为其中之一。而实际进度曲线位于"香蕉"之中是表示进度没有失控，故答案选 C。

参考答案：（8）C

第 3 学时　项目质量管理

项目质量管理是十大知识领域中的核心知识领域之一。在这个学时中，重点要掌握有关项目质量管理的以下知识点：

（1）项目质量管理的过程有哪些。

（2）质量、质量管理及有关的术语。

（3）质量管理的 8 条原则和质量管理流程的 4 个环节。

（4）质量管理理论的基本知识，主要是 ISO 9000 系列、全面质量管理、六西格玛。

（5）规划质量管理、质量策略、质量保证、质量控制的定义。

（6）质量控制的工具，会使用会分析，如测试、检查、新七种工具与老七种工具等。

一、质量、质量管理及有关的术语

质量管理阶段，大致经历了手工艺人时代、质量检验阶段、统计质量控制阶段和全面质量管理阶段。

国际标准化组织所制定的 ISO 8402－1994《质量术语》标准中，对质量作了如下定义："质量是反映实体满足明确或隐含需要能力的特征和特征的总和。"根据 GB/T 19000－2000 中的定义，质量是一组固有特性满足要求的程度。质量管理是指在质量方面指挥和控制组织的协调的活动，通常包括**制定质量方针、质量目标、质量策略、质量标准**。

项目质量管理包括执行组织确定质量政策、目标与职责的各过程和活动，从而使项目满足预先设定的需求。项目质量管理确保项目能满足项目需求，包括产品需求。

二、质量管理的原则与流程

ISO 9000 质量管理有 8 条原则：

（1）**以顾客为中心**：组织依存于他们的顾客，因而组织应理解顾客当前和未来的需求，满足顾客需求并争取超过顾客的期望。

（2）**领导作用**：领导者建立组织相互统一的宗旨、方向和内部环境。所创造的环境能使员工充分参与实现组织目标的活动。

（3）**全员参与**：各级人员都是组织的根本，只有他们的充分参与才能使其才干为组织带来收益。

（4）**过程方法**：将相关的资源和活动作为过程来进行管理，可以更高效地达到预期的目的。

（5）**系统管理**：针对制订的目标，识别、理解并管理一个由相互联系的过程所组成的体系，有助于提高组织的有效性和效率。

（6）**持续改进**：持续改进是一个组织永恒的目标。

（7）**以事实为决策依据**：有效的决策是建立在对数据和信息进行合乎逻辑和直观的分析基础上的。

（8）**互利的供方关系**：组织和供方之间保持互利关系，可增进两个组织创造价值的能力。

【辅导专家提示】质量管理的 8 条原则参考记忆口诀："**顾领全过系持以互**"。

质量管理的流程有 4 个环节：

（1）**确立质量标准体系**：是进行质量管理的**前提性的关键性**工作。

（2）**对项目实施进行质量监控**：收集项目实施过程中的相关信息，观察、分析实际情况以便监控。

（3）**将实际与标准对照**：进展如何，如果发生了偏差，是什么原因造成的，从而为客观评价项目质量状况提供依据。

（4）**纠偏纠错**：根据具体情况采取合理的纠正措施，让项目实施回到正轨。

三、质量管理理论

（1）**ISO 9000 系列**。ISO 9000 系列为项目管理工作提供了一个基础平台，为实现质量管理的系统化、文件化、法制化、规范化打下基础。ISO 9000 系列提供了一个组织满足其质量认证标准的最低要求。

ISO 9000 系列可帮助各种类型和规模的组织实施并运行有效的质量管理体系，能够帮助组织增进顾客满意度，包括 ISO 9000、ISO 9001、ISO 9004、ISO 19011 等标准。ISO 9000 具体标准如表 3-3-1 所示。

表 3-3-1　ISO 9000 系列标准

名称	概念
ISO 9000	表述质量管理体系基础知识并规定质量管理体系**术语**
ISO 9001	规定质量管理体系**要求**
ISO 9004	提供考虑质量管理体系的有效性和效率两方面**指南**
ISO 19011	提供**审核**质量和环境管理体系指南

（2）GB/T 19000－2000。

GB/T 19000－2000（等同 ISO9000:2000）中的质量定义：质量是一组固有特性满足要求的程度。

质量管理是指在质量方面指挥和控制组织的协调的活动，通常包括制定质量方针、质量目标、质量策略、质量标准、质量保证、质量控制和质量改进。

质量方针：组织管理者正式发布的质量宗旨和方向。

质量目标：质量目的，落实质量方针的具体要求，属于质量方针。

质量策略：通过提高产品性能、服务质量来获取竞争优势的一种策略。

质量标准：产品生产、检验和评定质量的技术依据，包括各种技术标准，还包括管理标准以确保各项活动的协调进行。

（3）**全面质量管理**。

TQM（Total Quality Management，全面质量管理）以质量为核心，以**全员参与为基础**，通过让**顾客满意**和本组织所有成员及社会受益而达到永续经营的目的。

TQM 是指在全面社会的推动下，企业中所有部门、所有组织、所有人员都以产品质量为核心，把专业技术、管理技术、数理统计技术集合在一起，建立起一套科学、严密、高效的质量保证体系，控制生产过程中影响质量的因素，以优质的工作、最经济的办法提供满足用户需要的产品的全部活动。

TQM 的 4 个核心特征是：**全员参加的质量管理、全过程的质量管理、全面方法的质量管理**（科学的管理方法、数理统计、电子技术、通信技术等）、**全面结果的质量管理**（产品质量/工作质量/工程质量/服务质量）。

（4）**六西格玛**。

六西格玛（6σ）旨在提高用户满意度的同时，降低经营成本和周期。六西格玛把工作看作流程，采用量化方法分析影响质量因素，改进关键因素，提高客户满意度。

六西格玛的优势包括从项目实施中改进（不是结果中改进）、保证质量；减少了检控质量的步骤；减少了由于质量问题带来的返工成本；培养了员工的质量意识，并使其融入企业文化。

六西格玛（6σ）用 **DPMO（100 万个机会中出现缺陷的机会）** 表示质量。6σ 各级别划分如表 3-3-2 所示。

表 3-3-2　6σ 各级别的划分（单位：缺陷数/百万机会）

1σ	2σ	3σ	4σ	5σ	6σ
690000	308000	66800	6210	230	3.4

一般企业的缺陷率为 3σ～4σ。

DMAIC 是六西格玛管理中流程改善的重要工具。六西格玛管理不仅是理念，同时也是一套业绩突破的方法。它将理念变为行动，将目标变为现实。这套方法就是六西格玛改进方法 DMAIC 和六西格玛设计方法 DFSS。

- DMAIC 是指定义（Define）、测量（Measure）、分析（Analyze）、改进（Improve）、控制（Control）五个阶段构成的过程改进方法，一般用于对现有流程的改进，包括制造过程、服务过程以及工作过程等。

● DFSS（Design For Six Sigma）是指对新流程、新产品的设计方法。

四、质量管理的过程

项目质量管理主要包括**规划质量管理、质量保证**和**质量控制** 3 个过程。

1. 规划质量管理

规划质量管理主要是制定质量计划。质量计划确定适合于项目的质量标准并决定如何满足和符合这些标准。质量计划主要结合企业的质量方针、产品描述，以及质量标准和规则，通过收益、成本分析和流程设计等工具制定出实施方略，其内容全面反映用户的要求，为质量小组成员有效工作提供指南，为项目小组成员以及项目相关人员了解在项目进行中如何实施质量保证和控制提供依据，为确保项目质量得到保障提供坚实的基础。

质量计划应该重点考虑三个方面的问题：

（1）**明确质量标准**，即确定每个独特项目的相关质量标准，把质量计划到项目的产品和管理项目所涉及的过程之中。

（2）**确定关键因素**，即理解哪个变量影响结果是质量计划的重要部分。

（3）**建立控制流程**，即以一种能理解的、完整的形式传达为确保质量而采取的纠正措施。

2. 质量保证

质量保证是用于有计划、系统的质量活动，确保项目中的所有过程满足项目干系人的期望。质量保证是**贯穿整个项目全生命周期**的、有计划的、系统的活动。它经常性地针对整个项目质量计划的执行情况进行评估、检查与改进工作。质量保证包括与满足一个项目相关的质量标准有关的所有活动，它的另一个目标是不断地改进质量。

3. 质量控制

质量控制监控具体项目结果以确定其是否符合相关质量标准，制定有效方案，以消除产生质量问题的原因。质量控制是对**阶段性的成果**进行检测、验证，为质量保证提供参考依据。质量控制是一个**计划、执行、检查、改进**的循环过程，它通过一系列的工具与技术来实现。

五、规划质量管理

规划质量管理的主要内容有：①编制依据；②质量宗旨与质量目标；③质量责任与人员分工；④项目的各个过程及其依据的标准；⑤质量控制的方法与重点；⑥验收标准。

该过程的输入、工具与技术、输出如图 3-3-1 所示。

规划质量管理过程的工具和技术有：

（1）**效益成本分析**：收益要超过成本，如减少返工可以提高生产率、降低成本、提高客户满意度。

图 3-3-1　输入、工具与技术、输出

（2）**质量成本（COQ）**：包含产品生命周期中预防不合格、评价产品或服务是否达标，以及未达标（返工）而产生的所有成本。质量成本是指一致性工作和非一致性工作的总成本。

1）**一致性成本**包含预防成本、评价成本、质量保证成本等，是用于预防项目失败的成本。

2）**非一致性成本**包含内部、外部失败成本，是为纠错而付出的成本。

（3）**标杆对照（基准比较）**：将实际做法或计划做法与其他项目的实践比较，产生改进思路并提出考核绩效的标准。其他项目可能是内外部或本/其他领域。

（4）**七种基本质量工具**：七种基本质量工具为因果图、流程图、核查表、帕累托图、直方图、控制图、散点图。这七种工具又称为老七种工具。

（5）**实验设计**：是一种统计方法，确定影响特定变量的因素。

（6）**质量成本分析**：质量成本是为了让产品/服务达到质量要求所付出的全部努力的总成本，分为预防成本、评估成本、缺陷成本（内部/外部）。

预防成本：项目成果产生前，为满足质量特性做出的活动。

评估成本：项目成果产生后，为评估项目是否达到质量进行测试而产生的成本。

缺陷成本：项目成果产生后，保证其结果不满足要求的部分成为满足要求的部分而产生的成本。

（7）**统计抽样**：统计抽样是指从目标总体中选取部分样本用于检查。

（8）**其他质量管理工具**：包含头脑风暴、力场分析、名义小组技术、质量管理和控制工具（亲和图、过程决策程序图、关联图、树形图、优先矩阵、活动网络图、矩阵图）等。

● 头脑风暴。一种产生创意的技术。

● 力场分析。用图形来显示变更的推力和阻力。

● 名义小组技术。先由小群体进行头脑风暴并提出创意，再由大群体对所有创意进行评审和排序。

质量管理和控制工具七工具又称为新七种工具。我们用口诀**"流控只因怕见伞""相亲先锯树过河"**来帮助记忆老、新七种工具。

1. **老七种工具**

（1）**因果图**：又称为石川图、鱼刺图。因果图显示各项因素如何与各种潜在问题或结果联系起来，如图 3-3-2 所示。利用因果图可以将在产品后端发现的有关质量问题一直追溯到负有责任的生产行为，从生产源头找出质量原因，真正获得质量的改进和提高。

图 3-3-2　因果图

（2）控制图：有控制界限的质量管理图。图 3-3-3 是典型的控制图。控制图最上面一条虚线叫上控制界限（Upper Control Limit，UCL）；最下面一条虚线叫下控制界限（Lower Control Limit，LCL）；中间实线叫中心线（Central Line，CL），是统计计量的平均值。通过观察控制图上产品质量特性值的分布状况，可以分析和判断生产过程是否发生了异常。

【辅导专家提示】七点法则：如果出现连续七个点在中心线一侧，即使这些点都没超过控制线，也称为异常。

（3）散点图：散点图表示两个变量之间的关系，如图 3-3-4 所示。散点图中各点越接近对角线，两个变量的关系越紧密。

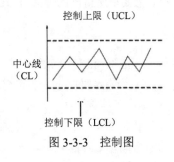

图 3-3-3　控制图

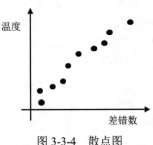

图 3-3-4　散点图

（4）流程图：显示相关要素之间关系的示意图，如图 3-3-5 所示。

（5）直方图：是一种垂直的条形图，显示特定情况发生的次数，描述集中趋势、分散程度和统计分布形状。如图 3-3-6 所示。每个柱形都代表某因素，柱形高度表示发生次数。

（6）帕累托图：是按发生频率大小从左到右依次排列的直方图，又称排列图或主次因素分析图，如图 3-3-7 所示。在帕累托图中，将累计频率曲线的累计百分数分为三级，与此对应的因素分为三类：频率 0%～80% 为 **A 类因素**，是影响项目质量的主要因素；频率 80%～90% 为 **B 类因素**，是影响项目质量的次要因素；频率 90%～100% 为 **C 类因素**，是影响项目质量的一般因素。

（7）检查表：是一种简单的工具，收集反映事实的数据，如图 3-3-8 所示。

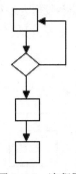

图 3-3-5　流程图

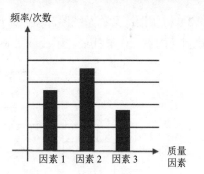

图 3-3-6　直方图

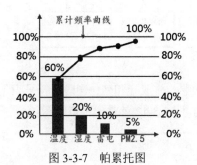

图 3-3-7　帕累托图

错误	供应商		
	A	B	C
错误发货单	5	1	0
材料问题	2	0	1
库存与发货单不一致	3	1	4
总计	10	2	5

图 3-3-8　检查表

2. 新七种工具

新七种工具是借鉴了运筹学、系统工程原理，用于质量管理的方法，是老七种工具的补充方法。

（1）相互关系图：是一种用**连线**来表示事物相互关系的方法。如图 3-3-9 所示，把 A～H 复杂而又相互关联的因素用箭线连接起来，最终找出主要问题。

（2）亲和图：又称 KJ 法，收集大量的事实、意见或构思等语言资料，按相互亲和性（相似性）整理归纳，从而明确问题，统一认识。亲和图用于整理思路，用事实说话。

图 3-3-10 是一种亲和图。得到该图的方法是先定主题，即如何快速通过软考；然后，堆积各类杂乱无章的事实；最后归纳整理，得到解决方法。

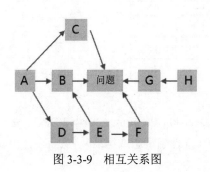

图 3-3-9　相互关系图

图 3-3-10　亲和图

（3）树状图：又称系统图，类似树形的图。树状图把目的或者手段作为根结点，系统展开，以明确问题的重点，寻找最佳手段或措施的一种方法。图 3-3-11 就是一种树状图。

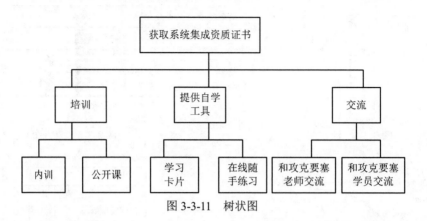

图 3-3-11　树状图

（4）矩阵图：矩阵图是在问题项中找出成对的因素群，排成行和列；同时用符号表示表中行与列的关系或相关程度的大小，探讨问题点的一种方法。图 3-3-12 就是一种矩阵图。

	A	A		
B		a1	a2	a3
	b1	△		
B	b2		●	○
	b3		○	

●密切关系○有关系△可能有关系

图 3-3-12　矩阵图

（5）优先矩阵图：又称为矩阵数据分析法，和矩阵图法类似。不同之处是，优先矩阵图的行与列关系不填符号，而填数据，形成一个分析数据的矩阵。图 3-3-13 就是一种优先矩阵图。

	A	A		
B		a1	a2	a3
	b1	1	1.1	1
B	b2	2.2	2	0.5
	b3	3.5	0	-1

图 3-3-13　优先矩阵图

（6）过程决策程序图：过程决策程序图（Process Decision Program Chart，PDPC）是在制定计划阶段或进行系统设计时，事先预测可能发生的障碍（不理想事态或结果），从而设计出一系列对策措施以最大的可能引向最终目标（达到理想结果）。图 3-3-14 就是一种过程决策程序图。过程决策程序图用于理解一个目标与达成此目标的步骤之间的关系。

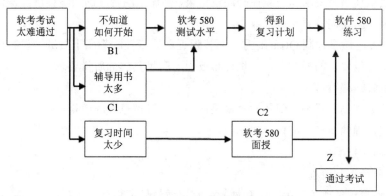

图 3-3-14　过程决策程序图

（7）活动网络图：又称为箭线图，每一项活动都用一根箭线和两个结点来表示，每个结点都编以号码，箭线的箭尾结点和箭头结点是该项活动的起点和终点。图 3-3-15 就是一种活动网络图。活动网络图用于找关键路径。

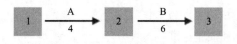

图 3-3-15　活动网络图

【专家提示】一般来说，"老七种工具"的特点是强调用数据说话，重视对制造过程的质量控制；而"新七种工具"则基本是整理、分析语言文字资料的方法，着重解决全面质量管理中 PDCA 循环的 P 计划阶段的有关问题。

规划质量管理过程的输出包括以下内容。

（1）质量管理计划：用于描述如何实施质量政策，如何满足项目质量要求。该计划属于项目管理计划的组成部分，计划形式可以是正式也可以非正式，计划内容可以详细也可以概要说明。

（2）过程改进计划：详细描述项目管理、产品生产的过程；确定各项过程的边界、定义过程测量指标和绩效改进目标、进行过程配置；识别其中的增值活动。

（3）质量测量指标：描述项目或者产品的质量属性；通过测量质量属性，实施质量保证并控制质量过程。测量指标的可允许变动范围称为公差。

（4）质量核对单：基于范围基准中定义的验收标准，列出各项核对的内容，并检查是否已经执行或满足质量要求。

（5）项目文件更新：包含更新的干系人登记册、责任分配矩阵、WBS 和 WBS 词典等。

六、质量保证

质量保证是审计质量要求和质量控制测量结果，确保采用合理的质量标准和操作的过程。质量保证过程的主要作用是促进质量过程改进。

质量保证 QA 与质量控制 QC 的区别：质量保证和质量控制都属于质量管理的范畴。质量保证致力于**增强**满足质量要求的**能力**，而质量控制致力于**满足**具体的质量**要求**。

1. 质量保证活动的内容

质量保证分为产品、系统、服务的质量保证和产品管理过程的质量保证。

其中，管理过程的质量保证内容如下：

（1）制定质量标准。

（2）制定质量控制流程。

（3）提出质量保证所采用的方法和技术：制定质量保证规划、质量检验、确定保证范围与等级、质量活动分解。

（4）建立质量保证体系。

● 贯彻质量保证方针，质量责任到每个人。

● 制作质量保证手册、质量程序文件等文档。

● 人员培训。

2. 项目的质量保证人员应该完成的工作

（1）制定质量管理计划和质量标准。

（2）按计划实施质量检查。准备检查清单（checklist），之后记录质量管理相关情况。

（3）依据检查结果，分析、发现问题，并与当事人协商解决，之后要进行验证；如果无法与当事人达成一致，应报告更高层，直至问题解决。

（4）定期给项目干系人发送质量报告。

（5）提供质量管理方面的培训。

该过程的输入、工具与技术、输出如图 3-3-16 所示。

输入	工具与技术	输出
1. 质量管理计划 2. 过程改进计划 3. 质量测量指标 4. 项目文件 5. 质量控制测量结果	1. 质量管理和控制工具 2. 质量审计 3. 过程分析	1. 变更请求 2. 项目管理计划更新 3. 组织过程资产更新 4. 项目文件更新

图 3-3-16　输入、工具与技术、输出

七、质量控制

质量控制是监督并记录质量活动执行结果，以便评估绩效，并采取必要变更的过程。本过程的主要作用包括：①识别过程低效或产品质量低劣的原因，建议并/或采取相应措施消除这些原因；②确认项目的可交付成果及工作满足主要干系人的既定需求，足以进行最终验收。

1. 项目质量控制的活动

（1）确保内、外部机构质量检测的一致性。

（2）找出与质量标准的差异。

（3）消除产品、服务中性能不被满足的原因。

（4）审查质量标准，推测目标成本。

（5）判断是否可以修订项目的质量标准、目标。

2. 质量控制的基本步骤

（1）选择质量控制对象。对象是质量相关的一切因素，可以是工序、环节、某因素、成果等。

（2）为控制对象确定标准、目标。

（3）制定实施计划，确定保证措施。

（4）按计划执行。

（5）项目实施中监督、检查，并将结果与计划、标准比较，找出偏差。

（6）采取相应对策。

该过程的输入、工具与技术、输出如图3-3-17所示。

输入	工具与技术	输出
1. 项目管理计划 2. 质量测量指标 3. 质量核对单 4. 工作绩效数据 5. 批准的变更请求 6. 可交付成果 7. 组织过程资产 8. 项目文件	1. 七种基本质量工具 2. 检查 3. 统计抽样 4. 审核已批准的变更请求	1. 质量控制测量结果 2. 确认的变更 3. 核实的可交付成果 4. 工作绩效信息 5. 变更请求 6. 项目管理计划更新 7. 组织过程资产更新 8. 项目文件更新

图3-3-17　输入、工具与技术、输出

质量控制的工具和技术主要有：**测试、检查、七种基本质量工具（老七种工具）、新七种工具**等。

【辅导专家提示】PMBOK第五版中**新七种工具不属于质量控制的工具。**

（1）测试。测试是一个验证项目实施阶段是否满足需求的逆向过程，在所有的信息系统开发过程中都是最重要的部分。通常指软件测试，是为了发现错误而执行程序的过程，是在软件投入运行前，对软件需求分析、软件设计、编码的最终复审，是软件质量控制的关键步骤。

（2）**检查**。检查是指通过对工作产品进行检视来判断是否符合预期标准。一般来说，检查的结果包含度量值。检查可在任意工作层次上进行，可以检查单个活动，也可以检查项目的最终产品。在软件项目中，检查常常也称评审、同行评审、审计或者走查。

八、课堂巩固练习

1. ___(1)___ 是由组织最高管理者正式发布的该组织总的质量宗旨和方向。

（1）A．质量方针   B．质量目标

  C．TQM   D．SQA

【辅导专家讲评】从题目的定义来看是指质量方针。TQM 是指全面质量管理，SQA 是指软件质量保证。

参考答案：（1）A

2. 质量管理有 8 条原则：以___(2)___为中心、领导作用、全员参与、过程方法、系统管理、持续改进、以事实为决策依据、互利的供方关系。

（2）A．项目团队   B．项目成功

  C．顾客   D．项目管理

【辅导专家讲评】看到题目马上想起质量管理的 8 条原则参考记忆口诀"**顾领全过系持以互**"，故这里缺的是"顾客"，即以顾客为中心。

参考答案：（2）C

3. ISO 9000 系列标准中，___(3)___ 是为企业或组织机构建立有效质量体系提供全面、具体指导的标准。

（3）A．ISO 9000   B．ISO 9001

  C．ISO 9002   D．ISO 9004

【辅导专家讲评】ISO 9000 系列中，ISO 9000 是一个指导性的总体概念标准；ISO 9001、ISO 9002、ISO 9003 是证明企业能力所使用的三个外部质量保证模式标准；ISO 9004 是为企业或组织机构建立有效质量体系提供全面、具体指导的标准。

参考答案：（3）D

4. 六西格玛为"六倍标准差"，在质量上表示 DPMO（100 万个机会中出现缺陷的机会）少于___(4)___。

（4）A．2   B．3   C．3.4   D．6

【辅导专家讲评】根据题目，应为选项 C。

参考答案：（4）C

5. 以下___(5)___不是项目质量管理的质量计划过程应重点考虑的问题。

（5）A．明确质量标准   B．确定关键因素

  C．建立控制流程   D．质量保证

【辅导专家讲评】按题意，是要找出不是质量计划应重点考虑的问题。4 个选项中，选项 D 质量保证是质量管理的另一个过程。

参考答案：（5）D

6．在使用质量控制的工具和技术时，为找出影响项目质量的因果关系，应使用___（6）___；为监控项目质量是否稳定应使用___（7）___。

（6）（7）A．石川图　　　　　　　　B．控制图

C．统计抽样　　　　　　　　D．帕累托图

【辅导专家讲评】因果图又叫石川图或鱼刺图，用于找出因果关系；控制图用于监控质量是否稳定；统计抽样在需要降低质量控制费用时可以使用；帕累托图又称排列图或主次因素分析图，是用于帮助确认问题和对问题进行排序的一种常用的统计分析工具。

参考答案：（6）A　（7）B

7．如图 3-3-18 所示，给出了某项目的项目管理过程中出现的问题的帕累托图，其中 B 类因素是___（8）___。

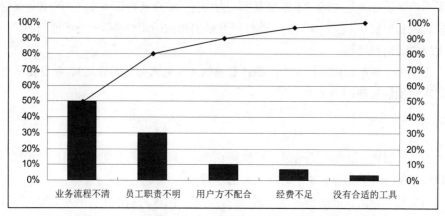

图 3-3-18　某项目的项目管理过程中出现的问题的帕累托图

（8）A．业务流程不清和员工职责不明　　　B．用户方不配合

C．经费不足　　　　　　　　　　　　D．没有合适的工具

【辅导专家讲评】帕累托图中，频率 80%～90% 为 B 类因素，从题目给出的图中可以看出，"B 类因素为用户方不配合"。

参考答案：（8）B

第 4 学时　项目人力资源管理

项目人力资源管理包括组织、管理与领导项目团队的各个过程。项目团队由不同角色、职责的

全职、兼职人员构成，目的就是完成项目。在本学时中，需要读者掌握有关项目人力资源管理的以下知识点：

（1）项目人力资源管理的过程有哪些。

（2）人力资源管理有关的术语，如组织结构图、责任分配矩阵、组织分解结构、人力资源模板、非正式的人际关系网络等。

（3）会选择项目经理和项目团队成员。

（4）项目团队建设要经历哪五个阶段。

（5）掌握项目团队建设的激励理论，如马斯洛的需求层次理论、赫茨伯格的双因素理论、弗罗姆的期望理论、麦格雷戈的 X 理论和 Y 理论。

（6）项目团队建设有哪些常用的方法。

（7）项目团队管理的工具与技术，包括观察和交谈、项目绩效评估、问题清单和冲突管理。

一、人力资源管理的过程

项目人力资源管理就是指通过不断地获得人力资源，整合到项目中并融为一体，保持和激励他们对项目的忠诚和积极性，控制他们的工作绩效并做出相应的调整，尽量发挥他们的潜能，以支持项目目标实现的活动和过程。

项目人力资源管理的过程有：**人力资源计划编制（规划人力资源管理）、项目团队组建、项目团队建设、项目团队管理。**

二、人力资源计划编制

规划人力资源管理（又称人力资源计划编制）是建立项目角色与职责、项目组织图，并编制人员配备管理计划（含人员招募和遣散时间表）的过程。

项目人力资源计划的目的是确定项目的角色、职责、报告关系，并制定人员配备管理计划。确定的角色、职责和报告关系可以分配到个人或团队。在人力资源计划中，一般包括**项目团队组建的事宜**、项目角色与职责定义、**时间的安排、成员遣散的安排、培训需求。**

（1）组建项目团队。在规划项目团队成员的招募过程中，应该明确组织的人力资源部门为项目管理团队提供支持的程度；人力资源来自于组织内部还是组织外部；团队成员需要集中办公还是分散办公；项目所需的各种技术水平的费用范围等问题。

（2）时间安排。IT 项目组是一个临时的、专门的柔性组织，这一特点使得在人员配备计划中明确项目对各个或各组成员的时间安排显得尤为重要。明确一个人、一个部门或者整个项目团队在整个项目期间每周或每月需要工作的时间是非常重要的，也是非常必要的。

（3）成员遣散安排。确定团队成员的遣散方法和时间是人员配备计划的一个重要内容。在最佳时间将团队成员撤离项目，可以降低项目成本。通过为项目成员做好过渡到新项目中去的安排，可以降低或消除项目成员对未来工作机会的不确定心理，鼓舞士气。

（4）培训需求。如果预期招募的员工不满足 IT 项目任务特定的技术技能，则应该制定相关的培训计划，对员工进行有针对性的技术培训，以确保任务的完成。

1. 组织结构图

高层管理人员和项目经理应该根据 IT 项目的特点和实际项目的需求，以及已识别的项目角色、职责、报告关系，在已经明确项目所需要的重要技能和何种类型的人员的基础上，为项目创建一个项目组织结构图。组织结构图属于典型的层次结构图，用于从上至下描述团队的角色和关系。

层次结构图还包含工作分解结构（WBS）、组织分解结构（OBS）和资源分解结构（RBS）。

2. OBS 与 RBS

项目工作一旦分解成可管理的元素，项目经理就可以给组织单元分配任务了，这个过程可以用 OBS（Organizational Breakdown Structure，组织分解结构）来进行概念化的描述。OBS 是一种用于表示组织单元负责哪些工作内容的特定的组织图形。它可以先借用一个通用的组织图形，然后根据组织各部门的具体单元将一般组织结构图进行更详细的分解。

OBS 与 WBS 类似，区别在于 **OBS 不是按照项目可交付成果的分解而组织的，而是按照组织所设置的部门、单位和团队而组织的。**

资源分解结构（Resolution Breakdown Structure，RBS）用于分解项目中各种类型的资源，包含人力资源、设备资源、材料资源等。RBS 可以反映大楼建造中，不同区域用到的水泥工和水泥，这些可能在 OBS 和 WBS 中分布较乱。

3. RAM

在制作完 OBS 之后，项目经理就可以开发 RAM（Responsibility Assignment Matrix，责任分配矩阵）了。责任分配矩阵为项目工作（用 WBS 表示）和负责完成工作的人（用 OBS 表示）建立一个映射关系。RAM 就是将 WBS 中的每一项工作指派到 OBS 中的执行人员所形成的一个矩阵。

RAM 按期望的详细程度将工作分配给负责具体工作的组织、团队或者个人。RAM 还可以用来定义项目的角色和职责，这种 RAM 包括了项目干系人，使得项目经理与项目干系人之间的沟通更加方便有效。表 3-4-1 给出了一个 RAM 示例，显示了项目干系人是否对项目负责或者只是项目一部分的参与者。此外，RAM 还反映出是否要求项目干系人提供项目的输入、审查或者给项目签字。

表 3-4-1　RAM 示例

活动	人员				
	人员 1	人员 2	人员 3	人员 4	人员 5
单元测试	S	P	A	I	R
整体测试	S	P	A	I	R
系统测试	S	P	I	A	R
用户确认测试	S	P	I	A	R

A=负责人　P=参与者　R=要求审查　I=要求输入　S=要求签字

RACI 是一种常见的责任分配矩阵。RACI 用以明确组织变革过程中的各个角色及其相关责任。RACI 各字母分别表示谁负责（Responsible）、谁批准（Accountable）、咨询谁（Consulted）、通知谁（Informed）的意思。通常用于帮助讨论、交流各个角色及相关责任。表 3-4-2 给出了一个 RACI 矩阵的范例。

表 3-4-2　RACI 示例

RACI 图	人员		
活动	汤姆	杰瑞	本杰明
规划人力资源管理	A	R	I
项目团队组建	I	A	R
项目团队建设	E	A	R
项目团队管理	A	C	I

4. 人力资源模板

虽然每个项目都是独一无二的，但大多数项目会在某种程度上与其他项目类似。运用一个以前类似项目的相应文档，如任务或职责的定义、汇报关系、组织架构图和职位描述，能有助于减少疏漏重大职责，加快项目人力资源计划的编制。

5. 非正式的人际网络

非正式的人际网络也叫人际交往。通过在本单位内或本行业内的非正式的人际交流，有助于了解那些能影响人员配备方案的人际关系因素。人力资源相关的人际网络活动包括积极主动的交流、餐会、非正式的交流和行业会议。虽然集中进行的人际网络活动在项目开始时非常有用，但是在项目开始前进行的定期沟通更为重要。

该过程的输入、工具与技术、输出如图 3-4-1 所示。

输入	工具与技术	输出
1. 项目管理计划 2. 活动资源需求 3. 组织过程资产 4. 事业环境因素	1. 组织图和职位描述 2. 人际交往 3. 组织理论 4. 会议 5. 专家判断	人力资源管理计划

图 3-4-1　输入、工具与技术、输出

三、项目团队组建

组建项目团队是确定人力资源的可用情况，通过有效手段组建项目团队的过程。本过程指导团队选择和职责分配，组建一个成功的团队。获取适合的项目人员是对 IT 项目人力资源管理最关键的挑战。项目团队建设就是培养、改进和提高项目团队成员个人和项目团队整体的工作能力，使项目团队成为一个特别有能力的整体，并在项目管理过程中不断提高管理能力，改善管理业绩。

1. 项目经理的选择

IT 项目成败的关键人物是项目经理，他在项目管理中起到决定性的作用。对项目经理的选择一般有三种方式：由企业高层领导委派、由企业和用户协商选择、竞争上岗。

一个优秀的 IT 项目经理至少需要具备三种基本能力：解读项目信息的能力、发现和整合项目资源的能力、将项目构想变成项目成果的能力。

对项目经理的选择首先应从有丰富项目经验的工程师开始，发掘和培养那些不但专业技能熟练，而且有较强领导能力的人。

2. 项目团队成员的选择

项目团队成员的选择一般采用招聘的形式，在进行招聘之前，应根据人力资源计划做好招聘计划，即确定项目对人员的需求以及如何来满足这些需求。也可从组织内部提升（内部招聘）和从组织外部雇佣（外部招聘），或者内部招聘与外部招聘结合等几种方式。项目团队建设工作包括提高项目相关人员的技能、改进团队协作、全面改进项目环境，其目标是提高项目的绩效。

该过程的输入、工具与技术、输出如图 3-4-2 所示。

图 3-4-2　输入、工具与技术、输出

四、激励理论

要有效地利用项目人力资源，调动每个成员的积极性，项目经理首先就要了解项目团队成员的行为动机，从而找到激发人力资源最有效的途径。本部分主要知识点如图 3-4-3 和 3-4-4 所示。

1. 激励理论

激励理论是激发员工积极性的方法体系。

（1）马斯洛需求层次理论（Maslow's Hierarchy of Needs）。

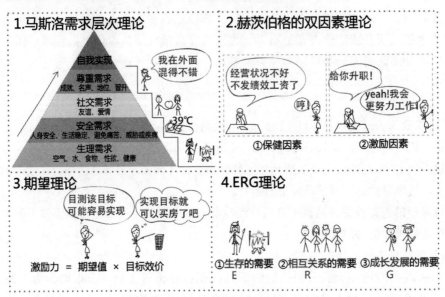

图 3-4-3　激励理论

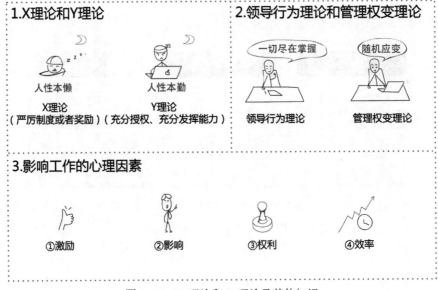

图 3-4-4　X 理论和 Y 理论及其他知识

该理论将人的需求分为五种，具体如图 3-4-5 所示。

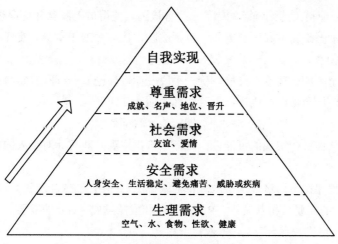

图 3-4-5 马斯洛需求层次理论

马斯洛需求层次理论中，五种需求按层次逐级递升；只有低层次需求被满足之后，才会转而寻求实现更高层次的需要。

马斯洛需求层次特点如表 3-4-3 所示。

表 3-4-3 马斯洛需求层次特点及对应激励措施

需求层次	特点	缺乏需求的表现	激励措施
自我实现（最高）	至高人生境界		
尊重需求	成就、名声、地位和晋升机会	很爱面子，虚弱，强烈希望他人认同	公开奖励和表扬，强调任务艰巨性，颁发荣誉奖章、优秀员工光荣榜
社交需求	对友谊、爱情以及隶属关系的需求	没有感受到关怀，认为自己活着没有意义	鼓励同事间往来，支持与赞许员工，体育比赛和聚会
安全需求	对人身安全、生活稳定以及免遭痛苦、威胁或疾病等的需求	受到威胁，觉得世界不安全	强调规章制度、职业保障、各类保险
生理需求（最低）	最低需求。如食物、水、空气、性欲、健康	什么都不想，只想活下去。道德、思考都是浮云	增加工资和待遇、改善劳动条件、给予更多休息时间

（2）赫茨伯格的双因素理论。

赫茨伯格的双因素理论包含两个因素：一是保健因素；二是激励因素。

● 保健因素：造成员工不满的因素。该因素未得到满足，易使员工出现不满、怠工甚至罢工等对抗行为。该因素改善后，再深入改进也难使得员工满意。保健因素包含工作环境、工资薪水、公司政策、个人生活、管理监督、人际关系等。

- 激励因素：使员工感到满意的因素。改善该因素使得员工满意并变得热情，大大提升工作效率。激励因素属于高层次需要，包括成就、认可、工作本身、责任、发展机会等。

（3）期望理论。

维克托·弗鲁姆的期望理论（又称效价—手段—期望理论），该理论认为行动的动力取决于其对行动结果的价值评价和预期达成该结果可能性的估计。即

$$激励力=期望值×目标效价$$

期望值指主观估计目标实现的可能性；目标效价指主观判断目标对个人的价值。

（4）ERG 理论。

克雷顿·奥尔德弗在马斯洛需求层次理论的基础上，提出了 ERG 理论。该理论将人的需要分为三种：生存（E）的需要、相互关系（R）的需要和成长发展（G）的需要。

2．X 理论和 Y 理论

麦格雷戈的 X 理论和 Y 理论是基于两种完全相反假设的理论。

（1）X 理论：认为人是懒惰的。X 理论的管理手段有设定严厉制度或者奖励。

（2）Y 理论：认为人是积极的。Y 理论的管理手段有充分授权、充分发挥能力。

3．领导行为理论和管理权变理论

（1）领导行为理论：该理论认为，让工作更有效，领导者应该知道做什么和怎么做。

领导关注点：是工作绩效还是人际关系？

领导决策方式：专断、民主、放任。

（2）管理权变理论：该理论认为世间没有普遍的、唯一的领导方式，只有合适的领导方式。

4．影响工作的心理因素

影响工作心理因素有：

（1）激励：涉及各类激励理论。

（2）影响：项目经理影响员工的方法包含权力、任务分配、预算分配、升职、薪金、实施处罚、工作挑战、专门技术（PM 具备其他人认为很重要的专业技术知识）、友谊。

（3）权力：权力分为法定权力、强制权力、奖励权力、专家权力、感召权力。

（4）效率：建立各类优良习惯，帮助项目组和项目成员。

五、项目团队建设

项目团队建设就是培养、改进和提高项目团队成员个人，以及项目团队整体的工作能力，增进团队成员之间的信任感和凝聚力，在项目管理过程中不断提高管理能力，改善管理业绩。

项目团队建设常用的方法有：**一般管理技能、培训、团队建设活动、基本原则、同地办公（集中）、认可和奖励**等。

项目团队建设一般要依次经历**形成阶段、震荡阶段、规范阶段、成熟（发挥）阶段、结束阶段**5 个阶段。具体如图 3-4-6 所示。

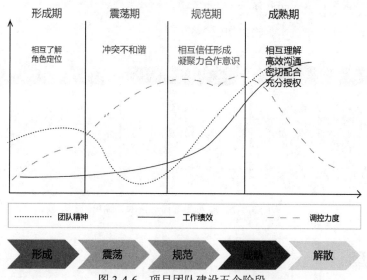

图 3-4-6 项目团队建设五个阶段

形成阶段：成员相互了解，并了解各自角色定位。成员间交流比较保守。

震荡阶段：团队开始工作，开始遇到困难和挑战。成员间可能出现各类冲突。

规范阶段：团队协同工作。成员开始信任对方。

成熟（发挥）阶段：团队工作非常有序。成员间项目理解，沟通高效。

解散（结束）阶段：团队解散。

1. 团队建设的目标

● 提高个人和团队技能。

● 提高团队凝聚力。

● 创建团队文化。

2. 成功团队的特点

● 目标明确。

● 组织结构清晰，责任分明。

● 流程简化。

● 严格的组织纪律，赏罚分明。

● 团结。

成功的团队具有如下共同特点：团队的**目标明确**，成员清楚自己的工作对目标的贡献；团队的**组织结构清晰**，岗位明确；有成文或习惯的工作流程和方法，而且流程简明有效；项目经理对团队成员**有明确的考核和评价标准**，工作结果公正公开，赏罚分明；有共同制订并遵守的**组织纪律**；**协同工作**，也就是一个成员工作需要依赖于另一成员的结果，善于总结和学习。

项目经理最常用的人际关系技能包括：领导力、激励、沟通、影响力、谈判、建立信任、冲突管理、有效决策、教练技术、团队建设。

该过程的输入、工具与技术、输出如图 3-4-7 所示。

输入	工具与技术	输出
1. 人力资源管理计划 2. 资源日历 3. 项目人员分派	1. 人际关系技能 2. 培训 3. 团队建设活动 4. 集中办公 5. 基本规则 6. 认可与奖励 7. 人事测评工具	1. 团队绩效评价 2. 事业环境因素更新

图 3-4-7　输入、工具与技术、输出

六、项目团队管理

管理项目团队过程是指跟踪个人和团队的绩效并进行反馈，解决问题和协调变更，以提高项目的绩效的过程。项目管理团队必须观察团队的行为、管理冲突、解决问题和评估团队成员的绩效。实施项目团队管理后，应将项目人员配备管理计划进行更新，提出变更请求、实现问题的解决，同时为组织绩效评估提供依据，为组织的数据库增加新的经验教训。

项目团队管理的工具与技术包括**观察和交谈、项目绩效评估、问题清单和冲突管理**。

项目经理常用**领导力、影响力和有效决策**等人际关系技能来管理团队。

1．观察和交谈

观察和交谈用于随时了解团队成员的工作情况和思想状态。如果是虚拟团队，要求项目管理团队进行更加积极主动的、经常性的沟通，不管是面对面还是其他任何合适的方式。

2．项目绩效评估

在项目实施期间进行绩效评估的目标是澄清角色、责任，从团队成员处得到建设性的反馈，发现一些未知的和未解决的问题，制定个人的培训和训练计划，为将来一段时间制定具体目标。

正式和非正式的项目绩效评估依赖于项目的持续时间、复杂程度、组织政策、劳动合同的要求，以及定期沟通的数量和质量。项目成员需要从其主管那里得到反馈。评估信息的收集也可以采用360°反馈的方法，从那些和项目成员交往的人那里得到相关的评估信息。360°的意思是绩效信息的收集可以来自多个渠道、多个方面，包括上级领导、同级同事和下级同事。

3．问题清单

将管理项目团队的过程中出现的问题记录在问题清单里，有助于知道谁在预定日期前负责解决这个问题，问题的解决又有助于项目团队消除阻止其实现项目目标的各种障碍。

4．冲突管理

项目冲突管理是从管理的角度运用相关理论来面对项目中的冲突事件，引导冲突朝积极的方向发展，避免其负面影响，保证项目目标的实现。

该过程的输入、工具与技术、输出如图 3-4-8 所示。

输入	工具与技术	输出
1. 人力资源管理计划 2. 项目人员分派 3. 问题日志 4. 团队绩效评价 5. 工作绩效报告 6. 组织过程资产	1. 观察和交谈 2. 项目绩效评估 3. 人际关系技能 4. 冲突管理	1. 变更请求 2. 项目管理计划更新 3. 项目文件更新 4. 组织过程资产更新 5. 事业环境因素更新

图 3-4-8　输入、工具与技术、输出

七、冲突管理

冲突表示的是计划与现实、人与人之间的矛盾。冲突的根源在于资源分配的不平衡、工作方式的不同、责任模糊、多头领导、高压、新技术使用等。

冲突管理的常用方法如图 3-4-9 所示。

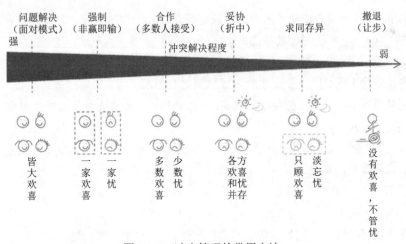

图 3-4-9　冲突管理的常用方法

（1）问题解决：皆大欢喜，最理想的方案。冲突各方积极行动，选择一个最合适的方案来解决冲突。

（2）强制：非赢即输，一家欢喜其他忧。牺牲其他方，强制采用一方观点。

（3）合作：多人接受。集合多方观点，得到多数人认可的冲突解决方案。

（4）妥协：各方协商均让步，又均有所获。

（5）求同存异：各方重点关注一致的观点，而忽略不一致的观点。

（6）撤退（回避）：先搁置冲突，避免争端。

八、课堂巩固练习

1. 以下___(1)___不是人力资源计划中所要包括的内容。

（1）A. 项目团队组建的总理　　　　　B. 时间的安排

　　C. 成员遣散的安排　　　　　　　D. 项目的假设与边界

【辅导专家讲评】项目的假设与边界是项目范围说明书中应包括的内容，而不是人力资源计划中所要包括的内容，所以选 D。

参考答案：（1）D

2. 以下___(2)___不是人力资源计划编制的工具的是。

（2）A. OBS　　　　　B. RAM　　　　　C. 组织机构图　　D. WBS

【辅导专家讲评】WBS 即工作分解结构，是项目范围管理知识领域中使用到的主要工具。OBS 虽然与 WBS 类似，但是并不是按照项目可交付成果的分解而组织的，而是按照组织所设置的部门、单位和团队而组织的。RAM 即责任分配矩阵，和组织机构图都是人力资源计划编制的工具。所以本题选 D。

参考答案：（2）D

3. 项目团队建设一般要依次经历形成阶段、震荡阶段、规范阶段、发挥阶段、结束阶段 5 个阶段，一般在___(3)___团队的绩效最高。

（3）A. 发挥阶段　　　B. 震荡阶段　　　C. 规范阶段　　　D. 结束阶段

【辅导专家讲评】项目团队在形成阶段还需要组合形成合力，开始绩效还比较低；在震荡阶段和规范阶段团队进行磨合，绩效得到逐步提高；在发挥阶段，团队成员各自发挥潜力，故绩效最高。

参考答案：（3）A

4. 马斯洛的需求层次理论将人的需要分为 5 个层次：生理的需要、安全的需要、___(4)___、尊重的需要、自我实现的需要。

（4）A. 保健的需求　　　　　　　　　B. 发展的需要

　　C. 互相关系的需要　　　　　　　D. 感情的需要

【辅导专家讲评】这里考的是马斯洛需求层次理论的 5 个层次。题目提供的选项中，选项 A 是双因素理论的一个因素；选项 B、C 分别是 ERG 理论中的 R、G，故答案选 D。考生要注意理解这些激励理论，不可混为一谈。

参考答案：（4）D

5. 以下___(5)___不是项目团队建设的常用方法。

（5）A. 培训　　　　　B. 同地办公　　　　　C. 就事论事　　　D. 认可和奖励

【辅导专家讲评】项目团队建设常用的方法有一般管理技能、培训、团队建设活动、基本原则、同地办公（集中）、认可和奖励，所以答案选 C。

参考答案：（5）C

第 5 学时　项目沟通管理和干系人管理

项目沟通管理和干系人管理是新版 PMBOK 中十大知识领域中的两个知识领域，但在集成考纲中将两个知识领域合并到一章。在这个学时中主要掌握以下知识点：

（1）项目沟通管理的过程有哪些；干系人管理的过程有哪些。

（2）项目沟通及沟通管理的含义。

（3）沟通过程的一般模型。

（4）沟通基本原则有哪些。

（5）会计算沟通途径条数。

（6）如何作项目干系人分析。

（7）各种沟通方式的分类，以及各种沟通方式的优点、缺点比较。

（8）绩效报告、状态报告、进展报告、预测的定义。

（9）举行高效的会议要注意的问题。

一、沟通管理的过程

项目沟通管理包括为确保项目信息及时且恰当地规划、收集、生成、发布、存储、检索、管理、控制、监督和最终处置所需的各个过程。项目沟通管理包括**规划沟通管理、管理沟通、控制沟通**等过程。

规划沟通管理作为项目沟通管理的第一个过程，其核心是了解项目干系人的需求，制定项目沟通管理计划，这个计划是整个项目管理计划的一部分。虽然每个项目都需要交流项目信息，但对信息的需求和分发方式却差异很大。应该通过沟通计划来确定项目干系人的信息和沟通需求，包括确定哪些人是项目干系人，他们对项目的收益水平的影响程度如何；谁需要信息、需要什么信息、何时需要信息，以及如何传递给他们。

管理沟通促进项目干系人之间实现有效率且有效果的沟通。控制沟通随时确保所有沟通参与者之间的信息流动的最优化。

1. 沟通及沟通管理的含义

沟通渗透在项目生命周期的全过程中，改善沟通在 IT 项目管理中具有非常重要的意义。要开发满足用户需要的软件或产品，首先要清楚用户的**需求**，同时也必须让用户明白你将如何在软件上实现这些需求。

沟通是为了特定的目标，在人与人之间、组织或团队之间进行的信息、思想和情感的传递或交互的过程。

项目沟通管理建立在管理沟通的基础上，服务于项目管理及项目干系人的共同利益。它在人员与信息、思想、情感等项目因素之间建立的关键联系，成为项目成功所必需的过程。项目沟通管理的目标是及时而适当地**创建、收集、发送、储存**和**处理**项目的信息。

2. 沟通的一般模型

沟通过程的一般模型包括发送方、信息、接受方、渠道几个部分，而且沟通模型往往还是一个循环的过程，如图 3-5-1 所示。

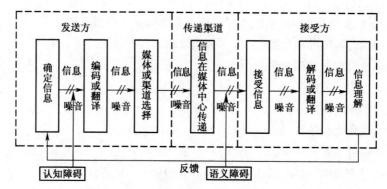

图 3-5-1　沟通过程的一般模型

发送方首先需要确定要发送的信息内容，并进行必要的处理，即编码或翻译。处理后的信息被译成接受方能够理解的一系列符号。

接受方是信宿，根据传递符号、媒体和传递方式的不同，选择对应的接受方式，通过解码或翻译，将这些符号译成具有特定意义的信息，还需要通过汇总、整理和推理等主观努力加以理解，再通过对理解后的信息进行总结、补充或加工，形成新的信息内容，并确定反馈信息，传递给发送方。

反馈过程是一个逆向的沟通过程，主要用来检查沟通双方对传输信息的理解。在这一过程中，原来的信息接受方变为信息发送方，原来的信息发送方变为信息接受方，构成了信息双向循环流动。

在一般情况下，沟通过程存在着许多干扰和影响信息传递的因素，通常将这些因素称为噪音，图中用"//"表示噪音。噪音主要来源于发送与接收双方的相关专业知识或业务素质等欠缺。

主要的噪音有：物理距离、环境因素、没有清晰的沟通渠道、复杂的组织结构、复杂的技术术语、有害的态度。

认知障碍产生于个人的学历、经历、经验等方面，不同的人对同一事物（信息源）有不同的认知。**语义障碍**也称为**个性障碍**，是指由于人们的修养不同和表达能力的差别，对于同一思想、事物的表达（理解）有清楚和模糊之分。

3. 沟通的基本原则

在 IT 项目管理中，项目经理为了能顺利地达到沟通的目的，在沟通过程要遵循如下基本原则：

（1）尽早沟通。尽早沟通要求项目经理有前瞻性，定期与项目成员及项目干系人建立沟通，这不仅容易发现当前存在的问题，而且很多潜在问题也能暴露出来。在项目中出现问题并不可怕，可怕的是问题没被发现。沟通得越晚，暴露得越迟，带来的损失越大。

（2）主动沟通。主动沟通说到底是对沟通的一种态度。在项目中，应该极力提倡主动沟通，尤其是当已经明确了必须要去沟通的时候。当沟通是项目经理面对项目干系人或上级、团队成员面对项目经理时，主动沟通不仅能建立紧密的联系，更能表明你对项目的重视和积极参与的态度，会使沟通的另一方满意度大大提升，对整个项目非常有利。

（3）内外有别。不管项目组内部有多大的分歧，当面对项目组外部人员，需要处理与项目有关的问题时，要强调对外的一致性，一个项目团队要一种声音说话，这不是一种形式，而是一种文化。面对不同的对象甚至可以选用特定的发言人，这样能取得意想不到的效果。

（4）采用对方能接受的沟通风格。注意肢体语言、语态给对方的感觉。无论在语言和肢体表达上，都需要传递一种合作和双赢的态度，使双方无论在问题的解决上还是在气氛上都达到"双赢"。

（5）沟通的升级原则。横向沟通有平等的感觉，但合理使用纵向沟通，有助于问题的快速解决。沟通的升级可以通过四个步骤来完成。第一步，与对方沟通；第二步，与对方的上级沟通；第三步，与自己的上级沟通；第四步，自己的上级与对方的上级沟通。

【辅导专家提示】沟通升级的原则参考记忆口诀："**早主别接升**"。

4. 沟通途径条数的计算

沟通途径条数计算首先是要记住计算公式：

$$沟通途径条数=[n×(n-1)]/2$$

n 是指人数。比如，当项目团队有 3 个人时，沟通渠道数为$[3×(3-1)]/2=3$；而当项目团队有 6 个人时，沟通渠道数为$[6×(6-1)]/2=15$。由于沟通是需要花费项目成本的，所以应尽量控制团队规模，避免大规模团队中常常出现的沟通不畅问题。

5. 沟通的分类

根据不同的标准，沟通可以有不同的分类，常见的有如下几种。

（1）正式沟通和非正式沟通。

正式沟通是通过组织或项目团队规定的渠道进行的信息传递，如通知、指示、内部文件以及规定的汇报制度、例会制度、报告制度、组织与其他组织之间的公函来往等。

非正式沟通是通过非正式或个人渠道进行的信息传递。如项目成员之间私下议论某人某事、项目客户的临时电话询问等。

正式沟通的优点是沟通效果好、比较严肃、约束力强、易于保密并能使信息保持权威性。组织中重要消息、文件以及决策的传达一般都采用这种方式；缺点是沟通速度慢，且由于信息的传递依靠组织系统层层传递，有可能造成信息失真或扭曲。

非正式沟通是正式沟通的补充，非正式沟通具有传播速度快、信息比较准确、沟通效率较高的优点。由于非正式沟通一般是口头形式，没有证据，没有责任，信息在传递中难以控制，因此，信息内容常常被夸大、曲解，具有一定的片面性。

（2）纵向沟通和横向沟通。

按照方向划分，沟通分为纵向沟通和横向沟通。纵向沟通包括上行沟通和下行沟通，横向沟通也称平行沟通。

上行沟通是下级将信息传递给上级的一种由下而上的沟通，主要表现为提交绩效报告、建议、请示等供上级审阅或批示。

下行沟通是上级将信息传达给下级的一种由上而下的沟通，是上级向下级发布命令、计划、政策、规定和批示的过程，其正式行文格式有通知、命令、批复等。

横向沟通包括组织中各平行部门之间的信息交流和处于不同层次的没有直接隶属关系的组织或成员之间的沟通，其正式行文格式主要是函件。

（3）口头沟通、书面沟通及非言语沟通。

按照表达方式或方法划分，沟通可分为书面沟通、口头沟通及非言语沟通。它们之间的优缺点如表 3-5-1 所示。

表 3-5-1　各种不同表达方式或方法的沟通比较

沟通方式	举例	优点	缺点
口头沟通	交谈、讲座（演讲）、讨论会、音频或视频通话或会议	传递、反馈速度快，信息量大	沟通效果受人为因素影响大；传递层越多，信息失真越严重；可追溯性差
书面沟通	纸质及其电子形式的书面报告、备忘录、邮件（电子留言）、文件、期刊等	持久，可追溯；电子形式的快度高效	纸质的效率低、缺乏反馈，借助网络的电子形式可反馈，但没有表情，不亲近
非言语沟通	声、电、光信号（红绿灯、警笛、旗语、标志语言），体态语言（手势等肢体动作、表情），语调	信息意义明确，内容丰富，含义隐含灵活	传递距离有限，界限含糊；有的只可意会，不可言传

随着通信与网络技术的发展与普及，除了面对面交谈和集中碰头会议外，在项目沟通中，书面、口头甚至非言语沟通常常通过网络或电话来实现，而且不同的沟通方式在同一次沟通过程中交叉在一起，互为补充，以达到最佳的沟通效果。

（4）交互式沟通、推式沟通、拉式沟通。

常见的沟通方式有交互式沟通、推式沟通、拉式沟通，这些沟通方式的定义、优缺点见表 3-5-2。

6. 绩效报告

绩效报告是一个收集并发布项目绩效信息的动态过程，包括**状态报告、进展报告和项目预测**。绩效报告常包括以下内容：项目的**进展**和调整情况；项目的完成情况；项目总投入、**资金**到位情况；项目资金实际支出情况；项目主要**效益**情况；财务**制度**执行情况；项目**团队**各职能团队的**绩效**；项目执行中存在的**问题**及改进**措施**。

表 3-5-2　交互式沟通、推式沟通、拉式沟通

沟通方式	定义	实例	优点	缺点
交互式	在两方或多方之间进行多向信息交换	会议、电话、即时通信、视频会议	确保全体参与者对特定话题达成共识的最有效的方法、快速传递与反馈、信息量大	传递途径、层次多；信息失真严重，核实困难
推式	把信息发送给需要接收这些信息的特定接收方，但不确保信息送达受众或被目标受众理解	信件、备忘录、报告、电子邮件、传真、语音邮件、日志、新闻稿等	持久、可核实	效率低、缺乏反馈
拉式	用于信息量很大或受众很多的情况，要求接收者自主自行地访问信息内容	包括企业内网、电子在线课程、经验教训数据库、知识库等	信息明确，内核丰富	传输距离短

【辅导专家提示】绩效报告内容参考记忆口诀："进展—资金—效益—制度—团队—问题"。

状态报告介绍项目在某一特定时间点上所处的位置，主要从范围、进度和成本三方面讲明目前所处的状态。

进展报告介绍项目部在一定时间内完成的工作。可看作一月一次的状态报告，但更细致、微观一些。除了列出基本的绩效指标外，还要分析进度滞后（或提前）和成本超出（或结余）的原因，找出根源并提出解决建议。

项目预测用于预测未来的项目状况，一般从范围、进度、成本、质量等方面，有时也包括风险和采购方面。

状态评审会议是绩效报告的工具和技术。在多数项目上，将以不同的频繁程度在不同的层级上召开项目状态审查会议。例如，项目管理团队内部可以每周召开审查会议，而与客户就可每月召开一次会议。

7. 高效会议

项目的协调大多是以会议方式来进行的，举行高效的会议能化解项目的许多问题。要举行高效的会议，应注意以下问题：

（1）事先制订一个例会制度。

（2）放弃可开可不开的会议。

（3）明确会议的目的和期望结果。

（4）发布会议通知。

（5）在会议之前将会议资料发给参会人员。

（6）可以借助视频设备。

（7）明确会议议事规则。

（8）会议要有纪要。

（9）会后要有总结，提炼结论。

【辅导专家提示】了解这些注意事项对解答下午有关会议管理方面的案例分析题会非常有帮助。

二、规划沟通管理

规划沟通管理是根据干系人的信息需要及组织的可用资产情况，制定合适的项目沟通方式和计划的过程。该过程作用就是识别和记录与干系人的最有效率且最有效果的沟通方式。

该过程的输入、工具与技术、输出如图 3-5-2 所示。

输入	工具与技术	输出
1. 项目管理计划	1. 沟通需求分析	1. 沟通管理计划
2. 干系人登记册	2. 沟通技术	2. 项目文件更新
3. 组织过程资产	3. 沟通模型与方法	
4. 事业环境因素	4. 会议	

图 3-5-2　输入、工具与技术、输出

三、管理沟通

管理沟通是依据沟通管理计划，生成、收集、分发、储存、检索及最终处置项目信息的过程。该过程作用就是促进项目干系人之间实现有效率且有效果的沟通。

该过程的输入、工具与技术、输出如图 3-5-3 所示。

输入	工具与技术	输出
1. 沟通管理计划	1. 沟通技术	1. 项目沟通
2. 工作绩效报告	2. 沟通模型与方法	2. 项目管理计划更新
3. 组织过程资产	3. 信息管理系统	3. 组织过程资产更新
4. 事业环境因素	4. 报告绩效	4. 项目文件更新

图 3-5-3　输入、工具与技术、输出

四、控制沟通

控制沟通是**在整个项目生命周期**中对沟通进行监督和控制的过程，以确保满足项目干系人对信息的需求。该过程作用就是随时确保所有沟通参与者之间的信息流动的最优化。

该过程的输入、工具与技术、输出如图 3-5-4 所示。

图 3-5-4　输入、工具与技术、输出

五、干系人管理的过程

项目干系人管理包括用于开展下列工作的各个过程：识别能影响项目或受项目影响的全部人员、群体或组织，分析干系人对项目的期望和影响，制定合适的管理策略来有效调动干系人参与项目决策和执行。干系人包括所有项目团队成员，以及组织内部或外部与项目有利益关系的实体。

项目干系人管理的目标是"满足项目干系人的需求"。项目干系人管理，实质上就是指对沟通进行管理，以满足项目干系人的需求并解决他们之间的问题。各个项目干系人常有不同的目标，这些目标可能会发生冲突。**规划干系人管理是一个反复的过程，应由项目经理定期开展。**

干系人管理有助于为项目赢得更多的资源。项目启动阶段干系人对项目影响最大，随着项目的进展逐步减弱。

干系人管理包括识别干系人、规划干系人管理、管理干系人参与、控制干系人参与等过程。

六、识别干系人

识别干系人过程是识别影响项目决策、结果、活动的个人或者组织，并分析他们的利益、参与度、依赖度、影响力等信息的过程。其主要作用是找出各类干系人并记录其对项目的影响。

该过程的输入、工具与技术、输出如图 3-5-5 所示。

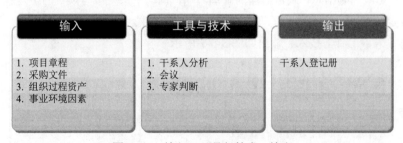

图 3-5-5　输入、工具与技术、输出

（1）干系人分析通常的步骤。

● 识别潜在项目干系人及相关信息，如干系人的角色、部门、利益、知识、期望和影响力。

● 分析每个干系人可能的影响或支持，并分类，然后制定管理策略。

- 评估关键干系人对不同情况的反应及应对措施，并施加影响，争取更多支持，减少潜在负面影响。

（2）干系人分析分类模型。

- 权力/利益方格：依据干系人权力大小及与项目结果的利益程度进行分类。示例如图 3-5-6 所示，A～D 代表干系人位置。
- 权力/影响方格：依据干系人权力大小及与主动参与（影响）项目程度进行分类。
- 影响/作用方格。根据干系人主动参与、影响项目的程度及改变项目计划或执行的能力进行分类。
- 凸显模型。根据干系人的权力、意愿力、紧急程度、合法性，对干系人进行分类。

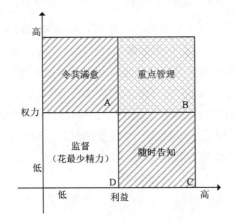

图 3-5-6 权力/利益方格示例

七、规划干系人管理

规划干系人管理（又称编制项目关系人管理计划），基于分析干系人的利益、项目参与度、项目依赖度、项目影响力等信息，制定恰当的管理策略，调动干系人参与项目的全过程。本过程的主要作用是，制定清晰可行的干系人互动计划，用于支持项目。

该过程的输入、工具与技术、输出如图 3-5-7 所示。

图 3-5-7 输入、工具与技术、输出

八、管理干系人参与

管理干系人参与属于执行过程。管理干系人，就是在整个项目生命周期中，依据项目关系人管理计划，与干系人进行沟通和协作，促使干系人合理参与项目，并满足干系人需求，解决项目问题的过程。本过程的主要作用是，帮助项目经理得到更多的干系人支持，降低反对程度，从而提高项目成功率。

该过程的输入、工具与技术、输出如图 3-5-8 所示。

图 3-5-8   输入、工具与技术、输出

九、控制干系人参与

控制干系人参与是全面监控项目干系人的关系，及时调整计划和策略，调动干系人参与的过程。本过程的主要作用是，随着项目进展和环境变化，维持并提升干系人参与项目的效率和效果。

该过程的输入、工具与技术、输出如图 3-5-9 所示。

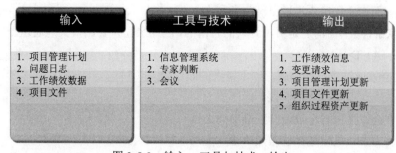

图 3-5-9   输入、工具与技术、输出

十、课堂巩固练习

1．下列有关项目沟通管理的说法，错误的是___(1)___。

（1）A．编制沟通计划的核心就是了解项目干系人的需求

　　B．项目沟通管理的目标是及时而适当地创建、收集、发送、储存和处理项目的信息

C．项目经理主要负责对外的工作，所以项目经理不需要和项目组内部人员沟通

D．项目沟通管理包括**规划沟通管理、管理沟通、控制沟通**等过程

【辅导专家讲评】从题目提供的选项来看，C 明显不正确，项目经理有 70%～80%是在做沟通工作，这其中包括与项目组内部的沟通，也包括与项目组外部的沟通。

参考答案：（1）C

2．项目经理的沟通过程中需要遵循一定的沟通原则，以下不是这些原则的是___（2）___。

（2）A．内外有别　　　　　　　　　　B．尽早沟通

　　　　C．主动沟通　　　　　　　　　　D．内外一致

【辅导专家讲评】从题目的可选项来看，A、D 矛盾，而题目是要找出不是沟通原则的选项，故答案在 A、D 中必有其一。项目组应当内部团结，一致对外，所以沟通是"内外有别"的。

参考答案：（2）D

3．某大型信息系统集成项目共有 120 人的项目团队，这个团队的沟通途径有___（3）___条。

（3）A．120　　　　　B．7140　　　　　C．14280　　　　　D．240

【辅导专家讲评】沟通途径条数计算的公式为$[n×(n-1)]/2$，120 人的团队沟通途径条数为$[120×(120-1)]/2=14280/2=7140$。

参考答案：（3）B

4．以下有关沟通方式分类的说法，错误的是___（4）___。

（4）A．正式沟通的优点是沟通效果好，比较严肃，约束力强，易于保密并能使信息保持权威性

　　　　B．沟通方式按照表达方式或方法划分，可分为书面沟通、口头沟通及非言语沟通

　　　　C．横向沟通包括组织中各平行部门之间的信息交流和处于不同层次的没有直接隶属关系的组织或成员之间的沟通，其正式行文格式主要是函件

　　　　D．书面沟通比口头沟通更具有亲和力

【辅导专家讲评】书面沟通是看不到人的表情的，因此亲和力要比口头沟通差一些，答案选 D。

参考答案：（4）D

5．高效的会议应注意一些问题，以下错误的做法是___（5）___。

（5）A．放弃可开可不开的会议

　　　　B．在会议之前将会议资料发给参会人员

　　　　C．将有争议的问题抛出激烈争论

　　　　D．会议要有纪要

【辅导专家讲评】在试题的选项中，C 选项是要把热点有争议的问题提出来讨论，容易将矛盾激化。因此应考虑事先征求可能争取双方的意见，再行开会；或尽量在会后就解决了，而激烈的争论可尽力在会场外部解决。

参考答案：（5）C

第6学时　项目合同与采购管理

项目采购管理工作是项目管理十大知识领域中的辅助知识领域之一，合同管理虽不是十大知识领域之中的，却在项目管理中显得十分重要。项目采购的过程中就要签合同，合同是项目最重要的文档之一，故这个学时里将项日合同与采购管理放到一起讲解。

本学时要重点掌握的有关项目合同与采购管理的知识点有：

（1）合同有关的概念，如合同、合同的有效性原则、合同的内容、索赔的定义等。

（2）项目采购管理的过程有哪些。

（3）合同的分类及各种合同适用于什么样的项目。

（4）规划采购、编制询价计划、合同管理、合同收尾过程的输入和输出，以及涉及的一些术语，如方案邀请书、报价邀请书。

（5）询价的定义、询价的方法与技术。

一、采购管理的过程

项目采购管理就是管理从项目团队外采购产品、服务、成果的所有过程。项目采购管理是围绕**合同**进行的。项目采购管理的过程包括：**规划采购、实施采购、控制采购、结束采购**。

二、项目合同与合同管理

1. 合同的定义

合同有广义合同、狭义合同之说。**广义合同观点**认为，合同是指以确定各种权利与义务为内容的协议，即只要是当事人之间达成的确定权利义务的协议均为合同，不管它涉及哪个法律部门和何种法律关系。因此，合同除应包括民法中的合同外，还包括行政法上的行政合同、劳动法上的劳动合同、国际法上的国家合同。**狭义合同观点**认为，合同专指民法上的合同，"合同（契约）是当事人之间确立、变更、终止民事权利义务关系意思表示一致的法律行为"。

《中华人民共和国民法典》规定合同是民事主体之间设立、变更、终止民事法律关系的协议。根据订立合同领域的不同，有时也将合同称为**"采购单""协议"**或**"子合同"**等。

合同概念中的自然人指依照宪法和法律相关规定享有权利和承担义务的自然人；**法人**指法律赋予民事权利能力和民事行为能力，依法独立享有民事权利和承担民事义务的社会组织；其他组织指不具有法人资格，但可以以自己名义进行民事活动的组织，也称为"非法人组织"。

合同必须包括以下要素：第一，合同的成立必须要有**两个以上当事人**；第二，各方当事人须互相做出**意思表示**；第三，各个**意思表示达成一致**。

2. 具有法律效力的条件

有效合同是法律承认其效力的合同。合同具有法律效力必须具备3个条件：

- 当事人具有相应的民事行为能力。民事行为能力包括合同行为能力和相应的缔约行为能力，这是当事人了解和把握合同的发展状况及法律效果的基本条件。

  对于自然人而言，原则上须有完全行为能力，限制行为能力人和无行为能力人不得亲自签订合同，而应由其法定代理人代为签订。但民法典中有一个例外规定，限制行为能力人可以独立签订纯获利益的合同或者与其年龄、智力、精神健康状况相适应的合同。

  对于非自然人而言，必须是依法定程序成立后才具有合同行为能力，同时还要具有相应的缔约能力，即必须在法律、行政法规及有关部门授予的权限范围内签订合同。

- 当事人意思表示真实，即当事人的行为应当真实地反映其内心的想法。

- 不违反法律或社会公共利益，即当事人签订的合同从目的到内容都不能违反我国现行的法律、行政法规中的强制性规定，不能违背社会公德、扰乱社会公共秩序、损害社会公共利益。

3. 合同的分类

以信息系统工程项目的范围为标准划分，项目合同可分为**项目总承包合同、项目单项承包合同、项目分包合同**。

【辅导专家提示】考生要注意掌握什么样的合同适用于什么样的项目，以及外包需要满足的 5 个条件。

- 项目总承包合同

业主方将该信息系统工程项目的全过程作为一个整体发包给同一个承建方的合同。需要特别注意的是，总承包合同要求只与同一个承建方订立承包合同，但并不意味着只订立一个总合同。可以采用订立一个总合同的形式，也可以采用订立若干个合同的形式。例如业主方与同一承建方分别就项目的咨询论证、方案设计、硬件建设、软件开发、实施及运行维护等订立不同的合同。

采用**总承包合同**的方式一般**适用于经验丰富、技术实力雄厚且组织管理协调能力强的承建方**，这样有利于发挥承建方的专业优势，保证项目的质量和进度，提高投资效益。采用这种方式，业主方只需与一个承建方沟通，容易管理与协调。

- 项目单项承包合同

一个承建方只承建信息系统工程项目中咨询论证、方案设计、硬件建设、软件开发、实施及运行维护等的某一项或某几项建设内容，业主方分别与不同承建方订立项目单项承包合同。

采用项目单项承包合同的方式有利于吸引更多的承建方参与投标竞争，使业主方可以选择在某一单项上实力强的承建方。同时也有利于承建方专注于自身经验丰富且技术实力雄厚部分的建设，但这种方式对业主方的组织管理协调能力提出了较高的要求。

- 项目分包合同

经合同约定和业主方认可，总承建方将其承包的信息系统工程项目的某一部分或某几部分项目（非项目的主体结构）再发包给具有相应资质条件的子承建方，与子承建方订立的合同称为"项目分包合同"。

【辅导专家提示】订立项目分包合同必须同时满足 5 个条件——经过**业主方认可**；分包的项目必须是**非主体结构**；只能**分包部分**项目，而**不能转包全部**项目；子承建方必须具备**相应的资质条件**；子承建方**不能再次分包**。

分包合同涉及到两种合同关系，即业主方与总承建方的承包合同关系，以及总承建方与子承建方的分包合同关系。总承建方在原承包合同范围内向业主方负责，而子承建方与总承建方在分包合同范围内向业主方承担连带责任。如果分包的项目出现问题，业主方既可以要求总承建方承担责任，也可以直接要求子承建方承担责任。

以信息系统工程项目付款方式为标准划分，项目合同可分为**项目总价合同、项目单价合同、项目成本加酬金合同**。

● 项目总价合同

项目总价合同确定完成信息系统工程项目的总价，承建方据此完成项目全部内容的建设，这种合同又称为"**固定价格合同**"。

项目总价合同的优点是易于使业主方在招标时选择报价较低的单位，缺点是一些比较大的工程项目很复杂，精确计算总价不现实。因此项目总价合同仅**适用于一些工期较短、不太复杂的小风险项目**。

● 项目单价合同

项目单价合同，也称**工时和材料合同**，合同以信息系统工程项目各个单项的工作量等指标为标准，确定完成单项项目的价格，承建方据此完成单项项目的建设。

项目单价合同的优点是可以使整个工程项目的风险得到合理的分摊，项目单价合同要求业主方和承建方对整个工程项目各个部分的单价及工作量的划分达成一致的意见，形成统一的标准。

● 项目成本加酬金合同

项目成本加酬金合同由业主方支付项目的实际成本，并按约定的方式向承建方支付酬金。

项目成本加酬金合同的特点是项目的酬金会比较低，这是因为业主方承担了项目的全部风险，而承建方为零风险。这类合同主要适用于风险大的项目，容易出现的问题是由于业主方支付建设项目的全部实际成本，而导致承建方往往不注意降低项目的成本。

总地说来，固定总价合同中采购方的风险最小，因为他们确切地知道需要付给供应方多少费用。项目成本加酬金合同中采购方的风险最大，因为他们事先不知道供应方的成本，而且供应方可能有增加成本的动机。

4. 合同的主要内容

合同的主要内容包括：**项目名称**；**标的内容和范围**；**项目的质量要求**：通常情况下采用技术指标限定等各种方式来描述信息系统工程的整体质量标准以及各部分质量标准，它是判断整个工程项目成败的重要依据；**项目的计划、进度、地点、地域和方式**；**项目建设过程中的各种期限**；**技术情报和资料的保密**；**风险责任的承担**；**技术成果的归属**；**验收的标准和方法**；**价款、报酬（或使用费）及其支付方式**；**违约金或者损失赔偿的计算方法**；**解决争议的方法**：该条款中应尽可能地明确在出现争议与纠纷时采取何种方式来协商解决；**名词术语解释**等。

信息系统工程项目中软件系统的著作权和所有权不同。一般来说，业主方支付开发费用之后，**软件的所有权将转给业主方，但软件的著作权仍然属于承建方**。如果要将软件著作权也转给业主方或者双方共有著作权，则在合同中应明确写明相关条款。软件系统开发过程中，除合同条款另有说明外，已经完成的里程碑所涵盖的软件产品的所有权归当事人双方共有。为了防止发生知识产权方面的纠纷，对于项目中承建方独立开发的软件系统，应在合同中明确写明承建方承担软件系统的合法性责任；对于已经产品化的软件系统，则应当在合同中记载该软件的著作权登记版本号。

5. 合同管理流程

合同管理是管理双方关系、保证承建方的交付物满足合同条款的过程。

合同管理流程主要包括签订管理、履行管理、变更管理、档案管理以及违约管理。

（1）合同签订管理。合同签订管理步骤包含：合同前期调查（市场调查、对手和伙伴调查、风险分析）、合同谈判与签署两步。

合同签署应注意以下几点：

- 当事人法律资格：具有相应民事权力能力和民事行为能力的自然人、法人或其他组织。
- 验收时间。
- 验收标准：避免承建单位过分夸大，建设方预期过高；避免建设单位临时提高标准。
- 维护和技术支持：技术质量问题，有期限约定（一般为半年到一年），厂商无偿解决；若无时间约定，则所有维护均要收费。
- 遭受损失后的赔偿。
- 保密约定。
- 合同附件：签订合同后的补充条款，确定不明确事项。
- 可进行合同公证。
- 达成各方对合同的一致理解，避免用语含混不清。

（2）合同履行管理。合同履行管理包含合同执行、合同纠纷处理、合同控制。其中，合同控制指企业的合同管理组织为保证合同约定的义务完成及权利实现，以合同分析结果为基准，对合同实施过程进行全面的监控、检查、对比、引导及纠正。

（3）合同变更。合同变更的处理原则是**公平合理**，其步骤如下：

1）**提出**变更。

2）**审查**变更请求。

3）**批准**变更。

4）**实施**变更。

变更合同价款的步骤如下：

1）确定**合同变更量清单**，再定变更合同价款。

2）项目变更在合同中，**能找到适用价格**，则按已有价格变更合同价款。

3）项目变更在合同中，**找到类似价格**，则按类似价格变更合同价款。

4）项目变更在合同中，**没有适用、类似的价格**，则由**承建单位**提出适当的变更价格，经**监理工程师和业主**确认后执行。

（4）合同档案管理。合同档案管理是合同管理的基础。合同执行过程中应做好记录、保存工作。

（5）合同违约管理。

合同违约管理包含对建设单位、承建单位违约的管理。

6. 合同索赔

索赔是在合同执行的过程中，合同当事人一方给另一方造成经济损失、工期延误，通过合法途径向对方要求补偿或赔偿。索赔以合同为依据，可协商解决，**不属于经济惩罚行为**。

（1）索赔分类。索赔分类如表 3-6-1 所示。

表 3-6-1　索赔分类表

分类方式	子类	特点
索赔方向	索赔	承建单位向建设方提出赔偿
	反索赔	建设方向承建单位提出赔偿
索赔目的	工期索赔	索赔内容为延长施工时间
	费用索赔	赔偿经济损失
索赔依据	合同规定索赔	涉及合同内容条款，争议性小
	非合同规定索赔	根据合同条款推论，争议性大
索赔业务性质	工程索赔	工程建设中，由于施工条件、技术、范围等变化引起的索赔；频率高，索赔费用高
	商务索赔	工程实施中物资采购、运输、保管等引起的索赔
索赔处理方式	单项索赔	一事一索赔，不和其他索赔事项混合
	总索赔	又称综合索赔或一揽子索赔，对综合工程中发生的多个索赔事项进行索赔

（2）索赔流程。索赔流程如下：

1）提出索赔要求。索赔事项发生 **28 天**内，以书面方式向监理方提出索赔要求。

2）提交索赔资料。索赔通知书发出后 **28 天**内，向**监理方提交延长工期或者补偿经济损失**的索赔报告。索赔报告组成有总论、依据、计算、证据。

3）索赔答复。监理方应在收到索赔报告的 **28 天**内予以响应。

4）索赔认可。监理方应该在收到索赔报告的 **28 天**内未能响应，视为认可该索赔。

5）提交索赔报告。索赔终止 **28 天**后，索赔方提交最终索赔报告。监理方 **28 天**内应响应，否则视为该索赔成立。

或：

4）索赔分歧。

5）提请仲裁或者提起诉讼。

索赔流程如图 3-6-1 所示。

图 3-6-1　索赔流程

三、规划采购

规划采购（又称编制采购计划）是指对采购作出计划，以确定哪些项目需求可以通过采购产品、服务或成果来满足。通过采购来平衡项目中的各种资源以使项目走向成功。因此，该过程需要解决的问题是：是否需要采购、如何采购、采购什么、采购多少以及何时采购。

采购管理过程中合同可以分为总价合同、成本补偿合同、工料合同。

（1）总价合同：为既定产品、服务或成果的采购设定一个总价。总价合同可以设定目标（如交付日期、成本、绩效等可量化的目标），达到或超过目标，可以实施奖励；反之，扣除一定费用。采用总价合同，买方需要准确定义采购的产品或者服务。如遇变更，常会导致合同价格提高。

（2）成本补偿合同：此类合同向卖方支付为完成工作，而发生的合法实际成本；除此之外，还付给卖方一笔费用作为人工费和利润。该合同也可以设定目标（如交付日期、成本、绩效等可量化的目标），达到或超过目标，可以实施奖励；反之，扣除一定费用。

（3）工料合同：各合同特点和细分如表 3-6-2 所示。

表 3-6-2　采购管理过程中的合同分类

合同名称	子类	定义、特点
总价合同	固定总价合同（FFP）	最常用的合同类型。一开始就确定采购价格，不允许改变（除非工作范围发生变更）。 买方风险小，但需要准确定义拟采购的产品和服务；卖方风险较大，需承担所有工作，并全部承担风险（如不良绩效）导致的成本增加
	总价加激励费用合同（FPIF）	该合同为买方和卖方提供一定灵活性，允许一定绩效偏差，并对实现既定目标（如成本、进度、技术绩效）给予财务奖励。 这种方式需一开始就制定好绩效目标，卖方全部工作结束后，还需要确定卖方绩效。合同要设定价格上限，卖方承担超过上限的全部成本
	总价加经济价格调整合同（FP—EPA）	合适卖方履约期较长的项目。允许根据条件变化（如通货膨胀、某些特殊商品的成本增降），以事先确定的方式对合同价格进行最终调整。 EPA 条款必须规定用于准确调整最终价格的、可靠的财务指数。 FP—EPA 合同试图保护买方和卖方免受外界不可控情况的影响
成本补偿合同	成本加固定费用合同（CPFF）	报销卖方为履行合同而发生的全部可列支成本，并向卖方支付一笔固定费用（某一百分比计算×项目初始估算成本），并且不因卖方的绩效而变化。除非项目范围发生变更，否则费用金额维持不变
	成本加激励费用合同（CPIF）	报销卖方为履行合同而发生的全部可列支成本，并在卖方达到合同规定的绩效时，向卖方支付预先商定的激励费用。 如果项目最终成本低于或高于原始估算成本，则买卖双方需根据事先商定比例分摊结余或者超支成本。 成本加激励费用合同下，当实际成本大于目标成本时，卖方可得的付款总数为"目标成本+目标费用+买方应负担的成本超支"
	成本加奖励费用合同（CPAF）	报销卖方一切合法成本，只有卖方满足合同规定的、某些笼统主观的绩效标准的情况下，才向卖方支付大部分费用。 买方主观支付绩效奖励，卖方通常无权申诉
	成本加百分比合同（成本加酬金合同，CPF）	买方报销卖方实际项目成本。卖方的费用以实际成本的百分比来计算。这种方式卖方强势，卖方没有控制成本的动力，在一些国家这种合同是非法的
工料合同	工料合同（T&M）	工料合同兼具成本补偿合同和总价合同的特点。 工料合同与成本补偿合同都是开口合同，合同价因成本增加而变化。在授予合同时，买方可能并未确定合同的总价值和采购的准确数量。和成本补偿合同一样，工料合同的合同价值可以增加。 工料合同中确定了最高价值和时间限制，防止无限增加成本。合同确定一些参数，这与固定单价合同相似。当买卖双方就特定资源的价格（如人工小时价格或材料的单位价格）达成一致意见时，买卖双方也就预先设定了单位人力或材料费率

注：成本加百分比合同（成本加酬金合同）没有出现在 PMBOK 中。

1. 自制、外购决策分析

决定项目是自行开发还是外购，应该根据成本来进行分析。可以将内部提供产品和服务的成本进行估算，再与外部成本进行比较，如果外包的成本比自制的成本更低，应考虑外包。但有时也需要考虑一些其他的因素，如某些企业对数据保密性、系统安全性、软件的可靠性要求较高，当自己有足够的人力资源保障时，就应当考虑自行研发。

2. 专家咨询

由于 IT 项目技术性比较强，在项目采购规划过程中，适当地咨询内部或外部的技术专家的意见是非常必要的。

3. SOW

SOW（Statement Of Work，**工作说明书**）是对项目所要提供的产品、成果或服务的描述。对内部项目而言，项目发起者或投资人基于业务需要、产品或服务的需求提出工作说明书。内部的工作说明书有时也叫任务书。SOW 包括的主要内容有前言、服务范围、方法、假定、服务期限和工作量估计、双方角色和责任、交付资料、完成标准、顾问组人员、收费和付款方式、变更管理等。

SOW 与范围说明书的区别在于，工作说明书是对项目所要提供的产品或服务的叙述性的描述，项目范围说明书则通过明确项目应该完成的工作而确定了项目的范围。

采购工作说明书：依据项目范围基准，为每次采购编制工作说明书（SOW），对将要包含在相关合同中的那一部分项目范围进行定义。采购 SOW 应该详细描述拟采购的产品、服务或成果，以便潜在卖方确定他们是否有能力提供这些产品、服务或成果。

采购工作说明书的大致内容如表 3-6-3 所示。

表 3-6-3　采购工作说明书样例

一张小卡片公司采购工作说明书样本
1．采购目标
2．采购工作范围
（1）采购各阶段需完成的工作；
（2）详细说明采购物的功能、性能
3．工作地点（工作、采购、交付地点）
4．供货周期
5．验收条款
……

4. 采购文件

采购文件是征求卖方的建议书。在采购中，潜在卖方的报价建议书是根据买方的**采购文件**制定的。采购文件包括采购活动记录、采购预算、招标文件、投标文件、评标标准、评估报告、定标文件、合同文本、验收证明、质疑答复、投诉处理决定及其他有关文件、资料。

（1）不同情况采购文件有不同的俗称。

● 采购主要考虑价格，采购文件俗称"标书""投标""报价"；

● 当采购主要考虑非价格因素（如技术、技能或方法）时，采购文件俗称"建议书"。

（2）不同情况采购文件有不同的书面名称。

● 信息索取书（Request For Information，RFI）：获得所需产品/服务/供应商的信息。

● 请求方案建议书（Request For Proposal，RFP）：要求供应商对问题提出最好解决方案的建议。

● 请求报价邀请书（Request For Quotation，RFQ）：要求供应商报价，作为招标底价及比价的参考。

● 投标邀标书（Invitation For Bid，IFB）：为所有供应商报价提供他们最佳方案的平等的机会。

该过程的输入、工具与技术、输出如图 3-6-2 所示。

图 3-6-2　输入、工具与技术、输出

四、实施采购

实施采购是获取潜在卖方（如承包商、供应商）的需求答复（如投标书、建议书），选择卖方并授予合同的过程。

在这个过程中，潜在的供应商要做大部分的工作，采购方和潜在的供应商需要不断地进行沟通，包括召开招投标会议来回答潜在的供应商的问题。此过程的结果就是收到潜在的供应商提供的建议书或标书。

在大多数情况下，会有多家潜在供应商提供采购方所需要的产品或服务，并能收到多份标书，这时采购方可以利用这种竞争性的环境，以更低的价格获得更好的服务。

必要的话，招标方（即采购方）可以通过一些媒体刊登广告公开招标，如报纸、专业期刊等出版物，网站、电视等媒体，以吸引更多的、更好的潜在供应商。在我国，对政府部门和企业，明确要求标的在一定金额以上的 IT 项目必须进行公开招标。

该过程的输入、工具与技术、输出如图 3-6-3 所示。

图 3-6-3　输入、工具与技术、输出

五、控制采购

控制采购过程是管理采购关系、监督合同执行情况，并根据需要实施变更和采取纠正措施的过程。

采购中产品不符合采购计划或合同所要求的规格、标准的，均应看成不合格品。控制采购过程应加强不合格品控制，具体方法有：

（1）识别不合格产品，并进行"不合格"标识。

（2）加强验货，发现的不合格产品应采取退货、换货、降级使用等措施。

该过程的输入、工具与技术、输出如图 3-6-4 所示。

图 3-6-4　输入、工具与技术、输出

六、结束采购

结束采购是结束单次项目采购的过程。结束采购的作用是把合同和相关文件归档，便于将来参考。

该过程的输入、工具与技术、输出如图 3-6-5 所示。

输入	工具与技术	输出
1. 项目管理计划 2. 采购文件	1. 采购谈判 2. 采购审计 3. 记录管理系统	1. 结束的采购 2. 组织过程资产更新

图 3-6-5　输入、工具与技术、输出

七、课堂巩固练习

1. 以下___(1)___不是项目采购管理的编制采购计划过程的输入。

（1）A．项目管理计划　　　　　　　B．组织过程资产

　　　C．需求文档　　　　　　　　　D．合同

【辅导专家讲评】在编制采购计划过程开始时，合同尚未签订，故不能作为编制采购计划过程的输入。

参考答案：（1）D

2. 项目固定价合同适用于___(2)___的项目。

（2）A．工期较长、变动较小　　　　B．工期较短、变动较小

　　　C．工期较长、变动较大　　　　D．工期较短、变动较大

【辅导专家讲评】项目总价合同的优点是易于使业主方在招标时选择报价较低的单位，缺点是一些比较大的工程项目很复杂，精确计算总价不现实。因此项目总价合同仅适用于一些工期较短、不太复杂的小风险项目。故答案选 B。

参考答案：（2）B

3. 对软件项目来说，如果合同中没有就软件著作权作出明确的约定，业主方支付开发费用之后，软件的所有权将转给业主方，软件的著作权属于___(3)___。

（3）A．业主方　　　　　　　　　　B．承建方

　　　C．监理方　　　　　　　　　　D．业主方和承建方共同所有

【辅导专家讲评】信息系统工程项目中软件系统的著作权和所有权不同。一般来说，业主方支付开发费用之后，软件的所有权将转给业主方，但软件的著作权仍然属于承建方。如果要将软件著作权也转给业主方或者双方共有著作权，则在合同中应明确写明相关条款。

参考答案：（3）B

4. 询价文件中，＿＿＿(4)＿＿＿是用来征求潜在供应商建议的文件。

（4）A. RFP   B. RFQ

   C. SOW   D. 招标书

【辅导专家讲评】常见的询价文件有方案邀请书、报价邀请书、征求供应商意见书、投标邀请书、招标通知、洽谈邀请、承包商初始建议征求书等。RFP（Request For Proposal，方案邀请书）是用来征求潜在供应商建议的文件，也称为请求建议书。RFQ（Request For Quotation，报价邀请书）又称为请求报价单，是一种主要依据价格选择供应商时，用于征求潜在供应商报价的文件。SOW 是指工作说明书。招标书不会出现在询价过程中。

参考答案：（4）A

4

分析案例，清理术语

　　经过昨天的学习，已经学习了项目管理的 10 个知识领域中的 9 个，今天还将继续学习风险管理这个辅助知识领域，以及安全管理，文档、配置与变更管理，知识产权、法律法规、标准和规范。此外，还将用 2 个学时的时间来重点突破案例分析，最后再用 1 个学时的时间来清理项目管理的主要术语。学习完今天的内容，就相当于把考试的主要知识点梳理了一遍，明天再进行模拟考试来检验学习成效。

第 1 学时　项目风险管理

　　项目风险管理是项目管理的十大知识领域中的辅助知识领域之一。在本学时中，主要掌握以下知识点：

　　（1）风险的特征有哪些。

　　（2）风险的各种分类方法及分类。

　　（3）风险的定义，以及风险承受能力与收益、投入、地位、资源的关系。

　　（4）项目风险管理的过程有哪些。

　　（5）风险管理计划的内容，以及涉及的相关术语，如核对表、应急储备等。

　　（6）风险识别的主要内容及风险识别的主要方法，如德尔菲法、集思广益法、SWOT（Strength/Weakness/Opportunity/Threat，竞争优势/竞争劣势/机会/威胁）讲评法、图解技术等。

　　（7）定性和定量的风险分析的方法，如风险概率与影响评估、风险与影响矩阵等，以及涉及的相关术语，如 EMV（Expected Money Value，期望货币值）、蒙特卡罗分析等。

（8）风险应对的策略有哪些。

一、风险的特征与分类

风险是指某一特定危险情况发生的可能性和后果的组合。风险具有以下特征：

（1）风险存在的**客观性**和**普遍性**。

（2）由于信息不对称，难以预测未来风险是否发生，这是风险的**偶然性**。

（3）大量风险发生的**必然性**。

（4）风险的**可变性**。

（5）风险的**多样性**和**多层次性**。

另外风险还有以下三个属性：

（1）**随机性**：每个具体风险的发生与后果都具有偶然性，但大量风险的发生是符合统计规律的。

（2）**相对性**：这类性质反应了风险会因各种时空因素的变化而变化。同样的风险对不同主体有不同的影响。相对性体现在三个方面：**收益越大，风险承受能力越大；收益越小，风险承受能力越小。投入越多，风险承受能力越小；投入越少，风险承受能力越大。地位越高、资源越多，风险承受能力越大；地位越低、资源越少，风险承受能力越小。**

（3）**可变性**：包括风险性质的变化、风险后果的变化及出现新的风险。

项目风险管理总的目标是最小化风险对项目目标的负面影响，抓住风险带来的机会，增加项目干系人的收益。

风险按不同的分类角度有多种分类的方法。风险按风险后果可以分为**纯粹风险**和**投机风险**。纯粹风险是指不能带来机会、无获得利益可能的风险，这种风险只有两种可能后果：造成损失和不造成损失。投机风险是指既可能带来机会、获得利益，又隐含威胁、造成损失的风险，有三种可能后果：造成损失、不造成损失、获得利益。纯粹风险和投机风险在一定条件下可以相互转化，项目经理必须避免投机风险转化为纯粹风险。

风险按风险来源可分为**自然风险**和**人为风险**。自然风险是指由于自然力的作用，造成财产损毁或人员伤亡的风险。人为风险是指由于人的活动而带来的风险，可细分为行为、经济、技术、政治和组织风险。

风险按可管理性可分为**可管理风险**和**不可管理风险**。

风险按影响范围可分为**局部风险**和**总体风险**。局部风险的影响范围小，总体风险的影响范围大。

风险按可预测性可分为**已知风险、可预测风险、不可预测风险**。不可预测风险不能预见，也称为未知风险、未识别风险，一般是外部因素作用的结果。

二、风险管理过程

项目风险管理包括以下过程：**规划风险管理、风险识别、风险定性分析、风险定量分析、规划风险应对、控制风险**。

三、规划风险管理

规划风险管理（又称**风险管理计划编制**）的依据是**环境和组织因素、组织过程资产、项目范围说明书、项目章程和项目管理计划。规划风险管理主要是**制定风险管理计划，以确定项目风险管理相关的活动计划安排，它是项目风险管理的首要工作。通常采用会议的形式来制定风险管理计划。

风险管理计划应包括**简介、风险概要、风险管理的任务、组织和职责、预算、工具和技术、要管理的风险项**等。

该过程的输入、工具与技术、输出如图 4-1-1 所示。

输入	工具与技术	输出
1. 项目管理计划 2. 项目章程 3. 干系人登记册 4. 事业环境因素 5. 组织过程资产	1. 分析技术 2. 专家判断 3. 会议	风险管理计划

图 4-1-1　输入、工具与技术、输出

四、风险识别

对项目进行风险管理，首先必须对存在的风险进行识别，以明确对项目构成威胁的因素，便于制定规避风险和降低风险的计划和策略。

风险识别确定风险的来源、产生的条件、描述其风险特征和确定哪些风险事件可能影响本项目，并将其特性记载成文。风险识别的主要内容有：

（1）**识别并确定项目有哪些潜在的风险**。这是风险识别的第一目标。确定项目可能会遇到哪些风险，才能进一步分析这些风险的性质和后果。

（2）**识别引起这些风险的主要因素**。只有识别清楚各个项目风险的主要影响因素，才能把握项目风险发展变化的规律，才能度量项目风险的可能性与后果的大小，从而便于对项目风险进行应对和控制。

（3）**识别风险可能引起的后果**。之后，必须全面分析项目风险可能带来的后果和这种后果的严重程度。项目风险识别的根本目的就是缩小和消除项目风险可能带来的不利后果，争取和扩大项目风险可能带来的有利后果。

风险识别的特点有**全员参与、系统性、动态性和信息依赖性**。系统性主要是指项目全生命周期内的风险都属于风险识别的范围；动态性主要是指风险识别并不是一次性的，从项目的计划、实施至收尾都在进行风险的识别；信息依赖性是指信息是否全面、及时、准确，这决定了风险识别的质量和结果的可靠性和精确性。

与风险识别容易混淆的两个概念：

（1）风险储备（风险预留、风险预存、管理储备）：风险储备管理包含成本或进度储备，以降低偏离成本或进度目标的风险。

（2）风险分析（又分为定性风险分析和定量风险分析）：风险分析是指对已识别风险的可能性及影响大小的评估过程，并按风险对项目目标潜在影响的轻重缓急进行优先级排序。

该过程的输入、工具与技术、输出如图 4-1-2 所示。

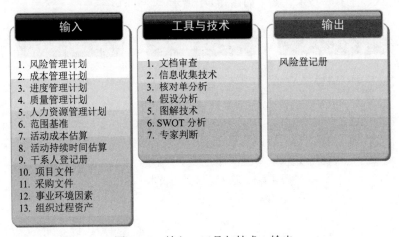

输入	工具与技术	输出
1. 风险管理计划 2. 成本管理计划 3. 进度管理计划 4. 质量管理计划 5. 人力资源管理计划 6. 范围基准 7. 活动成本估算 8. 活动持续时间估算 9. 干系人登记册 10. 项目文件 11. 采购文件 12. 事业环境因素 13. 组织过程资产	1. 文档审查 2. 信息收集技术 3. 核对单分析 4. 假设分析 5. 图解技术 6. SWOT 分析 7. 专家判断	风险登记册

图 4-1-2 　 输入、工具与技术、输出

风险识别使用的主要工具与技术有**文档审查、信息收集技术、核对单分析、假设分析、图解技术、SWOT 分析**等。

（1）文档审查。包括对项目计划、假设、先前的项目文档和其他信息等项目文件进行系统和结构性的审查。

（2）信息收集技术。项目风险识别中所采用的信息搜集常用的有**德尔菲法、头脑风暴法、访谈**、根本原因分析。

德尔菲（Delphi）法本质上是一种匿名反馈的函询法，是专家就某一专题达成一致意见的一种方法。项目风险管理专家以匿名方式参与此项活动，主持人用问卷的方式征询对有关重要项目风险的见解，再把这些意见进行综合整理、归纳、统计。然后匿名反馈给各专家，再次征求意见，再集中，再反馈，直至得到稳定的意见。德尔菲法**有助于减少数据方面的偏见，并避免由于个人因素对项目风险识别的结果产生不良的影响。**

头脑风暴法，又叫集思广益法，它是通过营造一个无批评的自由的会议环境，使与会者畅所欲言、充分交流、相互启迪、产生出大量创造性意见的过程。头脑风暴法以共同目标为中心，参会人员在他人的看法上建立自己的意见。头脑风暴法可以**充分发挥集体的智慧，提高风险识别的正确性和效率。**

根本原因分析。根本原因分析是发现问题、找到其深层原因并制定预防措施的一种特定技术。

【辅导专家提示】注意区分德尔菲法和头脑风暴法的应用效果。

访谈法是通过访问有经验的项目参与者、利害关系者或某项问题的专家进行有关风险的访谈，将有助于识别那些在常规方法中未被识别的风险。在进行可行性研究时获得的项目前期访谈记录，往往也是识别风险的很好的素材。

（3）SWOT（Strength/Weakness/Opportunity/Threat，竞争优势/竞争劣势/机会/威胁）分析法。SWOT 分析即优势、劣势、机会与威胁分析，是指从多个角度、各个方面，对项目的内部优势和弱势以及项目的外部机会和威胁进行综合的分析，从而对项目的风险进行识别。

常用的 SWOT 分析图如图 4-1-3 所示。

SWOT	
优势 （Strength）	机会 （Opportunity）
劣势 （Weakness）	威胁 （Threat）

图 4-1-3　SWOT 分析图

（4）检查表。检查表是项目管理中用来记录和整理数据的常用工具。用它进行风险识别时，将项目可能发生的许多潜在风险列于一张表上，供识别人员检查核对，以判别项目中是否存在表中所列或类似的风险。

（5）假设分析。每个项目都是根据一套假定、设想或者假设进行构思与制定的。假设分析是检验假设有效性的一种技术。它辨认不精确、不一致、不完整的假设对项目所造成的风险。

（6）图解技术。图解技术主要包括因果图、系统或过程流程图等。这些图在质量管理中也会使用到。

风险识别的输出：风险登记册的最初内容。风险登记册包含已识别风险清单、潜在应对措施清单。

风险识别的原则：

（1）由粗及细，由细及粗。

（2）先怀疑，后排除。

（3）严格界定风险内涵，考虑风险因素之间的相关性。

（4）排除与确认并重，不能排除且不能确认的风险归为确认的风险。

（5）必要时，可用实验论证。

五、定性的风险分析

定性风险分析是指对已识别风险的**可能性**及**影响大小**的评估过程，该过程按风险对项目目标潜在影响的轻重缓急进行**优先级排序**，并为定量风险分析奠定基础。定性风险分析过程需要使用风险管理规划过程和风险识别过程的成果，定性风险分析过程完成后，可进入定量风险分析过程或直接进入风险应对规划过程。

该过程的输入、工具与技术、输出如图 4-1-4 所示。

输入	工具与技术	输出
1. 风险管理计划 2. 范围基准 3. 风险登记册 4. 事业环境因素 5. 组织过程资产	1. 风险概率和影响评估 2. 概率和影响矩阵 3. 风险数据质量评估 4. 风险分类 5. 风险紧迫性评估 6. 专家判断	项目文件更新

图 4-1-4　输入、工具与技术、输出

定性的风险分析使用的工具和技术主要有风险概率与影响评估、概率和影响矩阵、专家判断、风险数据质量分析、风险分类、风险紧迫性评估。

（1）风险概率与影响评估。风险概率指风险发生的可能性，而影响评估则是指风险一旦发生对项目目标产生影响。风险的这两个要素针对具体风险事件，而不是整个项目。用概率与后果分析风险有助于识别需要优先进行管理的风险。风险概率与风险后果可以用极高、高、中、低、极低等定性术语加以描述。

（2）概率和影响矩阵。即风险级别评定矩阵，可以将概率与影响的标度结合起来，以此为依据建立一个对风险或风险情况评定等级（极低、低、中、高、甚高）的矩阵。高概率与高影响风险可能需要作进一步分析，包括量化以及积极的风险管理。进行风险级别评定时，每项风险要有自己的矩阵与风险标度。

通常查询如图 4-1-5 所示概率影响矩阵，来评估风险的重要性和关注度。该矩阵结合概率与影响两个指标，将风险分为低、中、高三级。同时风险又分为威胁和机会两类。

概率	威胁				机会			
0.9	0.05	0.09	0.36	0.72	0.72	0.36	0.09	0.04
0.5	0.03	0.1	0.2	0.4	0.56	0.16	0.12	0.02
0.1	0.01	0.02	0.04	0.08	0.08	0.02	0.01	0.01

图 4-1-5　概率影响矩阵

红底白字（数值最大区）代表高风险；白底黑字代表中等风险；蓝底白字（数值最小区）代表低风险。

（3）专家判断。使用具有类似项目经验的专家判断来评估每个风险的概率和影响。可以采用召开风险研讨会或使用访谈方式获取专家意见。采用这种方式应该避免个人偏见。

（4）风险数据质量分析。定性风险分析要具有可信度，就要求使用准确和无偏颇的数据。风险数据质量分析就是评估有关风险的数据对风险管理的有用程度的一种技术，它包括检查人们对风险的理解程度，以及风险数据的精确性、质量、可靠性和完整性。

（5）风险分类。可按照风险来源（使用风险分解结构）、受影响的项目区域（使用工作分解结构）或其他分类标准（如项目阶段）对项目风险进行分类，以确定受不确定性影响最大的项目区域。根据共同的根本原因对风险进行分类，可有助于制定有效的风险应对措施。

（6）风险紧迫性评估。需要近期采取应对措施的风险可被视为亟需解决的风险，实施风险措施所需要的时间、风险征兆、警告和风险等级等都可作为确定风险优先级或紧迫性的指标。

六、定量的风险分析

在定性风险分析之后，为了进一步了解风险发生的可能性到底有多大、后果到底有多严重，就需要对风险进行定量的分析。定量风险分析也可分析项目总体风险的程度。

定量风险分析是指对定性风险分析过程中，作为项目需求存在的重大影响而排序在先的风险进行分析，并就风险分配一个数值。本过程的主要作用是产生量化风险信息来支持决策制定，降低项目的不确定性。

该过程的输入、工具与技术、输出如图4-1-6所示。

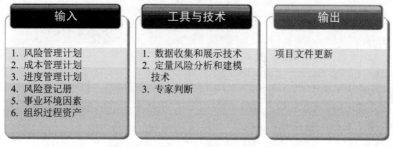

输入	工具与技术	输出
1. 风险管理计划 2. 成本管理计划 3. 进度管理计划 4. 风险登记册 5. 事业环境因素 6. 组织过程资产	1. 数据收集和展示技术 2. 定量风险分析和建模技术 3. 专家判断	项目文件更新

图 4-1-6　输入、工具与技术、输出

定量风险分析是在不确定情况下进行决策的一种量化方法，该过程采用蒙特卡罗模拟及决策树分析等建模技术。

定量风险分析和建模技术方法有：

- 敏感性分析：敏感性分析有助于确定对项目具有最大潜在影响的系列风险。该方法有助于分析项目目标的变化与各种不确定因素的变化之间的联系。该分析的典型表现形式是龙卷风图。
- 预期货币价值分析（EMV）。
- 建模和模拟：构建项目的数学模型，计算项目各细节方面的不确定性对项目目标的潜在影响。模拟通常采用蒙特卡洛技术。

1. EMV

EMV（Expected Money Value，期望货币值）是一个统计概念，用以计算在将来某种情况发生或不发生的情况下的平均结果（即不确定状态下的分析）。机会的期望货币值一般表示为正数，而风险的期望货币值一般表示为负数。每个可能结果的数值与其发生概率相乘之后加总，即得出期望货币值。

每种情况的损益期望值为：

$$EMV = \sum_{i=1}^{m} P_i X_i$$

其中，P_i 是情况 i 发生的概率；X_i 为 i 情况下风险的期望货币价值。

图 4-1-7 给出了供应商 1 和 2 的供货发生概率及对应的盈利情况。

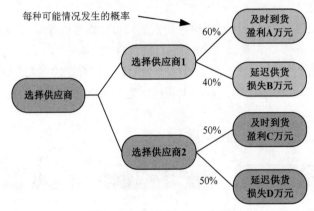

图 4-1-7　供应商 EMV 实例

选择供应商 1 的 EMV=60%×A+40%×B（A、B 值盈利为正，损失为负）

选择供应商 2 的 EMV=50%×C+50%×D（C、D 值盈利为正，损失为负）

【辅导专家提示】期望货币值分析一般和决策树结合起来应用。图 4-1-7 即为决策树。

2. 计算分析因子

人们通常按照高、中、低来描述风险概率或者结果，计算风险因子则是代表各种具体事件的整体风险的数字（基于其发生的概率和对项目造成的结果）。这项技术使用概率和影响矩阵，显示风险发生的概率或可能性，以及风险的影响或结果。

3. PERT

PERT（Program/Project Evaluation and Review Technique，计划评审技术）是利用网络分析制定计划以及对计划予以评价的技术。它能协调整个计划的各道工序，合理安排人力、物力、时间、资金，加速计划的完成。

4. 蒙特卡罗分析

蒙特卡罗分析法又称统计实验法，是运用概率论与数理统计的方法来预测和研究各种不确定性因素对项目的影响，分析系统的预期行为和绩效的一种定量分析方法。蒙特卡罗分析法是一种经常使用的模拟分析方法，它是随机地从每个不确定性因素中抽取样本，对整个项目进行一次计算，重复进行很多次，模拟各式各样的不确定性组合，获得各种组合下的很多个结果。通过统计和处理这些结果数据，找出项目变化的规律。例如，把这些结果值从大到小排列，统计各值出现的次数，用这些次数值形成频数分布曲线，就能够知道每种结果出现的可能性。然后，依据统计学原理对这些结果数据进行分析，确定最大值、最小值、平均值、标准差、方差以及偏度等，通常这些信息就可以更深入地、定量地分析项目，为决策者提供依据。**项目模拟和建模往往采用蒙特卡罗分析法。**

图 4-1-8 是某项目成本风险的蒙特卡罗分析图，横坐标表示 30 万元到 65 万的投资均有可能完成项目；30 万以下的投资完成项目的概率为 0；65 万以上的项目完成概率为 100%；50 万的完成概率为 75%；41 万的完成概率为 12%。

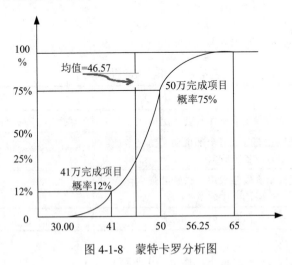

图 4-1-8　蒙特卡罗分析图

七、规划风险应对

规划风险应对是针对项目目标，制定提高机会、降低威胁的方案和措施的过程。

应对风险是针对项目目标，制定一系列措施降低风险，提高有利机会。应对风险应该在定性风险分析和定量风险分析之后。风险应对包含危险（消极风险）、机会（积极风险）两种。

1. 消极风险与威胁应对

应对消极风险有多种策略，比较常见的有**减轻、预防、转移、规避、接受**等。应该为每项风险选择最有可能产生效果的策略或策略组合，可通过风险分析工具（如决策树分析方法）选择最适当的应对方法。常见的消极风险应对策略如表 4-1-1 所示。

表 4-1-1　消极风险应对策略

应对风险策略	定义	常见方式
规避	改变项目计划，排除风险；改变风险目标	排除风险起源；延长进度；减少范围；改变策略；取消整个项目
转移	将部分或者全部风险连同应对的责任转移到他方身上	保险、履约保证书、担保书、保证书

续表

应对风险策略	定义	常见方式
减轻	降低风险概率到可接受范围	采用简单工艺、更多测试、选择可靠卖方、增加冗余
接受	主动接受	建立应急储备，安排资源应对风险。
	被动接受	记录，并不采取行动

2. 积极风险与机会应对

常见的积极风险应对策略如表 4-1-2 所示。

表 4-1-2　积极风险应对策略

应对风险策略	定义	常见方式
开拓	消除不确定，确保机会一定出现	分配组织中最好的资源
分享	把应对部分或者全部机会交给最合适的第三方，各方收益	成立联合体或者公司
提高	提高机会发生概率，识别并最大化影响积极风险的关键因素	增加资源
接受	接受积极风险，但不主动追求	

该过程的输入、工具与技术、输出如图 4-1-9 所示。

输入	工具与技术	输出
1. 风险管理计划 2. 风险登记册	1. 消极风险或威胁的应对策略 2. 积极风险或机会的应对策略 3. 应急应对策略 4. 专家判断	1. 项目管理计划更新 2. 项目文件更新

图 4-1-9　输入、工具与技术、输出

八、控制风险

控制风险是在整个项目中实施风险应对计划、跟踪已识别风险、监督残余风险、识别新风险，以及评估风险过程有效性的过程。

该过程的输入、工具与技术、输出如图 4-1-10 所示。

图 4-1-10 输入、工具与技术、输出

控制风险的工具与技术：

（1）风险再评估：控制风险中，经常识别新风险，再评估现有风险，删去过时风险。

（2）风险审计：检查并记录风险应对措施处理已识别风险及其根源的有效性，以及风险管理过程的有效性。

（3）偏差分析：比较计划与测量结果，监控项目总体绩效。

（4）技术绩效测量：比较项目期间的计划和实际的技术成果。

（5）储备分析：在项目任何时间点，比较剩余应急储备、剩余风险量，判断当前剩余储备是否合理。

（6）会议：定期状态审查会议中应讨论项目风险管理，会议长短取决于已识别的风险的优先级和难度。

九、课堂巩固练习

1. 风险具有 3 个属性：随机性、____(1)____、可变性。____(2)____，风险承受能力越小。

（1）A. 相对性　　　B. 绝对性　　　　C. 客观性　　　　D. 不确定性

（2）A. 收益越大　　　B. 投入越多　　　C. 地位越高　　　D. 资源越多

【辅导专家讲评】风险具有 3 个属性：随机性、相对性、可变性。相对性是指同样的风险对于不同主体有不同的影响。相对性又体现在 3 个方面：收益越大，风险承受能力越大；收益越小，风险承受能力越小。投入越多，风险承受能力越小；投入越少，风险承受能力越大。地位越高、资源越多，风险承受能力越大；地位越低、资源越少，风险承受能力越小。

参考答案：（1）A　　（2）B

2. 风险按风险后果可以分为____(3)____。

（3）A. 局部风险和总体风险　　　　B. 自然风险和人为风险

　　　C. 可管理风险和不可管理风险　　　D. 纯粹风险和投机风险

【辅导专家讲评】风险按风险后果可以分为纯粹风险和投机风险。纯粹风险是指不能带来机会、无获得利益可能的风险，这种风险只有两种可能后果：造成损失和不造成损失。投机风险是指既可能带来机会、获得利益，又隐含威胁、造成损失的风险，有三种可能后果：造成损失、不造成损失、获得利益。考生同时也应当注意掌握其他分类方法。

参考答案：（3）D

3．以下___（4）___不是项目风险管理知识领域的风险管理计划编制过程输入。

（4）A．项目项目章程　　　　　　　　B．项目管理计划

　　　C．干系人登记册　　　　　　　　D．概率和影响矩阵

【辅导专家讲评】风险管理计划编制的依据是环境和组织因素、组织过程资产、干系人登记册、项目章程和项目管理计划。选项D"概率和影响矩阵"是项目风险的定性分析所使用的工具和技术。故选D。

参考答案：（4）D

4．以下有关风险识别的说法，错误的是___（5）___。

（5）A．德尔菲法有助于减少数据方面的偏见，并避免由于个人因素对项目风险识别的结果产生不良的影响

　　　B．头脑风暴法可以充分发挥集体的智慧，提高风险识别的正确性和效率

　　　C．所有风险都可以被识别出来

　　　D．风险识别的特点有全员参与、系统性、动态性和信息依赖性

【辅导专家讲评】从4个选项来看，C明显不对，并不是所有的风险都是可以被识别出来的。

参考答案：（5）C

5．某IT项目的项目经理正在组织开会讨论确定各种风险发生的概率，并评定极低、低、中、高、甚高的等级，这表明该项目的风险管理正处于___（6）___过程。

（6）A．风险识别　　B．定性风险分析　　C．定量风险分析　　D．风险监控

【辅导专家讲评】定性风险分析是指对已识别风险的可能性及影响大小的评估过程，该过程按风险对项目目标潜在影响的轻重缓急进行优先级排序，并为定量风险分析奠定基础。而题目中指出，项目经理正组织开会讨论，想要确定各种风险发生的概率并确定等级，这正是定性风险分析的工作内容。

参考答案：（6）B

6．在风险的应对策略中，___（7）___是指将风险的责任分配给最能为项目的利益获取机会的第三方，包括建立风险分享合作关系。

（7）A．开拓　　　　　B．分享　　　　　C．提高　　　　　D．规避

【辅导专家讲评】通常，使用三种策略应对可能对项目目标存在消极影响的风险或威胁，分别是规避、转移与减轻。使用三种策略应对可能对项目目标存在积极影响的风险，分别是开拓、分享与提高。从题意来看，应当是积极影响的，所以排除选项D。而选项A、B、C中，B符合题意。

参考答案：（7）B

第 2 学时　文档、配置与变更管理

文档与配置管理虽然不是十大知识领域之一，但却非常重要，也是考试的热点内容之一。在这个学时中重点学习以下知识点：

（1）文档的分类。

（2）文档与配置管理有关的术语，如配置项、基线、配置状态报告、CCB（Configuration Control Board，配置控制委员会）等。

（3）配置库的定义及分类。

（4）变更控制的流程。

（5）配置审核、配置审计的定义、作用，配置审核的分类。

项目变更管理，就是在项目实施过程中，对项目的架构、性能、功能、进度、技术指标、集成方法等方面的改变。变更管理目的是为了让**项目基准**与项目实际执行相一致。

变更管理的原则有项目基准化、变更管理过程规范化。具体工作有基准管理、变更控制流程化、明确组织分工、评估变更的可能影响、保存变更产生的相关文档。

一、文档的分类

信息系统相关信息（文档）是指某种数据媒体及其中所记录的数据。它具有永久性，并可以由人或机器阅读，通常仅用于描述人工可读的东西。在软件工程中，文档常常用来表示对活动、需求、过程或结果，进行描述、定义、规定、报告或认证的任何书面或图示的信息。

《计算机软件产品开发文件编制指南》中明确了软件项目文档的具体分类，提出文档从重要性和质量要求方面可以分为**非正式文档**和**正式文档**；从项目周期角度可分为**开发文档、产品文档、管理文档**；更细致一点还可以分为 14 类文档文件：**可行性研究报告、项目开发计划、软件需求说明书、数据要求说明书、概要设计说明书、详细设计说明书、数据库设计说明书、用户手册、操作手册、模块开发卷宗、测试计划、测试分析报告、开发进度月报、项目开发总结报告。**

二、文档与配置管理有关的术语

配置管理就是一套方法，用这套方法来对软件开发期间产生的资产（代码/文档/数据等）进行管理，包括管理它的**存储、变更**，将所有的变更记录下来，通过适当的机制来控制它的变更，使得这些更改合理、有序、完整、一致，并可以追溯历史。

1. 配置项

信息系统中的文档和软件在其开发、运行、维护的过程中会得到许多阶段性的成果，并且每个文档、软件在开发和运行过程中还需要用到多种工具软件或配置。所有这些信息项都需要得到妥善的管理，决不能出现混乱，以便在提出某些特定的要求时，将它们进行约定的组合来满足使用的目的。这些信息项是配置管理的对象，称为配置项。

所有配置项目的操作权限应该由 CMO（配置管理员）严格统一管理；基线配置项向开发人员开放读取权限；非基线配置项向 PM、CCB 及相关人员开放。

每个配置项用一组特征信息（**名字、描述、一组资源、实现**）唯一地标识。它们通常可以分为下面六种类型：

- **环境类**。软件开发、运行和维护的环境，如编译器、操作系统、编辑软件、管理系统、开发工具、测试工具、项目管理工具、文档编制工具等。
- **定义类**。需求分析与系统定义阶段结束后得到的工件，如需求规格说明书、项目开发计划、设计标准或设计准则、验收测试计划等。
- **设计类**。设计阶段得到的工件，如系统设计说明书、程序规格说明、数据库设计、编码标准、用户界面设计、测试标准、系统测试计划、用户手册。
- **编码类**。编码及单元测试结束后得到的工件，如源代码、目标码、单元测试用例、数据及测试结果。
- **测试类**。系统测试完成后的工作，系统测试用例、测试结果、操作手册、安装手册。
- **维护类**。维护阶段产品的工作，以上任何需要变更的软件配置项。

2. 配置项状态与配置项版本号

配置项状态有三种，对应的版本号格式也不同，具体如表 4-2-1 所示。

表 4-2-1　版本管理配置项状态

状态	定义	版本号格式
草稿	配置项刚建的状态	0.YZ，YZ 范围（01～99）
正式	配置项通过评审后的状态	X.Y，X 为主版本号，范围 1～9；Y 为次版本号，范围 1～9。第一次正式版本号为 1.0
修改	正式需要更正，则状态为"修改"	格式为 X.YZ，修改状态只增加 Z 值

3. 基线

基线是软件生存期各开发阶段末尾的特定点，也称为**里程碑**。在这些特定点上，阶段工作已结束，并且已经形成了正式的阶段产品。

建立基线的概念是为了把各开发阶段的工作划分得更加明确，使得本来连续开展的开发工作在这些点上被分割开，从而更加有利于检验和肯定阶段工作的成果，同时有利于进行变更控制。有了基线的规定，就可以禁止跨越里程碑去修改另一开发阶段的工作成果，并且认为建立了里程碑，有些完成的阶段成果已被冻结。

基线可看作是一个相对稳定的逻辑实体，其组成部分不能被任何人随意修改。常见的基线如图 4-2-1 所示。

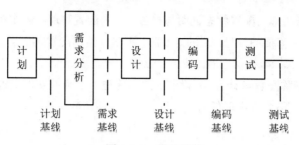

图 4-2-1　常见基线

4. 配置状态报告

配置状态报告也称为**配置状态说明与报告**，它是配置管理的一个组成部分，其任务是有效地记录报告管理配置所需要的信息，目的是及时、准确地给出配置项的当前状况，供相关人员了解，以加强配置管理工作。

5. 配置审核

配置审核（又称配置审计）的任务便是验证配置项对配置标识的一致性。软件开发的实践表明，尽管对配置项做了标识，实践了变更控制和版本控制，但如果不做检查或验证仍然会出现混乱。

6. 配置标志

确定配置项如何命名，用哪些信息来描述该配置项。

7. 变更控制委员会

变更控制委员会（Configuration Control Board，**CCB**）也可称为**配置控制委员会**，是配置项变更的监管组织。其任务是对建议的配置项变更作出评价、审批，以及监督已批准变更的实施。

CCB 的成员通常包括项目经理、用户代表、软件质量控制人员、配置控制人员。这个组织不必是常设机构，完全可以根据工作的需要组成。

8. 配置管理系统

配置管理系统用于控制工作产品的配置管理和变更管理。该系统包括存储媒体、规程和访问配置系统的工具，用于记录和访问变更请求的工具。CMO 建立并维护用于控制工作产品的配置管理系统和变更管理系统。

常见的用于创建配置管理系统的软件有 VSS、CVS、SVN。

配置项是受配置管理控制和管理的基本单位。**配置标识**是软件生命周期中划分选择各类配置项、定义配置项的种类、为其分配标识符的过程。配置项标识的重要内容就是对配置项进行标识和命名。**配置标识**是配置管理的基础性工作，是管理配置管理的前提。配置标志是确定哪些内容应该进入配置管理形成配置项，并确定配置项如何命名，用哪些信息来描述该配置项。

建立配置管理系统的步骤包括：

（1）**版本管理**要解决的第一个问题是**版本标志**，也就是为区分不同的版本，要给它们科学地命名。

（2）**配置状态报告**也称为**配置状态说明与报告**，它是配置管理的一个组成部分，其任务是有效地记录报告管理配置所需要的信息，目的是及时、准确地给出配置项的当前状况，供相关人员了解，以加强配置管理工作。

（3）**配置审核（又称配置审计）**。配置审核的实施是为了确保软件配置管理的有效性，体现配置管理的最根本要求，不允许出现任何混乱现象。

三、配置库

配置库也称**配置项库**，是配置管理的有力工具。采用配置库实现软件配置管理，就可把软件开发过程的各种工作产品，包括半成品、阶段产品和最终产品放入配置库中进行管理。软件配置工具包含追踪工具、版本管理工具和发布工具。

在软件工程中主要有以下三类配置库：

（1）**开发库（动态库）**。存放开发过程中需要保留的各种信息，供开发人员个人专用。库中的信息可能有较为频繁的修改，只要开发库的使用者认为有必要，无须对其作任何限制（因为这通常不会影响到项目的其他部分）。

（2）**受控库（主库）**。在软件开发的某个阶段工作结束时，将工作产品存入或将有关的信息存入。存入的信息包括计算机可读的及人工可读的文档资料。应该对库内信息的读写和修改加以控制。

（3）**产品库（静态库、发行库）**。在开发的软件产品完成系统测试之后，作为最终产品存入库内，等待交付用户或现场安装。库内的信息也应加以控制。

一般情况下，开发中的配置项尚未稳定下来，对于其他配置项来说是处于不处理工作状态下，或称自由状态下，此时它并未受到配置管理的控制，开发人员的变更并未受到限制。但当开发人员认为工作已告完成，可供其他配置项使用时，它就开始稳定起来。把它交出评审，就开始进入评审状态；若通过评审，可作为基线进入配置库（实施检入），开始冻结，此时开发人员不允许对其任意修改，因为它已处于受控状态。通过评审表明它确已达到质量要求；但若未能通过评审，则将其回归到工作状态，重新进行调整。可以通过图 4-2-2 看到上述配置项的状态变化过程。

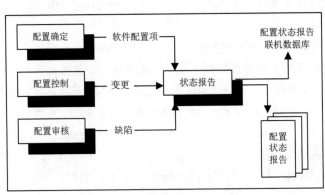

图 4-2-2　配置项的变化过程

处于受控状态下的配置项原则上不允许修改，但这不是绝对的，如果由于多种原因需要变更，就需要提出变更请求。在变更请求得到批准的情况下，允许配置项从库中检出，待变更完成，并经评审后，确认变更无误方可重新入库，使其恢复到受控状态。

配置库的建库模式有两种：按配置项类型建库和按任务建库。

（1）按配置项类型建库：适用于通用软件开发。

（2）按任务建库：适用于专业软件开发。

1. 配置管理活动各类人员角色

配置管理最合适的负责角色如表 4-2-2 所示。

表 4-2-2　配置管理各活动最合适的角色

负责人 ＼ 工作	编制配置管理计划	创建配置管理环境	审核变更计划	变更申请	变更实施	变更发布
CCB		√				
CMO	√	√		√		√
项目经理				√		
开发人员				√	√	

其中：

- CCB（变更控制委员会）：用于审批配置管理计划、配置管理变更。CCB 由项目经理、用户代表、质量控制人员、配置控制人员等组成，组成人员可以是一个人，也可以是兼职。

- CMO（配置管理员）：管理所有配置项的操作权限。管理原则：基线配置项向软件开发人员开放读取的权限；非基线配置项向项目经理（PM）、CCB 及相关人员开放；不删除草稿版本，避免无法回溯。

2. 配置库操作权限

产品库操作权限如表 4-2-3 所示。

表 4-2-3　产品库操作权限

权限 ＼ 人员	项目经理	项目成员	QA	测试人员	配置管理员
只读、检查	√	√	√	√	√
修改	×	×	×	×	√
追加、重命名、删除	×	×	×	×	√
彻底删除、回滚	×	×	×	×	√

四、配置管理活动

配置管理活动包含：制定配置管理计划、配置标识、配置控制、配置状态报告、配置审核、发布管理和交付等活动。

1．配置管理计划

全面有效的配置管理计划包括：建立配置管理环境、组织结构、成本、进度等。配置管理计划应详细描述：建立示例配置库、配置标识管理、配置库控制、配置的检查和评审、配置库的备份、配置管理计划附属文档等。

2．配置标识

配置标识的工作内容有：

（1）识别需要受控配置项。

（2）配置项分配唯一标识。

（3）定义配置项特性、所有者及责任。

（4）各成员根据自己的权限操作配置库。

（5）确定配置项进入配置管理的时间和条件

（6）构建控制基线，并得到 CCB 授权。

（7）维护文档修订与产品版本之间的关系。

3．配置控制

配置控制即配置项和基线的变更控制，包含如下工作：

（1）变更申请。

（2）变更评估。

（3）通告评估结果。

（4）变更实施。

（5）变更的验证与确认。

（6）变更的发布。

（7）基于配置库的变更控制。

4．配置状态报告

配置状态报告（配置状态统计）根据配置项操作的记录，报告项目进展。

5．配置审核

配置审核（又称配置审计）的定义在前文中已有描述。配置审核可以分为**功能配置审核和物理配置审核**。

功能配置审核的内容包括：

（1）配置项的开发是否已圆满完成。

（2）配置项是否已达到规定的性能和功能特定特性。

（3）配置项的运行和支持文档是否已完成、是否符合要求。

（4）包括按测试数据审核正式测试文档、审核验证和确认报告；评审所有批准的变更、评审变更后的新文档、抽查设计评审报告；进行评审以确保所有测试已执行；依据功能和性能需求进行额外的和抽样测试。

物理配置审核的内容包括：

（1）每个构建的配置项是否符合相应的技术文档。

（2）配置项与配置状态报告中的信息是否相对应。

（3）审核系统规格说明书的完整性；比较架构设计和详细设计构件的一致性；评审模块列表以确定符合已批准的编码标准；审核手册（如用户手册、操作手册）的格式与完整性，以及与系统功能描述的符合性。

五、课堂巩固练习

1. 信息系统项目完成后，最终产品或项目成果应置于___(1)___内，当需要在此基础上进行后续开发时，应将其转移到___(2)___后进行。

（1）（2）A. 开发库　　B. 服务器　　　　C. 受控库　　　　D. 产品库

【辅导专家讲评】配置库有三类：开发库、受控库、产品库。信息系统项目完成后，最终产品或项目成果置于产品库内，当需要在此基础上进行后续开发时，应将其转移到受控库后进行。

参考答案：（1）D　　（2）C

2. 在需求变更管理中，CCB 的职责是___(3)___。

（3）A. 决定采纳或拒绝针对项目需求的变更请求　　B. 负责实现需求变更
　　　C. 分析变更请求所带来的影响　　　　D. 判定变更是否正确地实现

【辅导专家讲评】CCB 是配置项变更的监管组织。其任务是对建议的配置项变更作出评价、审批，以及监督已批准变更的实施。但 CCB 并不去实施变更。而要从 A、C、D 选项中选出最为恰当的，相比之下，A 选项更为恰当一些。

参考答案：（3）A

3. 项目配置管理的主要任务不包括___(4)___。

（4）A. 版本管理　　B. 发行管理　　　　C. 检测配置　　　D. 变更控制

【辅导专家讲评】检测配置属于开发中的测试工作，不属于配置管理范畴。但配置管理可以通过测试结果来判断配置项是否合格。

参考答案：（4）C

4. 配置管理系统通常由___(5)___组成。

（5）A. 动态库、静态库和产品库　　　　B. 开发库、备份库和产品库
　　　C. 动态库、主库和产品库　　　　D. 主库、受控库和产品库

【辅导专家讲评】配置管理系统的通常组成如下：

①动态库（或者称为开发库）：包含正在创建或修改的配置元素。它们是开发者的工作空间，受开发者控制。动态库中的配置项处于版本控制之下。

②主库（或者称为受控库）：包含基线和对基线的更改。主库中的配置项被置于完全的配置管理之下。

③静态库（或称为备份库、产品库）：包含备用的各种基线的档案。静态库被置于完全的配置管理之下。

参考答案：（5）C

5．在配置管理的主要工作中，不包括下列中的___（6）___。

（6）A．标识配置项   B．控制配置项的变更

      C．对工作结束的审核   D．缺陷分析

【辅导专家讲评】答案中的缺陷分析是指当发现产品或生产过程中存在缺陷后对其进行原因分析，一般认为属于质量管理范畴。

参考答案：（6）D

6．下列中的___（7）___是不包含在项目配置管理系统的基本结构中的。

（7）A．开发库   B．知识库   C．受控库   D．产品库

【辅导专家讲评】配置分为三类，明显选项B不在其中。

参考答案：（7）B

第3学时　知识产权、法律法规、标准和规范

知识产权、法律法规、标准和规范涉及的内容特别多，如著作权法、计算机软件保护条例（软件著作权）、商标法、专利法、民法典、招投标法、政府采购法等，不过在本学时的学习过程中稍有侧重点，也需要一些平时的积累。从考点分布的角度来看，常从保护期限、知识产权人确定、侵权判断、适用环境这些方面来设计考题。

本学时学习的主要内容如下：

（1）各种客体类型的保护期限规定、归属规定。

（2）知识产权人的确定。

（3）著作权法、招投标法、政府采购法、民法典等法律法规中的热点考点。

（4）标准的分类，以及与软件工程有关的国家标准。

一、著作权

《中华人民共和国著作权法》以保护著作权人的权利为宗旨。著作权法学习卡片见图4-3-1所示。

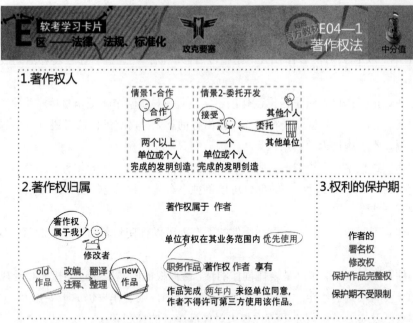

图 4-3-1　学习卡

著作权法及实施条例的客体是指受保护的作品。这里的作品是指文学、艺术和自然科学、社会科学、工程技术领域内具有独创性并能以某种有形形式复制的智力成果，包括以下类型：

（1）文字作品：包括小说、诗词、散文、论文等以文字形式表现的作品。

（2）口述作品：指即兴的演说、授课、法庭辩论等以口头语言形式表现的作品。

（3）音乐、戏剧、曲艺、舞蹈、杂技作品。

（4）美术、建筑作品。

（5）摄影作品。

（6）电影作品和以类似摄制电影的方法创作的作品。

（7）工程设计图、产品设计图、地图、示意图等图形作品和模型作品。

（8）计算机软件。

（9）法律、行政法规规定的其他作品。

公民为完成法人或者其他组织工作任务所创作的作品是**职务作品**。著作权由作者享有，但法人或者其他组织有权在其业务范围内优先使用。作品完成两年内，未经单位同意，作者不得许可第三人以与单位相同方式使用该作品。有下列情形之一的职务作品，作者享有署名权，著作权的其他权利由法人或者其他组织享有，法人或者其他组织可以给予作者奖励：（一）主要是利用法人或者其他组织的物质技术条件创作，并由法人或者其他组织承担责任的工程设计图、产品设计图、地图、计算机软件等职务作品；（二）法律、行政法规规定或者合同约定著作权由法人或者其他组织享有的职务作品。

著作权法及实施条例的主体是指著作权关系人，通常包括著作权人和受让者两种。

（1）**著作权人**，又称为**原始著作权人**，是根据创作的事实进行确定的创作、开发者。

（2）**受让者**，又称为**后继著作权人**，是指没有参与创作，通过著作权转移活动成为享有著作权的人。

著作权法在认定著作权人时是根据创作的事实进行的，而创作就是指直接产生文学、艺术和科学作品的智力活动。而为他人创作进行组织、提供咨询意见、物质条件或者进行其他辅助工作，不属于创作的范围，不被确认为著作权人。

如果在创作的过程中有多人参与，那么该作品的著作权将由合作的作者共同享有。合作的作品是可以分割使用的，作者对各自创作的部分可以单独享有著作权，但不能够在侵犯合作作品整体的著作权的情况下行使。

如果遇到作者不明的情况，那么作品原件的所有人可以行使除署名权以外的著作权，直到作者身份明确。

另外值得注意的是，如果作品是委托创作的话，著作权的归属应通过委托人和受托人之间的合同来确定。如果没有明确的约定，或者没有签订相关合同，则著作权仍属于受托人。

根据著作权法及实施条例规定，著作权人对作品享有的权利有：

（1）**发表权**：决定作品是否公之于众的权利。

（2）**署名权**：表明作者身份，在作品上署名的权利。

（3）**修改权**：修改或者授权他人修改作品的权利。

（4）**保护作品完整权**：保护作品不受歪曲、篡改的权利。

（5）**复制权、发行权、出租权、展览权、表演权、放映权、广播权、信息网络传播权、摄制权、改编权、翻译权、汇编权、应当由著作权人享有的其他权利。**

根据著作权法相关规定，著作权的保护是有一定期限的。

（1）著作权属于公民。**署名权、修改权、保护作品完整权的保护期没有任何限制，永远属于保护范围。而发表权、使用权和获得报酬权的保护期为作者终生及其死亡后的 50 年（第 50 年的 12 月 31 日）。作者死亡后，著作权依照继承法进行转移。**

（2）著作权属于单位。**发表权、使用权和获得报酬权的保护期为 50 年（首次发表后的第 50 年的 12 月 31 日），50 年内未发表的，不予保护。**但单位变更、终止后，其著作权由承受其权利义务的单位享有。

（3）著作权人向报社、期刊社投稿的，自稿件发出之日起十五日内未收到报社通知决定刊登的，或者自稿件发出之日起三十日内未收到期刊社通知决定刊登的，可以将同一作品向其他报社、期刊社投稿。

二、专利权

专利权的主体即专利权人，是指有权提出专利申请并取得专利权的人，包括以下几种人：

（1）**发明人或设计人**。他们是直接参加发明创造活动的人。应当是自然人；不能是单位或者集体等。如果是数人共同做出的，应当将所有人的名字都写上。在完成发明创造的过程中，只负责组织工作的人、为物质技术条件的利用提供方便的人或者从事其他辅助工作的人，不应当被认为是发明人或者设计人。发明人可以就非职务发明创造申请专利，申请被批准后该发明人为专利权人。

（2）**发明人的单位**。职务发明创造申请专利的权利属于单位，申请被批准后该单位为专利权人。

（3）**合法受让人**。合法受让人指依转让、继承方式取得专利权的人，包括合作开发中的合作方、委托开发中的委托方等。

（4）外国人。具备以下四个条件中任何一项的外国人，便可在我国申请专利。第一，其所属国为巴黎公约成员国；第二，其所属国与我国有专利保护的双边协议；第三，其所属国对我国国民的专利申请予以保护；第四，该外国人在中国有经常居所或者营业场所。

专利权人拥有如下权利：

（1）**独占实施权**。发明或实用新型专利权被授予后，任何单位或个人未经专利权人许可，都不得实施其专利。

（2）**转让权**。转让是指专利权人将其专利权转移给他人所有。专利权转让的方式有出卖、赠与、投资入股等。

（3）**实施许可权**。实施许可是指专利权人许可他人实施专利并收取专利使用费。

（4）专利权人的义务。专利权人的主要义务是缴纳专利年费。

（5）专利权的期限。**发明专利权的期限为 20 年，使用新型专利权、外观设计专利权的期限为 10 年**，均自申请日起计算。此处的申请日，是指向国务院专利行政主管部门提出专利申请之日。

三、商标权

商标是指能够将不同经营者所提供的商品或者服务区别开来，并可为视觉所感知的标记。商标权的内容有**使用权、禁止权、许可权和转让权**。

注册商标的有效期为 10 年，但商标所有人需要继续使用该商标并维持专用权的，可以通过续展注册延长商标权的保护期限。续展注册应当在有效期满前 6 个月内办理；在此期间未能提出申请的，有 6 个月的宽展期。宽展期仍未提出申请的，注销其注册商标。每次续展注册的有效期为 10 年，自该商标上一届有效期满次日起计算。续展注册没有次数的限制。

四、民法典

《中华人民共和国民法典》于 2020 年 5 月 28 日正式通过，并于 2021 年 1 月 1 日，正式施行。婚姻法、继承法、民法通则、收养法、担保法、合同法、物权法、侵权责任法、民法总则同时废止。

《中华人民共和国民法典》相关的重要考点主要在合同篇，具体如下。

1. 是什么

第四百六十四条　合同是民事主体之间设立、变更、终止民事法律关系的协议。婚姻、收养、监护等有关身份关系的协议，适用有关该身份关系的法律规定；没有规定的，可以根据其性质参照适用本编规定。

2. 合同的订立

第四百六十九条　当事人订立合同，可以采用书面形式、口头形式或者其他形式。

书面形式是合同书、信件、电报、电传、传真等可以有形地表现所载内容的形式。

以电子数据交换、电子邮件等方式能够有形地表现所载内容，并可以随时调取查用的数据电文，视为书面形式。

第四百七十条　合同的内容由当事人约定，一般包括下列条款：

（一）当事人的姓名或者名称和住所；

（二）标的；

（三）数量；

（四）质量；

（五）价款或者报酬；

（六）履行期限、地点和方式；

（七）违约责任；

（八）解决争议的方法。

当事人可以参照各类合同的示范文本订立合同。

第四百七十一条　当事人订立合同，可以采取要约、承诺方式或者其他方式。

第四百七十二条　**要约**是希望与他人订立合同的意思表示，该意思表示应当符合下列条件：

（一）内容具体确定；

（二）表明经受要约人承诺，要约人即受该意思表示约束。

第四百七十三条　**要约邀请**是希望他人向自己发出要约的表示。拍卖公告、招标公告、招股说明书、债券募集办法、基金招募说明书、商业广告和宣传、寄送的价目表等为要约邀请。

商业广告和宣传的内容符合要约条件的，构成要约。

第四百七十九条　**承诺**是受要约人同意要约的意思表示。

第四百八十三条　**承诺生效**时合同成立，但是法律另有规定或者当事人另有约定的除外。

3. 合同的效力

第五百零二条　依法成立的合同，自成立时生效，但是法律另有规定或者当事人另有约定的除外。

4. 合同的履行

第五百一十条　合同生效后，当事人就质量、价款或者报酬、履行地点等内容没有约定或者约定不明确的，可以协议补充；不能达成补充协议的，按照合同相关条款或者交易习惯确定。

第五百一十一条　当事人就有关合同内容约定不明确，依据前条规定仍不能确定的，适用下列规定：

（一）质量要求不明确的，按照强制性国家标准履行；没有强制性国家标准的，按照推荐性国家标准履行；没有推荐性国家标准的，按照行业标准履行；没有国家标准、行业标准的，按照通常标准或者符合合同目的的特定标准履行。

（二）价款或者报酬不明确的，按照订立合同时履行地的市场价格履行；依法应当执行政府定价或者政府指导价的，依照规定履行。

（三）履行地点不明确，给付货币的，在接受货币一方所在地履行；交付不动产的，在不动产所在地履行；其他标的，在履行义务一方所在地履行。

（四）履行期限不明确的，债务人可以随时履行，债权人也可以随时请求履行，但是应当给对方必要的准备时间。

（五）履行方式不明确的，按照有利于实现合同目的的方式履行。

（六）履行费用的负担不明确的，由履行义务一方负担；因债权人原因增加的履行费用，由债权人负担。

第五百一十二条　通过互联网等信息网络订立的电子合同的标的为交付商品并采用快递物流方式交付的，收货人的签收时间为交付时间。电子合同的标的为提供服务的，生成的电子凭证或者实物凭证中载明的时间为提供服务时间；前述凭证没有载明时间或者载明时间与实际提供服务时间不一致的，以实际提供服务的时间为准。

电子合同的标的物为采用在线传输方式交付的，合同标的物进入对方当事人指定的特定系统且能够检索识别的时间为交付时间。

电子合同当事人对交付商品或者提供服务的方式、时间另有约定的，按照其约定。

第五百二十七条　应当先履行债务的当事人，有确切证据证明对方有下列情形之一的，可以中止履行：

（一）经营状况严重恶化；

（二）转移财产、抽逃资金，以逃避债务；

（三）丧失商业信誉；

（四）有丧失或者可能丧失履行债务能力的其他情形。

当事人没有确切证据中止履行的，应当承担违约责任。

第五百一十三条　执行政府定价或者政府指导价的，在合同约定的交付期限内政府价格调整时，按照交付时的价格计价。逾期交付标的物的，遇价格上涨时，按照原价格执行；价格下降时，按照新价格执行。逾期提取标的物或者逾期付款的，遇价格上涨时，按照新价格执行；价格下降时，按照原价格执行。

5. **违约责任**

第五百七十七条　当事人一方不履行合同义务或者履行合同义务不符合约定的，应当承担继续履行、采取补救措施或者赔偿损失等违约责任。

6．其他考点

第五百九十五条 买卖合同是出卖人转移标的物的所有权于买受人，买受人支付价款的合同。

第六百四十八条 供用电合同是供电人向用电人供电，用电人支付电费的合同。

第六百五十七条 赠与合同是赠与人将自己的财产无偿给予受赠人，受赠人表示接受赠与的合同。

第六百六十七条 借款合同是借款人向贷款人借款，到期返还借款并支付利息的合同。

第六百八十一条 保证合同是为保障债权的实现，保证人和债权人约定，当债务人不履行到期债务或者发生当事人约定的情形时，保证人履行债务或者承担责任的合同。

第七百零三条 租赁合同是出租人将租赁物交付承租人使用、收益，承租人支付租金的合同。

第七百三十五条 融资租赁合同是出租人根据承租人对出卖人、租赁物的选择，向出卖人购买租赁物，提供给承租人使用，承租人支付租金的合同。

第七百七十条 承揽合同是承揽人按照定作人的要求完成工作，交付工作成果，定作人支付报酬的合同。

第八百四十三条 技术合同是当事人就技术开发、转让、许可、咨询或者服务订立的确立相互之间权利和义务的合同。

第八百四十五条 技术合同的内容一般包括项目的名称，标的的内容、范围和要求，履行的计划、地点和方式，技术信息和资料的保密，技术成果的归属和收益的分配办法，验收标准和方法，名词和术语的解释等条款。

与履行合同有关的技术背景资料、可行性论证和技术评价报告、项目任务书和计划书、技术标准、技术规范、原始设计和工艺文件，以及其他技术文档，按照当事人的约定可以作为合同的组成部分。

技术合同涉及专利的，应当注明发明创造的名称、专利申请人和专利权人、申请日期、申请号、专利号以及专利权的有效期限。

第八百七十八条 技术咨询合同是当事人一方以技术知识为对方就特定技术项目提供可行性论证、技术预测、专题技术调查、分析评价报告等所订立的合同。

第九百六十七条 合伙合同是两个以上合伙人为了共同的事业目的，订立的共享利益、共担风险的协议。

五、招投标法

《中华人民共和国招标投标法》是为了规范招标投标活动，保护国家利益、社会公共利益和招标投标活动当事人的合法权益，提高经济效益，保证项目质量而制定的法律。招标投标法学习卡片见图 4-3-2 所示。

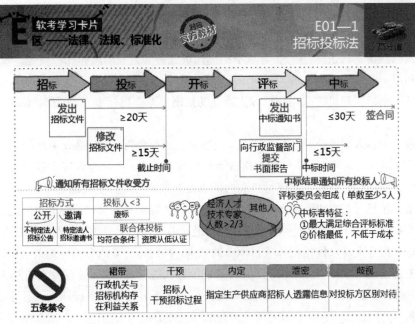

图 4-3-2　学习卡

该法律重要条款如下：

第三条　在中华人民共和国境内进行下列工程建设项目包括项目的勘察、设计、施工、监理以及与工程建设有关的重要设备、材料等的采购，必须进行招标：（一）大型基础设施、公用事业等关系社会公共利益、公众安全的项目；（二）全部或者部分使用国有资金投资或者国家融资的项目；（三）使用国际组织或者外国政府贷款、援助资金的项目。前款所列项目的具体范围和规模标准，由国务院发展计划部门会同国务院有关部门制订，报国务院批准。法律或者国务院对必须进行招标的其他项目的范围有规定的，依照其规定。

1. 招标

第八条　招标人是依照本法规定提出招标项目、进行招标的法人或者其他组织。

第十条　招标分为公开招标和邀请招标。公开招标，是指招标人以招标公告的方式邀请不特定的法人或者其他组织投标。邀请招标，是指招标人以投标邀请书的方式邀请特定的法人或者其他组织投标。

第十一条　国务院发展计划部门确定的国家重点项目和省、自治区、直辖市人民政府确定的地方重点项目不适宜公开招标的，经国务院发展计划部门或者省、自治区、直辖市人民政府批准，可以进行邀请招标。

第十二条　招标人有权自行选择招标代理机构，委托其办理招标事宜。任何单位和个人不得以任何方式为招标人指定招标代理机构。招标人具有编制招标文件和组织评标能力的，可以自行办理招标事宜。任何单位和个人不得强制其委托招标代理机构办理招标事宜。依法必须进行招标的项目，招标人自行办理招标事宜的，应当向有关行政监督部门备案。

第十三条 招标代理机构是依法设立、从事招标代理业务并提供相关服务的社会中介组织。招标代理机构应当具备下列条件：（一）有从事招标代理业务的营业场所和相应资金；（二）有能够编制招标文件和组织评标的相应专业力量。

第十五条 招标代理机构应当在招标人委托的范围内办理招标事宜，并遵守本法关于招标人的规定。

第十六条 招标人采用公开招标方式的，应当发布招标公告。依法必须进行招标的项目的招标公告，应当通过国家指定的报刊、信息网络或者其他媒介发布。招标公告应当载明招标人的名称和地址、招标项目的性质、数量、实施地点和时间以及获取招标文件的办法等事项。

第十七条 招标人采用邀请招标方式的，应当向三个以上具备承担招标项目的能力、资信良好的特定的法人或者其他组织发出投标邀请书。投标邀请书应当载明本法第十六条第二款规定的事项。

第十八条 招标人可以根据招标项目本身的要求，在招标公告或者投标邀请书中，要求潜在投标人提供有关资质证明文件和业绩情况，并对潜在投标人进行资格审查；国家对投标人的资格条件有规定的，依照其规定。招标人不得以不合理的条件限制或者排斥潜在投标人，不得对潜在投标人实行歧视待遇。

第二十三条 招标人对已发出的招标文件进行必要的澄清或者修改的，应当在招标文件要求提交投标文件截止时间至少十五日前，以书面形式通知所有招标文件收受人。该澄清或者修改的内容为招标文件的组成部分。

第二十四条 招标人应当确定投标人编制投标文件所需要的合理时间；但是，依法必须进行招标的项目，自招标文件开始发出之日起至投标人提交投标文件截止之日止，**最短不得少于二十日**。

2. 投标

第二十五条 投标人是响应招标、参加投标竞争的法人或者其他组织。依法招标的科研项目允许个人参加投标的，投标的个人适用本法有关投标人的规定。

第二十六条 投标人应当具备承担招标项目的能力；国家有关规定对投标人资格条件或者招标文件对投标人资格条件有规定的，投标人应当具备规定的资格条件。

第二十八条 投标人应当在招标文件要求提交投标文件的截止时间前，将投标文件送达投标地点。招标人收到投标文件后，应当签收保存，不得开启。投标人少于三个的，招标人应当依照本法重新招标。 在招标文件要求提交投标文件的**截止时间后送达的投标文件，招标人应当拒收**。

第三十一条 两个以上法人或者其他组织可以组成一个联合体，以一个投标人的身份共同投标。联合体各方均应当具备承担招标项目的相应能力；国家有关规定或者招标文件对投标人资格条件有规定的，联合体各方均应当具备规定的相应资格条件。由同一专业的单位组成的联合体，**按照资质等级较低的单位确定资质等级**。联合体各方应当签订共同投标协议，明确约定各方拟承担的工作和责任，并将共同投标协议连同投标文件一并提交招标人。联合体中标的，联合体各方应当共同与招标人签订合同，就中标项目向招标人承担连带责任。招标人不得强制投标人组成联合体共同投标，不得限制投标人之间的竞争。

第三十三条　投标人不得以低于成本的报价竞标，也不得以他人名义投标或者以其他方式弄虚作假，骗取中标。

3. 开标

第三十四条　开标应当在招标文件确定的提交投标文件**截止时间的同一时间公开进行**；开标地点应当为招标文件中预先确定的地点。

第三十五条　开标由招标人主持，邀请所有投标人参加。

第三十六条　开标时，由投标人或者其推选的代表检查投标文件的密封情况，也可以由招标人委托的公证机构检查并公证；经确认无误后，由工作人员当众拆封，宣读投标人名称、投标价格和投标文件的其他主要内容。

4. 评标

第三十七条　评标由招标人依法组建的评标委员会负责。依法必须进行招标的项目，其评标委员会由招标人的代表和有关技术、经济等方面的专家组成，成员人数为**五人以上单数**，其中**技术、经济等方面的专家不得少于成员总数的三分之二**。前款专家应当从事相关领域工作满八年并具有高级职称或者具有同等专业水平，由招标人从国务院有关部门或者省、自治区、直辖市人民政府有关部门提供的专家名册或者招标代理机构的专家库内的相关专业的专家名单中确定；一般招标项目可以采取随机抽取方式，特殊招标项目可以由招标人直接确定。与投标人有利害关系的人不得进入相关项目的评标委员会；已经进入的应当更换。评标委员会成员的名单在中标结果确定前应当保密。

第三十九条　评标委员会可以要求投标人对投标文件中含义不明确的内容作必要的澄清或者说明，但是澄清或者说明不得超出投标文件的范围或者改变投标文件的实质性内容。

5. 中标

第四十一条　中标人的投标应当符合下列条件之一：

（一）能够最大限度地满足招标文件中规定的各项综合评价标准；

（二）能够满足招标文件的实质性要求，并且经评审的投标价格最低；但是投标价格低于成本的除外。

第四十二条　评标委员会经评审，认为所有投标都不符合招标文件要求的，可以否决所有投标。依法必须进行招标的项目的所有投标被否决的，招标人应当依照本法重新招标。

第四十五条　中标人确定后，招标人应当向中标人发出中标通知书，并同时将中标结果通知所有未中标的投标人。中标通知书对招标人和中标人具有法律效力。中标通知书发出后，招标人改变中标结果的，或者中标人放弃中标项目的，应当依法承担法律责任。

第四十六条　招标人和中标人应当自中标通知书发出之日起三十日内，按照招标文件和中标人的投标文件订立书面合同。招标人和中标人不得再行订立背离合同实质性内容的其他协议。招标文件要求中标人提交履约保证金的，中标人应当提交。

第四十七条 依法必须进行招标的项目，招标人应当自确定中标人之日起**十五日内**，向有关行政监督部门提交招标投标情况的书面报告。

第四十八条 中标人应当按照合同约定履行义务，完成中标项目。中标人不得向他人转让中标项目，也不得将中标项目肢解后分别向他人转让。中标人按照合同约定或者经招标人同意，**可以将中标项目的部分非主体、非关键性工作分包给他人完成。**接受分包的人应当具备相应的资格条件，并**不得再次分包。**中标人应当就分包项目向招标人负责，接受分包的人就分包项目**承担连带责任。**

6.《中华人民共和国招标投标法实施条例》

第一条 为了规范招标投标活动，根据《中华人民共和国招标投标法》（以下简称招标投标法），制定本条例。

第三十九条 禁止投标人相互串通投标。

有下列情形之一的，属于投标人相互串通投标：

（一）投标人之间协商投标报价等投标文件的实质性内容；

（二）投标人之间约定中标人；

（三）投标人之间约定部分投标人放弃投标或者中标；

（四）属于同一集团、协会、商会等组织成员的投标人按照该组织要求协同投标；

（五）投标人之间为谋取中标或者排斥特定投标人而采取的其他联合行动。

第四十条 有下列情形之一的，视为投标人相互串通投标：

（一）不同投标人的投标文件由同一单位或者个人编制；

（二）不同投标人委托同一单位或者个人办理投标事宜；

（三）不同投标人的投标文件载明的项目管理成员为同一人；

（四）不同投标人的投标文件异常一致或者投标报价呈规律性差异；

（五）不同投标人的投标文件相互混装；

（六）不同投标人的投标保证金从同一单位或者个人的账户转出。

第四十一条 禁止招标人与投标人串通投标。

有下列情形之一的，属于招标人与投标人串通投标：

（一）招标人在开标前开启投标文件并将有关信息泄露给其他投标人；

（二）招标人直接或者间接向投标人泄露标底、评标委员会成员等信息；

（三）招标人明示或者暗示投标人压低或者抬高投标报价；

（四）招标人授意投标人撤换、修改投标文件；

（五）招标人明示或者暗示投标人为特定投标人中标提供方便；

（六）招标人与投标人为谋求特定投标人中标而采取的其他串通行为。

第五十一条 有下列情形之一的，评标委员会应当否决其投标：

（一）投标文件未经投标单位盖章和单位负责人签字；

（二）投标联合体没有提交共同投标协议；

（三）投标人不符合国家或者招标文件规定的资格条件；

（四）同一投标人提交两个以上不同的投标文件或者投标报价，但招标文件要求提交备选投标的除外；

（五）投标报价低于成本或者高于招标文件设定的最高投标限价；

（六）投标文件没有对招标文件的实质性要求和条件做出响应；

（七）投标人有串通投标、弄虚作假、行贿等违法行为。

7．招标评分标准

制定招标评分标准遵循的准则有：

- 依据客观事实：标准尽可能客观。不用"好、一般、较少"等无法量化概念。
- 得分应可明显区分高低。如招标人业绩应该在 100 万到 1000 万间，则不能出现超过 150 万得 5 分标准，因为这样可能导致大部分招标者均满分。
- 严控自由裁量权：控制评委酌情打分，尽可能控制评委自由裁量权，量化评分。如技术方案、现场答辩等确实无法描述的评分因素，则应设定因素的最低得分值，且最低得分不少于满分值的 50%。
- 评分标准应便于评审。不能太繁琐，分档不要太多。
- 细则横向比较：确保各因素的单位分值大体相当。

六、政府采购法

《中华人民共和国政府采购法》是为了规范政府采购行为，提高政府采购资金的使用效益，维护国家利益和社会公共利益，保护政府采购当事人的合法权益，促进廉政建设，而制定的法律。学习卡片见图 4-3-3 所示。

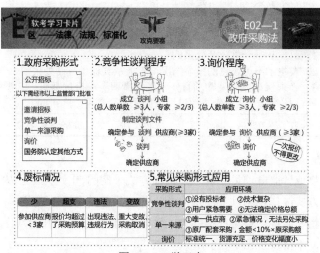

图 4-3-3　学习卡

第 4 天

1. 政府采购当事人

第二十四条 两个以上的自然人、法人或者其他组织可以组成一个联合体，以一个供应商的身份共同参加政府采购。

以联合体形式进行政府采购的，参加联合体的供应商均应当具备本法第二十二条规定的条件，并应当向采购人提交联合协议，载明联合体各方承担的工作和义务。联合体各方应当共同与采购人签订采购合同，就采购合同约定的事项对采购人承担连带责任。

2. 政府采购形式

第二十六条 政府采购采用以下方式：

（一）公开招标；

（二）邀请招标；

（三）竞争性谈判；

（四）单一来源采购；

（五）询价；

（六）国务院政府采购监督管理部门认定的其他采购方式。

各类采购方式的特点如表 4-3-1 所示。

表 4-3-1　各类采购形式的特点

采购形式	应用环境
公开招标	政府采购的主要采购方式
邀请招标	1. 特殊性，只能从特殊供应商处采购 2. 公开招标费用占总采购费用的比例过大
竞争性谈判	1. 没有投标者、没有合格标的、重新招标未成立 2. 技术复杂，不能确定详细规格 3. 时间紧急 4. 无法事先计算总价
单一来源采购	1. 只能从唯一供应商处采购 2. 发生了不可预见的紧急情况，不能从其他供应商处采购 3. 必须保证原有采购项目一致性或者服务配套的要求，需要继续从原供应商处添购，且添购资金总额不超过原合同采购金额百分之十的
询价	采购的货物规格、标准统一、现货货源充足且价格变化幅度小

3. 政府采购程序

第三十四条 货物或者服务项目采取邀请招标方式采购的，采购人应当从符合相应资格条件的供应商中，通过随机方式选择三家以上的供应商，并向其发出投标邀请书。

第三十五条 货物和服务项目实行招标方式采购的，自招标文件开始发出之日起至投标人提交投标文件截止之日止，不得少于二十日。

第三十六条 在招标采购中，出现下列情形之一的，应予废标：

（一）符合专业条件的供应商或者对招标文件作实质响应的供应商不足三家的；

（二）出现影响采购公正的违法、违规行为的；

（三）投标人的报价均超过了采购预算，采购人不能支付的；

（四）因重大变故，采购任务取消的。

废标后，采购人应当将废标理由通知所有投标人。

第三十七条　废标后，除采购任务取消情形外，应当重新组织招标；需要采取其他方式采购的，应当在采购活动开始前获得设区的市、自治州以上人民政府采购监督管理部门或者政府有关部门批准。

第三十八条　采用竞争性谈判方式采购的，应当遵循下列程序：

（一）成立谈判小组。谈判小组由采购人的代表和有关专家共**三人以上的单数**组成，其中专家的人数**不得少于成员总数的三分之二**。

（二）制定谈判文件。谈判文件应当明确谈判程序、谈判内容、合同草案的条款以及评定成交的标准等事项。

（三）确定邀请参加谈判的供应商名单。谈判小组从符合相应资格条件的供应商名单中确定不少于三家的供应商参加谈判，并向其提供谈判文件。

（四）谈判。谈判小组所有成员集中与单一供应商分别进行谈判。在谈判中，谈判的任何一方不得透露与谈判有关的其他供应商的技术资料、价格和其他信息。谈判文件有实质性变动的，谈判小组应当以书面形式通知所有参加谈判的供应商。

（五）确定成交供应商。谈判结束后，谈判小组应当要求所有参加谈判的供应商在规定时间内进行最后报价，采购人从谈判小组提出的成交候选人中，根据符合采购需求、质量和服务相等且报价最低的原则确定成交供应商，并将结果通知所有参加谈判的未成交的供应商。

采用竞争性谈判方式的流程如图 4-3-4 所示。

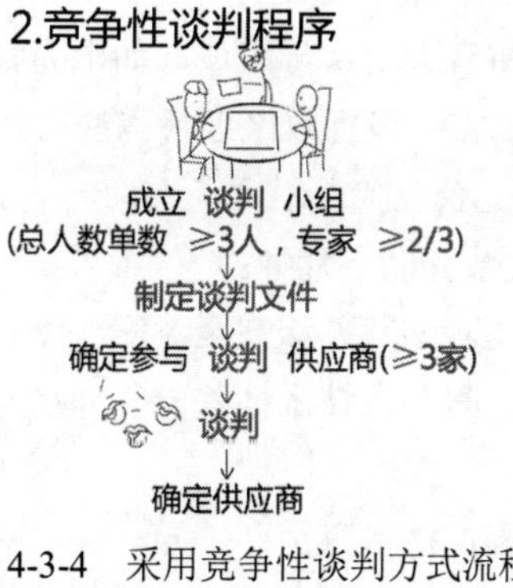

2.竞争性谈判程序

成立 谈判 小组
（总人数单数 ≥3人，专家 ≥2/3）
制定谈判文件
确定参与 谈判 供应商(≥3家)
谈判
确定供应商

图 4-3-4　采用竞争性谈判方式流程

第四十条　采取询价方式采购的，应当遵循下列程序：

（一）成立询价小组。询价小组由采购人的代表和有关专家共三人以上的单数组成，其中专家的人数不得少于成员总数的三分之二。询价小组应当对采购项目的价格构成和评定成交的标准等事项作出规定。

（二）确定被询价的供应商名单。询价小组根据采购需求，从符合相应资格条件的供应商名单中确定不少于三家的供应商，并向其发出询价通知书让其报价。

（三）询价。询价小组要求被询价的供应商一次报出不得更改的价格。

（四）确定成交供应商。采购人根据符合采购需求、质量和服务相等且报价最低的原则确定成交供应商，并将结果通知所有被询价的未成交的供应商。

采用竞询价方式流程如图 4-3-5 所示。

4．监督检查

第六十条 政府采购监督管理部门不得设置集中采购机构，不得参与政府采购项目的采购活动。

采购代理机构与行政机关不得存在隶属关系或者其他利益关系。

3.询价程序

成立 询价 小组
（总人数单数 ≥3人，专家 ≥2/3）

确定参与 询价 供应商（≥3家）
询价
一次报价不得更改
确定供应商

图 4-3-5 采用竞询价方式流程

七、标准化

按照国务院授权，在国家质量监督检验检疫总局管理下，国家标准化管理委员会统一管理全国标准化工作。全国信息技术标准化技术委员会在国家标管委领导下，负责信息技术领域国家标准的规划和制订工作。

标准的代号和名称：

（1）我国国家标准代号：强制性标准代号为 GB、推荐性标准代号为 GB/T、指导性标准代号为 GB/Z、实物标准代号 GSB。国家标准有效期为 5 年。

（2）行业标准代号：由汉语拼音大写字母组成（如电力行业为 DL）。

（3）地方标准代号：由 DB 加上省级行政区划代码的前两位。

（4）企业标准代号：由 Q 加上企业代号组成。

我国标准与国际标准的对应关系有以下几种：

（1）等同采用：技术内容相同，编写方法完全对应，没有或仅有编辑性修改。

（2）修改采用：与国际标准之间存在技术性差异，并清楚标明差异并解释原因，可以包含编辑性修改。

（3）等效采用：技术内容相同，技术有少许差异。

（4）非等效采用（not equivalent，NEQ）等。指与相应国际标准在技术内容和文本结构上不同，它们之间的差异没有被清楚地标明，非等效不属于采用国际标准。

具体的标准内容实在太多，只能列出常见标准和常考标准，供大家复习。

1. 软件工程产品质量第 1 部分 GB/T16260

该标准属于管理标准。本部分知识学习卡如图 4-3-6 所示。

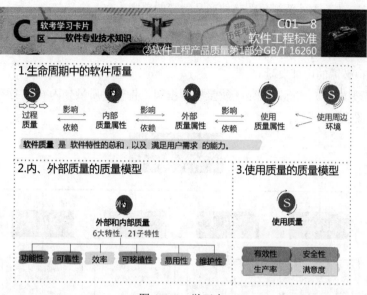

图 4-3-6　学习卡

"软件质量"是软件特性的总和，软件满足规定或潜在用户需求的能力。该标准认为软件生命周期中，不同阶段关注不同的产品质量，度量质量的方法也不同。

（1）质量分类。软件质量分为内部质量（开发中）、外部质量（开发过程外）和使用质量（用户角度来看）三部分。具体如图 4-3-7 所示。

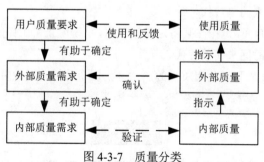

图 4-3-7　质量分类

1）用户质量要求：用户对质量的需求可以是使用质量的度量、外部度量，也可以是内部度量。用户质量需求将成为产品确认准则。

2）外部质量需求：从外部视角来规定要求的质量级别，包括用户质量要求派生的需求（包括使用质量需求）。

3）内部质量需求：从产品的内部视角来规定要求的质量级别。内部质量需求用来规定中间产品的特性。这些可以包括静态和动态的模型，以及其他文档和源代码。

4）外部质量：是基于外部视角的软件产品特征的总和。

5）内部质量：是基于内部视角的软件产品特征的总和。

6）使用质量：基于用户观点的质量。使用质量的获得依赖于必需的外部质量，而外部质量的获得则依赖于取得必需的内部质量。

（2）质量模型框架。该标准规定了质量模型框架，将软件质量分为 6 个主要特性和若干子特性。质量模型如图 4-3-8 所示。

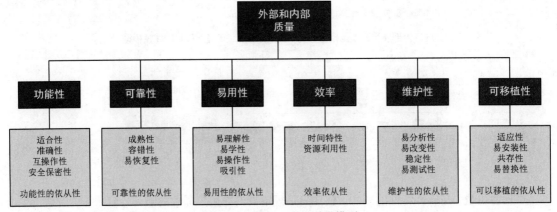

图 4-3-8　外部、内部质量模型

MTBF（平均无故障时间）=无故障总时间/故障次数，是指相邻两次故障之间的平均工作时间。例如，正在运行中的 100 只硬盘，一年之内出了两次故障，则每个硬盘的故障率为 0.02 次/年。"可靠性"可用故障次数指标来简单替代。

可用性=可用时间/总时间，是指在某特定时间段内，系统能正常工作的时间占总时间的百分比。"可用性"可用平均修复时间来简单替代。

（3）使用质量的质量模型。使用质量的属性分为四个特性：有效性、生产率、安全性和满意度。模型如图 4-3-9 所示，简称"有效生产，安全满意"。

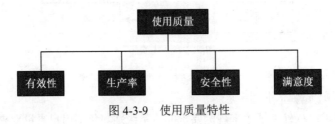

图 4-3-9　使用质量特性

（4）度量。度量分为内部度量和外部度量。

第 4 天

1）内部度量。

内部度量可以应用于设计和编码期间的非执行软件产品（标书、需求定义、规格说明、源代码）。

内部度量用于测试软件产品的中间产品，使得用户、评价者、测试人员和开发者可以在软件产品**可执行之前**就能评价软件产品质量和尽早地提出质量问题。

2）外部度量。

外部度量测试、运行和观察可执行的软件**或系统**。外部度量使得用户、评价者、测试人员和开发者可以在**测试或操作期间**评价软件产品质量。

外部度量可以通过测量该软件产品作为其一部分的系统行为来测量软件产品的质量。外部度量只能在生存周期过程中的测试阶段和任何运行阶段使用。

2. 软件文档管理指南 GB/T16680

本部分知识学习卡如图 4-3-10 所示。

图 4-3-10　学习卡

该协议帮助管理者在机构中产生有效文档。文档讲述了软件文档的作用、管理者的作用、制定文档的策略与计划、制定文档的标准与流程。

（1）项目周期中的文档。软件文档分类如表 4-3-2 所示。

（2）文档质量分级。每个文档的质量必须在文档计划期间就有明确的规定。文档的质量可以按文档的形式和列出的要求划分为四级，可以笼统划分为正式文档和非正式文档。

表 4-3-2　软件文档分类

文档名	文档作用	基本文档
开发文档	描述开发过程本身	《可行性研究和项目任务书》 《需求规格说明》 《功能规格说明》 《设计规格说明，包括程序和数据规格说明》 《开发计划》 《软件集成和测试计划》 《质量保证计划、标准、进度》 《安全和测试信息》
产品文档	描述开发过程的产物	《培训手册》 《参考手册和用户指南》 《支持手册》 《产品手册》
管理文档	记录项目管理的信息	《开发过程的每个阶段的进度和进度变更的记录》 《软件变更情况的记录》 《相对于开发的判定记录》 《职责定义》

文档质量分级如表 4-3-3 所示。

表 4-3-3　按质量分级的文档

质量级别	适用情况	备注
最低限度文档 （1 级文档）	适合开发工作量低于一个人月的开发者自用程序	该文档应包含程序清单、开发记录、测试数据和程序简介
内部文档 （2 级文档）	精心研究后被认为似乎没有与其他用户共享资源的专用程序	除 1 级文档提供的信息外，2 级文档还包括程序清单内足够的注释以帮助用户安装和使用程序
工作文档 （3 级文档）	适于由同单位若干人联合开发的程序，或可被其他单位使用的程序	
正式文档 （4 级文档）	适于要正式发行供普遍使用的软件产品	关键性程序或具有重复管理应用性质（如工资计算）的程序需 4 级文档。 应遵守 GB 8567 的有关规定

（3）文档评审。

需求评审：进一步确认开发者和设计者已了解用户要求什么，及用户从开发者一方了解某些限制和约束。

设计评审：通常安排两个主要的设计评审——概要设计评审和详细设计评审。

● 概要设计评审：主要详细评审每个系统组成部分的基本设计方法和测试计划。系统规格说明应根据概要设计评审的结果加以修改。

● 详细设计评审：主要评审计算机程序和程序单元测试计划。

（4）文档编制计划。文档计划一般包括以下几方面内容：

1）列出应编制文档的目录。

2）提示编制文档应参考的标准。

3）指定文档管理员。

4）提供编制文档所需要的条件，落实文档编写人员、所需经费以及编制工具等。

5）明确保证文档质量的方法，为了确保文档内容的正确性、合理性，应采取一定的措施，如评审、鉴定等。

6）绘制进度表，以图表形式列出在软件生存期各阶段应产生的文档、编制人员、编制日期、完成日期、评审日期等。

（5）文档归档。文档归档应满足：

1）归档的文档是经过鉴定或评审的。

2）文档应签署完整、成套、格式统一、字迹工整。

3）印制本、打印本以及各种报告应装订成册，并按规定进行编号和签署。

3. 计算机软件质量保证计划规范 GB/T 12504－1990

本部分知识学习卡如图 4-3-11 所示。

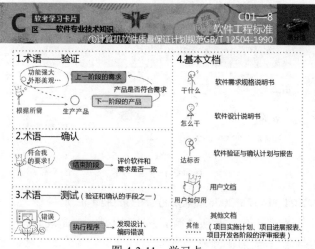

图 4-3-11　学习卡

《计算机软件质量保证计划规范 GB/T 12504－1990》主要考查的条目如下：

（1）验证（Verification）。验证是指确定软件开发周期中，一个给定阶段的产品是否达到在上一阶段确立的需求的过程。

（2）确认（Validation）。确认是指在软件开发过程结束时，对软件进行评价以确定它是否和软件需求相一致的过程。

（3）测试（Testing）。测试是指通过执行程序来有意识地发现程序中的设计错误和编码错误的过程。测试是验证和确认的手段之一。

为了确保软件的实现满足需求，至少需要下列基本文档：

- 软件需求规格说明书（Software Requirements Specification）。
- 软件设计说明书（Software Design Description）。
- 软件验证与确认计划（Software Verification and Validation Plan）。
- 软件验证和确认报告（Software Verification and Validation Report）。
- 用户文档（User Documentation）。
- 其他文档。

除基本文档以外，还应包括：项目实施计划、项目进展报表、项目开发各阶段的评审报表。

4. 软件工程术语 GB/T 11457－2006

本部分知识学习卡如图 4-3-12 所示。

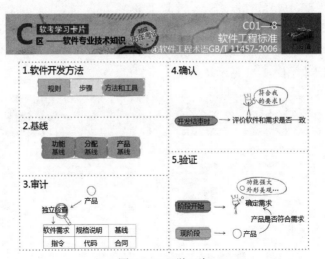

图 4-3-12　学习卡

《软件工程术语 GB/T 11457－2006》主要考查的条目如下：

- 软件开发方法是软件开发过程所遵循的方法和步骤，它是规则、方法和工具的集成，既支持开发，也支持之后的演化过程。
- 基线是已经过正式审核与同意，可用作下一步开发的基础，并且只有通过正式的修改管理步骤方能加以修改的规格说明或产品。配置管理有三种基线：**功能基线、分配基线和产品基线**。
- **确认**（Validation）是在开发过程期间或结束时对系统或部件进行评价，通过检查和提供客观证据，以确定它是否满足特定预期用途的需求的过程。
- **验证**（Verification）是评价系统或部件，以确定软件开发周期中一个给定阶段的产品是否满足在阶段的开始确立的需求的过程。

- 审计是为评估工作产品或工作产品是否符合软件需求、规格说明、基线、过程、指令、代码以及合同和特殊要求而进行的一种独立的检查。

5. 其他知识点

软件工程标准涉及的其他相关考点有：

（1）计算机软件可靠性和可维护性 GB/T 14394－2008。

《计算机软件可靠性和可维护性管理 GB/T14394－2008》考过的相关条目如下：

在软件运作过程和维护过程中，应分析和提高软件可靠性：

1）制定并实施软件可靠性数据采集规程；

2）实施软件 FRACAS；

3）测量可靠性，分析现场可靠性是否达到要求；

4）跟踪用户满意程度；

5）用可靠性测量数据指导产品和工程过程的改进；

6）软件产品维护时执行适当的维护规程并参照基本文档中实施适用的管理活动。

详细设计评审包含的内容有：各单位可靠性和可维护性目标、可靠性和可维护性设计、测试文件、软件开发工具。

（2）中华人民共和国标准 GB 1526－1989。

《中华人民共和国标准 GB 1526－1989》考过的相关条目如下：

- **数据流程图**：表示求解某一问题的数据通路。同时规定处理的主要阶段和所用的各种数据媒体。
- **程序流程图**：表示程序中的操作顺序。
- **系统流程图**：表示系统的操作控制和数据流。
- **程序网络图**：表示程序激活路径和程序与相关数据的相互作用。在系统流程图中，一个程序可能在多个控制流中出现；但在程序网络图中，每个程序仅出现一次。
- **系统资源图**：表示适合于一个问题或一组问题求解的数据单元和处理单元的配置。

（3）计算机软件需求说明编制指南 GB/T 9385－2008。

《计算机软件需求说明编制指南 GB/T 9385－2008》考过的相关条目如下：

1）软件需求规格说明（Software Requirements Specifications，SRS）的编制者。软件开发的过程是由**开发者和客户双方**同意开发什么样的软件协议开始的。这种协议要使用 SRS 的形式，应该由双方联合起草。

2）SRS 的基本要求。SRS 是对要完成一定功能、性能的软件产品、程序或一组程序的说明。

3）在 SRS 中嵌入了设计。在 SRS 中嵌入设计说明，会过多地约束软件设计，并且人为地把具有潜在危险的需求放入 SRS 中。

4）在 SRS 中嵌入了一些项目要求。SRS 应当是描写一个软件产品，而不是描述生产软件产品的过程。

（4）计算机软件产品开发文件编制指南 GB/T 8567－2006。

《计算机软件产品开发文件编制指南 GB/T 8567－2006》考过的相关条目如下：

1）软件生存周期与各种文件的编制。

2）在需求分析阶段内，由系统分析人员对被设计的系统进行系统分析，确定该软件的各项功能、性能需求和设计约束，确定对文件编制的要求。作为本阶段工作的结果，一般来说，软件需求说明书、数据要求说明书和初步的用户手册应该编写出来。

3）系统需求是指功能、业务（包括接口、资源、性能、可靠性、安全性、保密性等）和数据需求。

八、课堂巩固练习

1．著作权人对作品享有五种权利，以下___（1）___不是这五种权利中的。

（1）A．发表权　　　　B．署名权　　　　C．独占实施权　　D．修改权

【辅导专家讲评】著作权人对作品享有五种权利是指发表权，署名权，修改权，保护作品完整权，使用权、使用许可权和获取报酬权、转让权。独占实施权是专利权人拥有的权利。

参考答案：（1）C

2．注册商标的有效期为___（2）___年。

（2）A．5　　　　　　B．8　　　　　　C．10　　　　　　D．没有限制

【辅导专家讲评】根据商标法的规定，注册商标的有效期为 10 年。

参考答案：（2）C

3．根据著作权法相关规定，著作权属于公民时，发表权的保护期为___（3）___。

（3）A．10 年　　　　　　　　　　B．20 年

　　　C．50 年　　　　　　　　　　D．作者终生及其死亡后的 50 年

【辅导专家讲评】根据著作权法相关规定，著作权的保护是有一定期限的。著作权属于公民时，署名权、修改权、保护作品完整权的保护期没有任何限制，永远属于保护范围；而发表权、使用权和获得报酬权的保护期为作者终生及其死亡后的 50 年（第 50 年的 12 月 31 日）；作者死亡后，著作权依照继承法进行转移。

参考答案：（3）D

4．根据《中华人民共和国政府采购法》的规定，当___（4）___时，不采用竞争性谈判方式采购。

（4）A．技术复杂或性质特殊，不能确定详细规格或具体要求

　　　B．采用招标所需时间不能满足用户紧急需要

　　　C．发生了不可预见的紧急情况不能从其他供应商处采购

　　　D．不能事先计算出价格总额

【辅导专家讲评】根据政府采购法第三十条规定，符合下列情形之一的货物或者服务，可以依照本法采用竞争性谈判方式采购：①招标后没有供应商投标或者没有合格标的或者重新招标未能成

立的；②技术复杂或者性质特殊，不能确定详细规格或者具体要求的；③采用招标所需时间不能满足用户紧急需要的；④不能事先计算出价格总额的。

参考答案：（4）C

5．下列有关中华人民共和国政府采购法的陈述中，错误的是＿＿（5）＿＿。

（5）A．政府采购可以采用公开招标方式

　　 B．政府采购可以采用邀请招标方式

　　 C．政府采购可以采用竞争性谈判方式

　　 D．公开招标应作为政府采购的主要采购方式，政府采购不可从单一来源采购

【辅导专家讲评】政府采购法第二十六条规定，政府采购采用以下方式：①公开招标；②邀请招标；③竞争性谈判；④单一来源采购；⑤询价；⑥国务院政府采购监督管理部门认定的其他采购方式。其中公开招标应作为政府采购的主要采购方式。

参考答案：（5）D

6．根据《软件文档管理指南 GB/T16680－1996》，＿＿（6）＿＿不属于基本的开发文档。

（6）A．可行性研究和项目任务书　　　　B．培训手册

　　 C．需求规格说明　　　　　　　　　 D．开发计划

【辅导专家讲评】《软件文档管理指南 GB/T16680－1996》把软件文档分为三类，分别是开发文档、管理文档和产品文档。其中基本的开发文档有可行性研究和项目任务书、需求规格说明、功能规格说明、设计规格说明（包括程序和数据规格说明）、开发计划、软件集成和测试计划、质量保证计划（标准、进度）、安全和测试信息；基本的产品文档有培训手册、参考手册和用户指南、软件支持手册、产品手册和信息广告。从试题给出的选项来看，B应当属于产品文档，故答案选 B。

参考答案：（6）B

第4～5学时　案例分析

在前3天半的学习过程中，已经将考试的基础知识点梳理了一遍，接下来我们要进入项目案例分析的学习。项目案例分析出现在下午的试题中，下午的考试时间是150分钟，一般是4～5道大题，每道大题又有若干道小题，共计75分。

在案例分析的2个课时里，我们这样来安排：先是讲述解题的技巧和注意事项；再来看一些案例分析模拟题。做案例分析模拟题时为达到学习的效果，每讲评一道题就练习一道题，练习时请考生一定要自己动手写一写。在讲评练习题时还会给出评卷的思路，供考生参考把握。

一、解题技巧与注意事项

这个问题其实也是老调重弹了，在第1天的第1个学时中和考生一起梳理考试要点时已经讲过注意事项了，现在我们再来温习一遍。

再次提醒考生，项目管理的十大知识领域就是下午考试的重中之重了，不要去关注技术方面的问题，这不是考试的范围。

拿到下午的试卷，可以看到试题和答题纸，先在答题纸上写好姓名、考号，以免遗漏。再花 2～5 分钟将所有试题快速预览一遍，稍加清理一下，看看难度与所涉及到的主要内容。

对整个卷面有了整体把握以后，应考虑解题先易后难。为保持卷面整洁，在答题纸书写正式答案前可在草稿纸（用完了可问监考老师再要）上先大致草拟一下。案例分析题中的小题有如下几种：

（1）基础知识题。这考的是基本知识点，比如合同的内容有什么。这样可根据要点给分，写中一条就给相应的分数。

（2）找出原因题。给出一个项目案例情况的描述，要考生找出出现问题的原因是什么，比如引发项目进入停滞不前的状况原因是什么。同样也是根据要点给分。

【辅导专家提示】值得注意的是，一般阅卷者都是专家，不会根据参考答案原原本本地对照给分，毕竟做主观题时，字面可以不同，但含义可以接近。所以主要是看考生给出的回答是否接近参考答案中的要点，根据要点来给分，但为了涵盖这些要点，考生应尽量多写一些要点。

（3）解决方案题。根据题目中项目案例的描述，针对出现的问题，请考生给出解决的办法。比如如果你是项目经理，将如何解决停滞不前的状况。这时，考生应在理清思路的基础上，有条理地一条一条罗列出自己的措施。

（4）经验教训题。比如得到了什么样的经验教训、将来如何改进、如何从公司整体层面上提升管理水平。考生应当进行总结和展望，条理清晰地作答。

（5）计算题。好在计算题的范围不太宽，基本集中在网络图计算、挣值分析计算、投资分析计算这 3 个主要功能的领域，因此，考生更应花精力来消化和掌握。

基于以上分析，案例分析部分，我们把重点放在以下方面：

（1）熟悉考试题型、阅卷方法，对应得出答题方法。

（2）提高分析问题、归纳总结答案要点的能力。

（3）反复再行练习计算题，做到心中有数。

要做到以上 3 点，对初学者考生来说并非易事。不妨采取如下学习规律——讲一道做一道。正在学习本书的考生，如果没有老师引导，建议坚持用"讲一道做一道"的方法来提高案例分析题的解题能力。

二、讲评一道题

试题（本题共 15 分）

老刘接手了一个信息系统集成项目，担任项目经理。在这个项目进展过程中出现了下述情况：一个系统的用户向他所认识的一个项目开发人员小李抱怨系统软件中的一项功能问题，并且表示希望能够进行修改。于是，小李直接对系统软件进行了修改，解决了该项功能问题。老刘并不知道小李对系统进行了该项目功能的修改，而这项功能与其他不少功能具有关联关系，在项目的后期，出现了其他功能不断出故障的问题。

针对以上描述的情况，请分析如下问题：

【问题 1】请说明上述情况中可能存在哪些问题？（5 分）

【问题 2】如果你是项目经理老刘，你将采取什么样的措施？（5 分）

【问题 3】请说明配置管理中完整的变更处置流程。（5 分）

试题分析：

首先将问题审清，第 1 道小题是要找可能的问题，并列出问题清单；第 2 道小题是要列出措施要点；第 3 道小题则是要给出完整的变更处置流程，这是知识点记忆题。

然后在初步分析问题的基础上再来看如何解题。先看如何解第 1 道题。这道小题是要找问题，这种情况大多可在题目已知信息中直接找出并进行归纳总结；再者题目还说了是要给出"可能"存在的问题，故考生还要利用所学知识展开想象，将思路发散开来，再总结出一些要点；另外题目给出的分值是 5 分，估计是 5 个要点，每个要点 1 分，但该小题给分不超过 5 分。这时考生应准备 7 个以上要点，以便于涵盖参考答案中的要点。

一起来仔细阅读题目已知信息，方便的话不妨直接用笔在题目的关键词句下划线，以加深印象。好在题干并不长，如果长的话，强烈建议考生用笔划线。

题目中有如下关键的已知信息："小李**直接**对系统软件进行了修改""老刘并不知道小李对系统进行了该项目功能的修改""这项功能与其他不少功能具有关联关系"。一般来说，题目中的已知信息偏向于直白，这些往往也是导致问题发生的直接原因，故可将这 3 句话直接列为第 1 小问的要点。

但 3 个要点明显不够，还得继续归纳总结出一些要点。从归纳分析可知，小李是"直接修改"，这种变更没有得到审批、记录，这其实就是变更管理、配置管理的内容。小李修改的功能与其他功能存在关联关系，故可能修改完后应当要进行单元测试、集成测试等测试工作，修改后的功能没有验证，项目程序的版本管理不足。而刘经理对小李的修改并不知情，可见沟通也是存在问题的。于是至少可列出如下有关要点：

（1）有关变更管理流程的要点。

（2）有关变更分析与审批的要点。

（3）有关测试的要点。

（4）有关配置管理的要点。

（5）有关文档记录的要点。

（6）有关版本管理的要点。

（7）有关修订后验证、确认的要点。

（8）有关沟通的要点。

再结合直接找出的 3 个要点，共计 11 个要点，足以覆盖参考答案中的要点。当然，写到答题纸上的要点不能像上面这么描述，要用通顺的语句说明，比如"有关变更管理流程的要点"可写为"项目在修改过程中没有注意版本管理"。

第 2 道小题是要给出解决问题的措施。从题目来看，这道题是要从项目经理的角度来解决问题，可见考生在这道题中就是扮演项目经理的角色了。再者措施与问题可以对应起来，比如第 1 问给出的 11 要点，就可结合给出 11 条措施。第 2 道小题共计 5 分，估计也是 5 个要点，但该小题给分不超过 5 分。考生能给出 11 条措施，涵盖参考答案足足有余，不过本题还要考虑一个问题，那就是题目是要给出措施，则说明是站在项目的当前时间点，据题意是项目已经进入了后期，因此又不一定和第 1 道小题的答题结果一一对应了，还需要适度归纳总结和加工处理。

第 3 道小题就不用再行讲评了，这就看考生前几天的学习和平时的积累了。

试题参考答题结果：

【问题 1 参考答题结果】存在的主要问题有：

（1）小李直接对系统软件进行了修改。

（2）老刘并不知道小李对系统进行了该项目功能的修改。

（3）小李修改的这项功能与其他不少功能具有关联关系。

（4）项目没有变更管理的控制流程。

（5）对变更的请求没有足够的分析，也没有获得批准。

（6）功能修改后，没有进行后续的单元测试、集成测试等测试工作。

（7）项目没有进行配置管理。

（8）对变更的情况没有进行文档记录。

（9）对程序和文档没有进行版本管理。

（10）有关功能修订后没有进行验证、确认。

（11）用户的修改要求及对功能进行的修改没有及时与项目干系人进行沟通。

【问题 2 参考答题结果】如果我是项目经理，将采取以下措施：

（1）清理历史变更情况，作出详细记录。

（2）理清修改的功能与其他功能之间的关系，及时修改其他功能程序。

（3）及时进行单元测试、系统测试等测试工作。

（4）进行系统功能验证、确定。

（5）召集开会，集中讨论功能修改调整的事宜。

（6）控制程序代码和软件文档，如使用配置管理软件 VSS。

（7）理顺变更控制的流程并予以实施。

【问题 3 参考答题结果】配置管理中完整的变更处置流程如下：

（1）变更申请。应记录变更的提出人、日期、申请变更的内容等信息。

（2）变更评估。对变更的影响范围、严重程度、经济和技术可行性进行系统分析。

（3）变更决策。由具有相应权限的人员或机构决定是否实施变更。

（4）变更实施。由管理者指定的工作人员在受控状态下实施变更。

（5）变更验证。由配置管理人员或受到变更影响的人对变更结果进行评价，确定变更结果和预期是否相符、相关内容是否进行了更新、工作产物是否符合版本管理的要求。

（6）沟通存档。将变更后的内容通知可能会受到影响的人员，并将变更记录汇总归档。如提出的变更在决策时被否决，其初始记录也应予以保存。

阅卷时以上 6 个要点，答 1 个给 1 分，但给分不超过 5 分。

三、练习一道题

【辅导专家提示】请考生花 10 分钟左右的时间分析试题、解答试题，请注意先不要看后面的试题分析与参考答题结果。

试题（本题共 15 分）

老李所在公司承接了一个信息系统软件开发项目，公司安排老李担任项目经理。老李带领项目团队紧锣密鼓地开始了工作。老李组织人员进行了需求分析和设计后，将系统拆分为多个功能模块。

为加快项目进度，老李按功能模块的拆分，将项目团队分成若干个小组，一个小组负责一个模块地开发，各个组分头进行开发工作，期间客户提出的一些变更要求也由各部分人员分别解决。各部分人员对各自负责部分分别自行组织进行了软件测试，因此老李决定直接在客户现场进行集成，但是发现问题很多，针对系统各部分所表现出来的问题，各个组又分别进行了修改，但是问题并未有明显减少，而且项目工作和软件版本越来越混乱，老李显得有点束手无策。

【问题 1】请分析出现这种情况的可能原因。（5 分）

【问题 2】如果你是老李，针对目前的情况可采取哪些补救措施？（5 分）

【问题 3】请简述配置库的类型并作简要说明。（5 分）

试题分析：

从题目来看，可以先划出关键的词句，比如"各个组分头进行开发工作""变更要求也由各部分人员分别解决""直接在客户现场进行集成""分别进行了修改，但是问题并未有明显减少""项目工作和软件版本越来越混乱"。

问题 1 是要找原因，给分是 5 分，估计是 1 个要点 1 分，可列出 7 个以上要点，以涵盖答案要点。据此，可先归纳出直接原因：

（1）各个组分头开发。

（2）变更分别解决。

（3）软件直接在客户现场进行集成。

（4）项目工作和软件版本混乱。

其次，可进一步总结、发散得出一些要点：

（5）缺乏项目整体管理，尤其是整体问题分析。

（6）缺乏整体变更控制规程。

（7）项目干系人之间的沟通（包括项目团队内部，以及与客户的沟通）不够。

（8）配置管理工作不足。

（9）测试工作不到位，缺少单元接口测试和集成测试。

问题 2 是要回答从项目经理的角度出发，能采取什么样的补救措施。从项目进展情况来看，项目应当处于中等偏后期，编码基本完成，正进行软件测试，因此，补救措施可与问题 1 找出的原因有针对性地提出来，比如针对直接的原因：

（1）将各个分组合并，统一调度工作。

（2）梳理历史变更情况，在统一的工作组下解决变更。

（3）先在项目团队内部进行集成，并完成集成测试。

（4）加强软件和文档的版本管理。

对于其他归纳、发散出来的要点也可一一回应：

（5）加强整体管理和协调，根据项目的阶段进展情况及时建立起基线。

（6）建立起统一的变更控制流程并执行。

（7）在项目团队内部以及与客户之间建立起定期的沟通机制。

（8）建立起配置库，使用配置工具进行配置管理。

（9）制作软件测试工作计划，项目团队在统一的测试工作调度下开展单元接口测试和集成测试。

问题 3 是知识点记忆题，不再讲评。配置库可分为 3 类，每类的描述估计给 2 分，但总给分不超过 5 分。每类名称对了给 1 分，适度描述正确再给 1 分。

试题参考答题结果：

【问题 1 参考答题结果】可能的原因有：

（1）各个组分头开发。

（2）变更分别解决。

（3）软件直接在客户现场进行集成。

（4）项目工作和软件版本混乱。

（5）缺乏项目整体管理，尤其是整体问题分析。

（6）缺乏整体变更控制规程。

（7）项目干系人之间的沟通（包括项目团队内部，以及与客户的沟通）不够。

（8）配置管理工作不足。

（9）测试工作不到位，缺少单元接口测试和集成测试。

【问题 2 参考答题结果】可采取以下补救措施：

（1）将各个分组合并，统一调度工作。

（2）梳理历史变更情况，在统一的工作组下解决变更。

（3）先在项目团队内部进行集成，并完成集成测试。

（4）加强软件和文档的版本管理。

（5）加强整体管理和协调，根据项目的阶段进展情况及时建立起基线。

（6）建立起统一的变更控制流程并执行。

（7）在项目团队内部以及与客户之间建立起定期的沟通机制。

（8）建立起配置库，使用配置工具进行配置管理。

（9）制作软件测试工作计划，项目团队在统一的测试工作调度下开展单元接口测试和集成测试。

【问题 3 参考答题结果】

主要有三类配置库：

（1）开发库。存放开发过程中需要保留的各种信息，供开发人员个人专用。库中的信息可能有较为频繁的修改，只要开发库的使用者认为有必要，无须对其作任何限制。

（2）受控库。在软件开发的某个阶段工作结束时，将工作产品存入或将有关的信息存入。存入的信息包括计算机可读的以及人工可读的文档资料。应该对库内信息的读写和修改加以控制。

（3）产品库。在开发的软件产品完成系统测试之后，作为最终产品存入库内，等待交付用户或现场安装。库内的信息也应加以控制。

【辅导专家提示】术语的解释不必强求与书上一模一样，应在理解的基础上进行记忆，如果自己描述的意思比较切合，阅卷时也能给分。

四、讲评一道题

试题（本题共 15 分）

张经理最近作为软件公司的项目经理，正负责一家大型企业集团公司的一个管理信息系统项目。项目的售前工作由软件公司的市场部负责，售前工程师李工作为销售代表签订了项目的合同，再将项目的实施工作移交给了张经理。

由于项目前期项目的需求不明确，李工在和客户签订合同时，在合同中仅简单地列出了几条项目承建方应完成的工作。为进一步明确项目范围，张经理根据合同自行编写了项目的范围说明书。项目进入研发阶段后，客户方不断有人提出各种需求以及变更请求，各个部门包括财务部、工程部、销售部、信息中心以及各子公司都在不断提出，且它们要么不够明确，要么互相矛盾，要么难以实现。

为此，张经理拿出项目范围说明书试图统一意见，但客户方却不予认可，反以合同作为依据讨论。而合同条款实在太不明确，很难达成一致意见。张经理既想不得罪客户方，又想要快速推进项目，至此，项目进入僵局。

【问题 1】请结合项目经理的处境，描述产生以上问题的可能原因。（5 分）

【问题 2】如果你是张经理，接下来你将采取什么样的措施来化解问题？（5 分）

【问题 3】请说明项目合同应包括的内容。（5 分）

试题分析：

问题 1 是要找原因，先从题目已知信息中找出一些可以直接或稍加改造就可以成为要点的原因。

（1）项目的需求不明确。

（2）合同中仅简单地列出了几条项目承建方应完成的工作，说明合同没有清晰明确的条款。

（3）张经理是根据合同自行编写了项目的范围说明书，并未和客户方进行确认。

（4）客户方提出的需求和变更请求要么不够明确，要么互相矛盾，要么难以实现。

再通过归纳、发散总结出一些要点，至少可以从以下方面考虑：

（5）有关变更控制方面的要点。

（6）有关客户方需求和变更统一归口的要点。

（7）有关和客户方沟通的要点，特别是就项目范围、合同。

问题 2 可就前面提出的问题一一采取对策，或适当进行归并后列出措施要点。

问题 3 是基础知识题，不再详细讲评。

试题参考答题结果：

【问题 1 参考答题结果】可能的原因有：

（1）项目的需求不明确。

（2）合同中仅简单地列出了几条项目承建方应完成的工作，说明合同没有清晰明确的条款。

（3）张经理是根据合同自行编写了项目的范围说明书，并未和客户方进行确认。

（4）客户方提出的需求和变更请求要么不够明确，要么互相矛盾，要么难以实现。

（5）变更控制没有统一的流程。

（6）客户方需求和变更没有统一归口。

（7）和客户方沟通不够，特别是就项目范围、合同的具体条款没有充分讨论达成共识。

【问题 2 参考答题结果】可以采取的措施有：

（1）继续会谈，在确定项目的范围后可签订合同的补充协议，以及双方签字认可的项目范围说明书。

（2）理清项目的需求，编制双方认可的需求规格说明书。

（3）与客户方商定，对客户方的需求和变更进行统一归口，比如归口至客户方的信息中心。

（4）建立起统一的变更管理流程并执行。

（5）加强与客户方的沟通，可建立起定期的会商制度。

【问题 3 参考答题结果】合同的主要内容包括：

（1）项目名称。

（2）标的内容和范围。

（3）项目的质量要求：通常情况下，采用技术指标限定等各种方式来描述信息系统工程的整体质量标准以及各部分质量标准，它是判断整个工程项目成败的重要依据。

（4）项目的计划、进度、地点、地域和方式；项目建设过程中的各种期限。

（5）技术情报和资料的保密；风险责任的承担。

（6）技术成果的归属。

（7）验收的标准和方法。

（8）价款、报酬（或使用费）及其支付方式。

（9）违约金或者损失赔偿的计算方法

（10）解决争议的方法：该条款中应尽可能地明确在出现争议与纠纷时采取何种方式来协商解决。

（11）名词术语解释等。

五、练习一道题

试题（本题共 15 分）

2019 年 12 月，某信息技术有限公司中标了某省人力资源与社会保障厅的人才管理系统开发项目。因该省人才管理系统涉及的内容十分广泛，项目开发任务较重。人力资源与社会保障厅归口由该厅信息中心组织项目的实施，并提出明确的时间要求，系统一定要在 2020 年 5 月 1 日前投入使用。

公司以前已经有过多个类似的系统实施项目经验，且项目经理孙某经验十分丰富。孙经理接手这个项目后，为确保项目的进度，采用了一系列的工具和方法制订出进度图、估算出项目的历时及其他资源需求。

根据孙某制订的进度计划，如果要在 2020 年 5 月 1 日前完成项目是很困难的。经过与客户方及项目团队成员商量后，孙经理又采取了一些措施，满足了客户对进度方面的要求。

【问题 1】请说明孙经理采用了什么样的工具和方法制订出进度图、估算出项目的历时及其他资源需求。（5 分）

_____

_____

_____

_____

【问题 2】试说明孙经理采取了什么样的措施来满足进度要求。（5 分）

_____

_____

_____

_____

【问题 3】有了进度计划后，试说明孙经理可采取什么样的工具和技术来控制项目进度。（5 分）

_____

_____

_____

_____

_____

试题分析：

这道题考查的是有关项目进度管理的知识与内容。问题要给出孙经理采用的工具和方法，这其实是考查对基本知识的掌握程序。制订进度图的方法马上就想起网络图，又如前导图、箭线图、PERT 图、甘特图等。讲到估算项目历时时，题目中已表明"公司以前已经有过多个类似的系统实施项目经验"，则可以考虑采用类比估算法，再就是具体的历时可采用三点估算法。

问题 2 是要给出孙经理为满足进度所采取的措施，其实就是要给出压缩工期的方法。马上就想起赶工、并行、投入更多的资源、外包、分期交付等这些常用的方法。

问题 3 其实考查的是控制项目进度的工具和技术，可联想起项目进度报告、项目进度变更控制系统、项目进度管理软件、比较法中的横道图比较法、列表比较法、S 型曲线比较法、"香蕉"型曲线比较法等。

试题参考答题结果：

【问题 1 参考答题结果】

制订进度图可采用的工具和技术有：网络图（单代号网络图和双代号网络图）、PERT 图、甘特图等。

估算项目的工期和资源可采用类比估算法，具体的数量需求可采用三点估算法。

【问题 2 参考答题结果】孙经理可采取的措施有：

（1）说服项目团队赶工。

（2）重新编排工作任务，使更多的工作任务可以并行。

（3）投入更多的人力、物力、财力资源，以节约每项工作所需消耗的时间。

（4）外包部分工作出去。

（5）和客户方商量将最为紧要的工作放在 5 月 1 日前，无关紧要或不重要的部分工作可放到 5 月 1 日后继续实施。

【问题3参考答题结果】 进度控制可采用的工具和技术有：

（1）项目进度报告。

（2）项目进度变更控制系统。

（3）项目进度管理软件。

（4）比较分析法，如横道图比较法、列表比较法、S型曲线比较法、"香蕉"型曲线比较法等。

六、讲评一道题

试题（本题共15分）

刘经理是某信息系统集成项目的项目经理，在制作WBS后，得出项目的所有工作包和活动。刘经理据此制作了前导图，如图4-4-1所示。

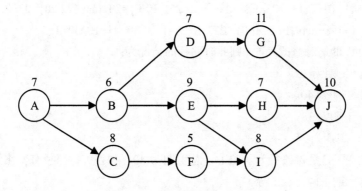

图4-4-1　刘经理制作的前导图

【问题1】 请找出关键路径，并计算出总工期。（4分）

【问题2】 请求解活动E、F、I的FF和TF。（6分）

【问题3】 为了加快进度，在进行活动G时加班赶工，因此将该项工作的时间压缩了6天（历时5天）。请指出此时的关键路径是否改变，如果改变，关键路径又是什么？并计算总工期。（5分）

试题分析：

问题1是要找关键路径，并计算总工期。从图4-4-1可以看出不同的路径并计算出不同路径的工期：

（1）ABEHJ，工期为39。

（2）ABEIJ，工期为40。

（3）ACFIJ，工期为38。

（4）ABDGJ，工期为41。

可见，关键路径应当是工期最长的那条路，即为ABDGJ，总工期为41。答对关键路径给2分，答对总工期给2分。

问题2是要求解E、F、I的FF和TF，可见共要求解6个结果，每个1分。做这种题马上想起网络图计算的 3 句口诀："早开大前早完；晚完小后晚开；小后早开减早完。"下面列出求解过程：

$$FFE=\min\{ESH,ESI\}-EFE=\min\{\max\{EFE\},\max\{EFF,EFE\}\}-EFE=\min\{EFE,\max\{EFF,EFE\}\}-EFE$$

$$=\min\{ESE+9,\max\{ESF+5,ESE+9\}\}-ESE-9=\min\{EFB+9,\max\{EFC+5,EFB+9\}\}-EFB-9$$

$$=\min\{13+9,\max\{ESC+8+5,13+9\}\}-13-9=\min\{22,\max\{EFA+13,22\}\}-22$$

$$=\min\{22,\max\{7+13,22\}\}-22=\min\{22,22\}-22=0$$

$$TFE=LSE-ESE=LFE-9-EFB=LFE-22=\min\{LSH,LSI\}-22=\min\{LFH-7,LFI-8\}-22$$

$$=\min\{LSJ-7,LSJ-8\}-22=LSJ-8-22=LSJ-30=41-10-30=1$$

$$FFF=\min\{ESI\}-EFF=ESI-EFI=\max\{EFE,EFF\}-EFF=\max\{ESE+9,ESF+5\}-ESF-5$$

$$=\max\{EFB+9,EFC+5\}-EFC-5=\max\{13+9,15+5\}-15-5=22-20=2$$

$$TFF=LSF-ESF=LFF-5-15=LFF-20=LSI-20=LFI-8-20=LSJ-28=41-10-28=3$$

$$FFI=ESJ-EFI=41-10-ESI-8=23-ESI=23-\max\{EFE,EFF\}=23-\max\{22,20\}=23-22=1$$

$$TFI=LSI-ESI=LFI-8-\max\{EFE,EFF\}=LSJ-8-22=LSJ-30=41-10-30=1$$

问题 3 将活动 G 的历时修改为 5，则此时路径的情况为：

（1）ABEHJ，工期为 39。

（2）ABEIJ，工期为 40。

（3）ACFIJ，工期为 38。

（4）ABDGJ，工期为 35。

故关键路径改变了，关键路径为 ABEIJ，总工期为 40。加答关键路径有变化给 1 分，关键路径正确给 2 分，总工期正确再给 2 分。

试题参考答题结果：

【问题 1 参考答题结果】

关键路径为 ABDGJ，总工期为 41。

【问题 2 参考答题结果】

FFE=0	TFE=1	FFF=2	TFF=3	FFI=1	TFI=1

【辅导专家提示】建议考生将演算过程写在答题纸上，这样万一结果不对，演算过程还可以给分。

【问题 3 参考答题结果】

关键路径改变了，关键路径为 ABEIJ，总工期为 40。

七、练习一道题

试题（本题共 15 分）

一个预算 120 万的项目，为期 12 周，现在工作进行到第 8 周。已知成本预算是 74 万，实际成本支出是 78 万，挣值为 64 万。

【问题 1】请计算成本偏差（CV）、进度偏差（SV）、成本绩效指数 CPI、进度绩效指数 SPI。（4 分）

【**问题 2**】请分析项目目前的进展情况和成本投入情况。（3 分）

【**问题 3**】对图 4-4-2 所示四幅图表，分别分析其所代表的效率、进度和成本等情况，针对每幅图表所反映的问题，可采取哪些调整措施？（8 分）

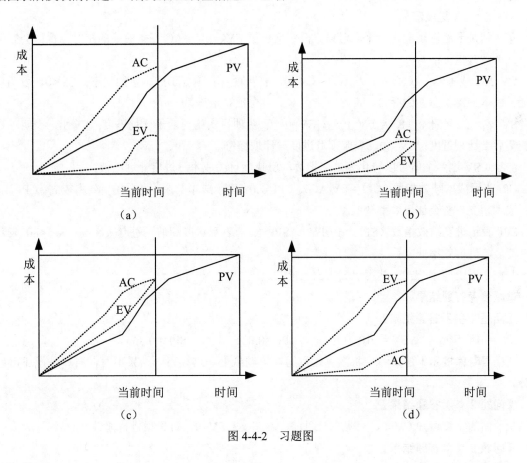

图 4-4-2　习题图

试题分析：

第 1 问考查的是挣值分析的计算，共 4 分，CV、SV、CPI、SPI 各 1 分。

CV＝EV-AC＝64-78＝-14 万元

SV＝EV-PV＝64-74＝-10 万元

CPI＝EV/AC＝64/78＝0.821

SPI＝EV/PV＝64/74＝0.865

第 2 问是要分析项目目前的进展情况和成本投入情况。从前面的计算可知 CV<0，可见成本超支；SV<0，可见进度滞后。

第 3 问是要看图识图，会采取对策。图中给出了 EV、PV、AC 三条曲线的相对位置，会影响以下几个关键指标：

CV 表示成本偏差（CV＝EV-AC）。CV>0，表明项目实施处于成本节约状态；CV<0，表明项目处于成本超支状态；CV＝0，表明项目成本支出与预算相符。

SV 表示进度偏差（SV＝EV-PV）。SV>0，表明项目实施超前于计划进度；SV<0，表明项目实施落后于计划进度；SV＝0，表明项目进度与计划相符。

CV 和 SV 这两个值可以转化为效率指数，反映项目的成本与进度计划绩效。

CPI 表示成本绩效指数（CPI＝EV/AC）。CPI>1.0，表示成本节余，资金使用效率较高；CPI<1.0 表示成本超支，资金使用效率较低。

SPI 表示进度绩效指数（SPI＝EV/PV）。SPI>1.0，表示进度超前，进度效率高；SPI<1.0 表示进度滞后，进度效率低。

掌握了以上四个公式，就可以分析出当前的进度、成本和效率。

试题参考答题结果：

【问题 1 参考答题结果】

CV＝-14 万元　　　　SV＝-10 万元　　　　CPI＝0.821　　　　SPI＝0.865

【辅导专家提示】建议考生将演算过程写在答题纸上，这样万一结果不对，演算过程还可以给分。

【问题 2 参考答题结果】

从前面的计算可知 CV<0，可见项目目前成本超支；SV<0，可见项目目前进度滞后。

【问题 3 参考答题结果】

从图 4-4-2（a）可以看出，AC>PV>EV，可见效率低、进度拖延、投入超前；可提高效率，例如用工作效率高的人员更换一批效率低的人员，赶工、工作并行以追赶进度，加强成本监控。

从图 4-4-2（b）可以看出，PV>AC>=EV，可见效率较低、进度拖延、成本支出与预算相关不大；可增加高效人员投入，赶工、工作并行以追赶进度。

从图 4-4-2（c）可以看出，AC>=EV>PV，可见成本效率较低、进度提前、成本支出与预算相差不大；可提高效率，减少人员成本，加强人员和质量控制。

从图 4-4-2（d）可以看出，EV>PV>AC，可见效率高、进度提前、投入延后；可密切监控，加强质量控制。

八、练习一道题

【说明】

某项目由 A、B、C、D、E、F、G、H 活动模块组成，表 4-4-1 给出了各活动之间的依赖关系，及其在正常情况和赶工情况下的工期及成本数据。假设每周的项目管理成本为 10 万元，而且项目管理成本与当周所开展的活动多少无关。

表 4-4-1　习题表

活动	紧前活动	正常情况		赶工情况	
		工期（周）	成本（万元/周）	工期（周）	成本（万元/周）
A	—	4	10	2	30
B	—	3	20	1	65
C	A、B	2	5	1	15
D	A、B	3	10	2	20
E	A	4	15	1	80
F	C、D	4	25	1	120
G	D、E	2	30	1	72
H	F、G	3	20	2	40

【问题1】（6分）

找出项目正常情况下的关键路径，并计算此时的项目最短工期和项目总体成本。

【问题2】（4分）

假设项目必须在 9 周内（包括第 9 周）完成，请列出此时项目中的关键路径，并计算此时项目的最低成本。

【问题3】（7分）

在计划 9 周完成的情况下，项目执行完第 4 周时，项目实际支出 280 万，此时活动 D 还需要一周才能够结束，计算此时项目的 PV、EV、CPI 和 SPI（假设各活动的成本按时间均匀分配）。

【辅导专家提示】 近几年的考核趋势是将二者的内容结合起来，在一道题目中，既要计算关键路径，又要计算挣值。这种题目的难度在于，一旦前面关键路径（网络图）环节出现错误，就可能导致后面的挣值分析跟着出错，考生要尤其注意。

【问题 1】

这里使用前导图方法来描述网络图。前导图法使用矩形代表活动，活动间使用箭线连接，表示之间的逻辑关系。

PDM 中，活动如图 4-4-3 所示。

最早开始时间	持续时间	最早完成时间
活动名称		
最迟开始时间		最迟完成时间

图 4-4-3　PDM 表示节点

绘制的网络图如图 4-4-4 所示。

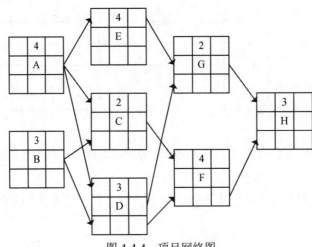

图 4-4-4　项目网络图

正常情况下的关键路径 ADFH，最短工期 14 周。

总成本 ＝各活动成本＋管理成本＝（4×10＋20×3＋2×5＋3×10＋4×15＋4×25＋2×30＋3×20）＋14×10 ＝ 560 万元

【问题 2】

依据题目，活动 A～H 的赶工效率如表 4-4-2 所示。

表 4-4-2　赶工成本表

活动	赶工可压缩（周）	增加的总成本（万元）	每压缩 1 周增加的成本（万元）	性价比排序
A	4-2=2 周	2×30-4×10=20	20/2=10	4
B	3-1=2 周	65-3×20=5	5/2=2.5	1
C	2-1=1 周	15-2×5=5	5/1=5	2
D	3-2=1 周	2×20-3×10=10	10/1=10	4
E	4-1=3 周	80-4×15=20	20/3	3
F	4-1=3 周	120-4×25=20	20/3	3
G	2-1=1 周	72-2×30=12	12/1=12	5
H	3-2=1 周	2×40-3×20=20	20/1=20	6

题目要求项目必须在 9 周内（包括第 9 周）完成，正常情况下的关键路径最短工期 14 周，因此需压缩 5 周时间。

假定前提：工期压缩必须是整体的，要么压缩，要么不压缩，不能只压缩一部分。原则：每次必须在关键路径上压缩效率最高的活动。

（1）正常情况下的关键路径为 ADFH，此时压缩**节点 F** 最合适。压缩后的网络图如图 4-4-5 所示。

压缩后，关键路径为 **AEGH**=13 周。

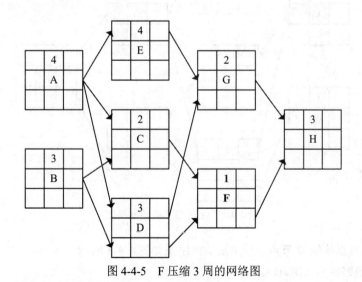

图 4-4-5　F 压缩 3 周的网络图

（2）此时，可以压缩 **E 节点**。压缩后的网络图如图 4-4-6 所示。

压缩后，关键路径为 **ADGH**=12 周。

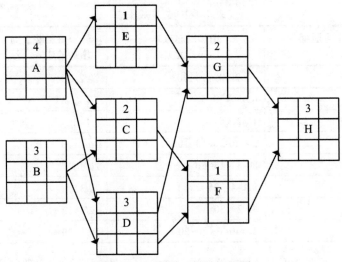

图 4-4-6　E 压缩 3 周的网络图

（3）此时，可以压缩 **A** 节点。压缩后的网络图如图 4-4-7 所示。

压缩后，关键路径为 **BDGH**=11 周。

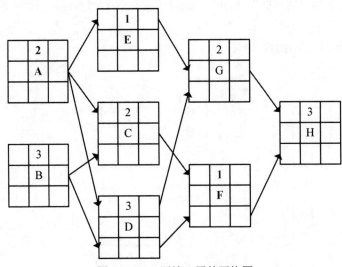

图 4-4-7　A 压缩 2 周的网络图

（4）此时，可以压缩 **B** 节点。压缩后的网络图如图 4-4-8 所示。

压缩后，关键路径为 **ADGH**=10 周。

（5）此时，可以压缩 **D** 节点。压缩后的网络图如图 4-4-9 所示。

压缩后，关键路径为 **ADGH**=9 周。

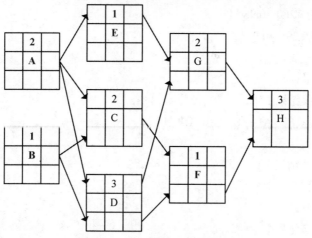

图 4-4-8 B 压缩 2 周的网络图

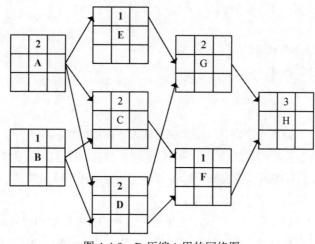

图 4-4-9 D 压缩 1 周的网络图

此时，活动工期压缩到 9 周。

项目总成本

=压缩节点（F、E、A、B、D）总成本+未压缩节点（C、G、H）总成本+管理成本

=（120+80+2×30+65+2×20）+（2×5+2×30+3×20）+（9×10）

=585 万元

【问题 3】

AC = 280 万元

EV =活动成本+管理成本=（2×30+1×65+2×5+**1×20**+1×80）+4×10 = 275 万元

PV=（2×30+1×65+2×5+**2×20**+1×80）+4×10= 295 万元

CPI = EV/AC = 275/280 =0.98

SPI = EV/PV = 275/295 =0.93

试题参考答题结果：

【问题 1 参考答案结果】

正常情况下的关键路径 ADFH，最短工期 14 周。

总成本 = 560 万元

【问题 2 参考答案结果】

关键路径 ADGH。

最低成本是 585 万元。

【问题 3 参考答案结果】

PV = 295 万元

AC = 280 万元

EV = 275 万元

CPI = EV/AC = 275/280 =0.98

SPI = EV/PV = 275/295 =0.93

九、练习一道题

阅读下列说明，回答问题 1 至问题 3，将解答填入答题纸的对应栏内

【说明】A 公司承接了某信息系统工程项目. 公司李总任命小王为项目经理，向公司项目管理办公室负责。项目组接到任务后，各成员根据各自分工制定了相应项目管理子计划，小王将收集到的各子计划合并为项目管理计划并直接发布。

为了保证项目按照客户要求尽快完成，小王基于自身的行业经验和对客户需求的初步了解后，立即安排项目团队开始实施项目。在项目实施过程中，客户不断调整需求，小王本着客户至上的原则，对客户的需求均安排项目组进行了修改，导致某些工作内容多次重复，项目进行到了后期，小王才发现项目进度严重滞后，客户对项目进度很不满意并提出了投诉。

接到客户投诉后,李总要求项目管理办公室给出说明.项目管理办公室对该项目情况也不了解，因此组织相关人员对项目进行审查，发现了很多问题。

【问题 1】（8 分）

结合案例，请简要分析造成项目目前状况的原因。

【问题 2】（5 分）

请简述项目管理办公室的职责。

【问题 3】（5 分）

结合案例，判断下列选项的正误（填写在答题纸对应栏内，正确的选项填写" √ "，错误的选

项填写"×")。

（1）项目整体管理包括选择资源分配方案、平衡相互竞争的目标和方案，以及协调项目管理各知识领域之间的依赖关系。（   ）

（2）只有在过程之间相互交互时，才需要关注项目整体管理。（   ）

（3）项目整体管理还包括开展各种活动来管理项目文件，以确保项目文件与项目管理计划及可交付成果（产品、服务或能力）的一致性。（   ）

（4）针对项目范围、进度、成本、质量、人力资源、沟通、风险、采购、干系人等九大领域的管理，最终是为了实现项目的整体管理，实现项目目标的综合最优。（   ）

（5）半途而废．失败的项目只需要说明项目终止的原因，不需要进行最终产品、服务或成果的移交。（   ）

试题分析：

【问题 1】

采用原文法，通过分析上下文中的关键句子寻找答案。如：

"小王将收集到的各子计划合并为项目管理计划并直接发布。"——应该进行评审

"小王基于自身的行业经验和对客户需求的初步了解后，立即安排项目团队开始实施项目。"——忽视了团队；需求没有得到确认

"客户不断调整需求，小王本着客户至上的原则，对客户的需求均安排项目组进行了修改。"——没有按照项目的变更过程进行处理

"项目进行到了后期，小王才发现项目进度严重滞后，"——过程缺乏监控，缺乏过程绩效

"项目管理办公室对该项目情况也不了解，"——PMO 没有发挥作用

……

根据类似于以上的关键句子来寻找答案，然后进行总结和提炼。

【问题 2】

知识题。内容来自于教程或个人的经验。PMO 的职责一般包括了如建立组织内项目管理的支撑环境、培养项目管理人员、提供项目管理的指导和咨询、组织内多项目的管理和监控、项目组合管理、提高组织项目管理能力等。

【问题 3】

选项（2）错误，项目整体管理是贯穿项目过程始终等。

选项（5）错误，项目即使失败也需要进行产品、服务或成果的移交。

参考答案：

【问题 1】（8 分）

1．整体管理：项目管理计划没有经过评审。

2．范围管理：没有与各干系人对需求进行详细分析，只是在对客户需求对初步了解后就开始实施。

3．变更管理：没有按变更管理的流程处理变更。

4．进度管理：进度严重滞后。

5．沟通管理：客户对项目很不满并投诉，并且没有将相关项目绩效数据发送项目管理办公室。

6．其他：公司缺乏对项目的指导和监控。

（评分标准：每项 2 分，最多得 8 分）

【问题 2】（5 分）

（1）在所有 PMO 管理的项目之间共享和协调资源

（2）明确和制定项目管理方式、最佳实践和标准

（3）负责制订项目方针、流程、模板和其他共享资料

（4）为所有项目进行集中的配置管理

（5）对所有项目的集中的共同风险和独特风险存储库加以管理

（6）项目工具的实施和管理

（7）项目之间的沟通管理协调

（8）对项目经理进行指导

（9）对所有 PMO 管理的项目的进度基线和预算进行集中监控

（10）协调整体项目的质量标准

（评分标准：每项 1 分，最多得 5 分）

【问题 3】（5 分）（评分标准：每项 2 分，最多得 8 分）

（1）√　　（2）×　　（3）√　　（4）√　　（5）×

第 6 学时　英文术语清理

之所以专门拿一个学时来进行术语清理，而没有列为本书的一个附录，是因为历次培训班以来，学员们反映普遍存在的一个问题就是专业名词术语太多，特别是英文单词。经历过 4 天左右的时间学习后，大多数术语都在学习过程中接触过了，很有必要清理一遍。考试本就是一种水平考试，考得不深，那么术语、定义这些也就是考试的热点了；再者，掌握基本的术语也是一名工程师所需要具备的基本素质。

这里主要目的并不是一个个解释名词，而是将关键词语的中英文有所对照，以便于练习和解答英文试题。还有一个值得注意的是，英文练习应当把主要精力集中在项目管理领域的英文术语，特别是十大知识领域有关的知识。

一、项目管理基础术语

- 项目（Project）
- 运营、操作（Operation）

- 一般管理（General Management）
- 项目管理（Project Management）
- 大型项目（Program）
- 子项目（Subproject）
- 项目阶段（Project Phase）
- 项目生命周期（Project Life Cycle）
- 阶段出口或终止点（Phase Exit or Kill Point）
- 项目利益相关者/项目干系人（Stakeholder）
- 过程（Process）
- 控制（Control）
- PDCA（P—Plan，计划；D—Do，执行；C—Check，检查；A—Act，处理）
- 项目管理知识体系（Project Management Body Of Knowledge，PMBOK）

二、项目整体管理

- 变更控制委员会（Configuration Control Board，CCB）
- 综合变更控制（Integrated Change Control）
- 配置管理（Configuration Management）
- 经验教训（Lessons Learned）
- 整体管理（Integration Management）

三、项目范围管理

- 可交付成果（Deliverable）
- 项目章程（Project Charter）
- 产品描述（Product Description）
- 约束（Constraint）
- 假设（Assumptions）
- 项目范围（Project Scope）
- 范围变更（Scope Change）
- 范围定义（Scope Definition）
- 范围规划（Scope Planning）
- 范围核实（Scope Verification）
- 范围说明书（Scope Statement）
- 工作分解结构（Work Breakdown Structure，WBS）
- 工作包（Work Package）

- WBS 字典（WBS Dictionary）

四、项目时间管理

- 活动（Activity）
- 虚活动（Activity Description，AD）
- 工期（Duration，DU）
- 项目网络图（Network Diagramming）
- 顺序图法（Precedence Diagramming Method，PDM）
- 箭线图法（Arrow Diagramming Method，ADM）
- 计划评审技术（Program Evaluation and Review Technique，PERT）
- 关键路径法（Critical Path Method，CPM）
- 里程碑（Milestone）
- 最早开始日期（Early Start Date，ES）
- 最早完成日期（Early Finish Date，EF）
- 最晚开始日期（Late Start Date，LS）
- 最晚完成日期（Late Finish Date，LF）
- 浮动时间（Float）
- 资源平衡（Resource Leveling）

五、项目人力资源管理

- 人力资源管理（Human Resource Management）
- 组织规划（Organizational Planning）
- 项目经理（Project Manager）
- 项目团队（Project Team）
- 项目型组织（Projectized Organization）
- 项目管理办公室（Project Management Office，PMO）
- 人员招募（Staff Acquisition）
- 团队开发（Team Development）
- 组织分解结构（Organizational Breakdown Structure，OBS）
- 人员管理计划（Staffing Management Plan）
- 权力（Power）
- 责任分配矩阵（Responsibility Assignment Matrix，RAM）
- 存在/相互关系/成长发展（Existence/Relatedness/Growth，ERG）

六、项目成本管理

- 成本管理（Cost management）
- 净现值（Net Present Value，NPV）
- 净现值率（Net Present Value Ratio，NPVR）
- 资源计划（Resource Planning）
- 成本估算（Cost Estimating）
- 成本预算（Cost Budgets）
- 类比估算（Analogous Estimating）
- 应急储备（Contingency Reserve）
- S 曲线（S-Curve）
- 挣值（Earned Value，EV）
- 挣值管理（Earned Value Management，EVM）
- 计划费用（Planned Value，PV）
- 实际费用（Actual Cost，AC）
- 挣值（Earned Value，EV）
- 成本绩效指数（Cost Performed Index，CPI）
- 成本偏差（Cost Variance，CV）
- 进度绩效指数（Schedule Performed Index，SPI）
- 进度偏差（Schedule Variance，SV）
- 项目完工总预算（Budget At Completion，BAC）
- 完工尚需估算（Estimate to Completion，ETC）
- 完工估算（Estimate at Completion，EAC）
- 完工尚需绩效指数（To Complete Performance Index ，TCPI）

七、项目采购管理

- 合同（Contract）
- 违约（Breach）
- 终止（Termination）
- 询价（Solicitation）
- 工作说明书（Statement Of Work，SOW）
- 方案邀请书（Request For Proposal，RFP）
- 报价邀请书（Request For Quotation，RFQ）

八、项目质量管理

- 项目质量管理（Project Quality Manager，PQM）
- 质量规划（Quality Planning）
- 质量保障（Quality Assurance）
- 质量控制（Quality Control）
- 返工（Rework）
- 质量功能展开（Quality Function Deployment，QFD）
- 过程决策程序图法（Process Decision Program Chart，PDPC）
- 上控制界限（Upper Control Limit，UCL）
- 下控制界限（Lower Control Limit，LCL）
- 中心线（Central Line，CL）

九、项目风险管理

- 风险（Risk）
- 风险识别（Risk Identification）
- 敏感性分析（Sensitivity Analysis）
- 蒙特卡罗分析（Monte Carlo Analysis）
- 应急规划（Contingency Planning）
- 风险规避（Risk Avoidance）
- 风险转移（Risk Transference）
- 竞争优势/竞争劣势/机会/威胁（Strength/Weakness/Opportunity/Threat，SWOT）
- 期望货币值（Expected Money Value，EMV）

十、项目沟通管理和干系人管理

- 沟通规划（Communication Planning）
- 信息发布（Information Distribution）
- 绩效报告（Performance Reporting）
- 管理收尾（Administrative Closure）
- 绩效测量基准（Performance Measurement Baseline）
- 沟通障碍（Barriers）

请考生们注意，以上列出的仅为部分英文术语，仅供参考。要掌握更多的术语，建议有时间的话把 PMBOK 的英文版认真阅读一遍，就基本可以对项目管理领域的术语有所把握了。好了，闲话不多说，来做些练习题。

十一、课堂巩固练习

1．Project Quality Management processes include all the activities of the____(1)____that determine quality policies, objectives and responsibilities so that the project will satisfy the needs for which it was undertaken.

（1）A．projcct
B．project management team
C．performing organization
D．customer

【辅导专家讲评】Project Quality Management processes 是指"项目质量管理过程"，include 表示"包括"的意思，all the activities of the 后面必有一名词，表示"所有的什么样的活动"，that 作为代词，指代这些活动，that 后面的语句用于进一步说明这是一些什么样的活动。determine 表示"决定"的意思，quality policies 是指"质量方针"，objectives 指"目标"，responsibilities 译为"职责"。so that 是指"如此，以致于"，可转译为"使得"，使得什么呢？使得项目将满足需求，undertaken 表示"有保证的"。这个复句连起来的解释就是说，"项目质量管理过程包括什么样的活动，这些活动用于确定质量方针、目标和职责，从而确保可以满足需求"。选项 A 是"项目"，项目的所有活动则明显与项目质量管理过程搭配不当，因为质量管理活动只是项目活动中的一部分；选项 B 是"项目管理团队"，质量管理不光是项目管理团队的事，所以选项 B 不合适；D 是"顾客"，那就更不符合题意了。选项 C 是"执行组织"，正好合适。

参考答案：（1）C

参考译文：项目质量管理过程包括执行组织关于确定质量方针、目标和职责的所有活动，使得项目可以满足其需求。

2．The project team members should also be aware of one of the fundamental tenets of modern quality management,quality is planned, designed and built in, not____(2)____.

（2）A．executed in
B．inspected in
C．check-in
D．look-in

【辅导专家讲评】The project team members 表示"项目团队成员"，be aware of 表示"知道……"，one of the fundamental tenets 表示"一个基本的原则"，modern quality management 表示"现代质量管理"。后面的语句用的是被动语态，表示"质量是被计划出来的、被设计出来的、被构造出来的"，not 表示"而不是"，所要填的空就是要选择一个现代质量管理观点中的，质量不是被什么出来的词语。首先答案必定是一个被动语态的动词，故排除选项 C 和选项 D。选项 A 表示"被执行"，选项 B 表示"被检查"，相对来说选项 B 更符合题意。

参考答案：（2）B

参考译文：项目团队成员必须清楚现代质量管理的基本原则：质量是计划、设计和构造出来的，而不是检查出来的。

3．The project_____（3）_____is a key input to quality planning since it documents major project deliverables, the project objectives that serve to define important stakeholder requirements, thresholds, and acceptance criteria.

（3）A．work performance information   B．scope statement

C．change requests   D．process analysis

【辅导专家讲评】题目所空处是指项目的什么，肯定是一个名词，接下来用的 is 表示进一步说明解释。a key input 表示"一个关键的输入"，to 后面进一步说明是一个什么样的输入，to quality planning 则表示"对于质量计划"，读到此表示空处是"质量计划的一个关键输入"。制定项目质量计划工作的主要输入有事业环境因素、组织过程资产、项目范围说明书、项目产品说明书和项目管理计划。选项 A 表示"工作绩效信息"，选项 B 表示"范围说明书"，选项 C 表示"变更请求"，选项 D 表示"过程分析"，排除 A、C、D，答案为 B。

参考答案：（3）B

参考译文：项目范围说明书是质量计划的一个重要输入，因为它记录了主要的项目可交付物、用来定义重要的干系人的需求的项目目标、项目的假设和可接受的标准。

4．Performing_____（4）_____involves monitoring specific project results to determine if they comply with relevant quality standards and identifying ways to eliminate causes of unsatisfactory results.

（4）A．quality planning   B．quality assurance

C．quality performance   D．quality control

【辅导专家讲评】Performing 表示"履行、执行"，involves 表示"包括"，monitoring 表示"监控"，specific project results 表示"特定的项目成果"。接下来用 to 过渡，表示"以用来"，comply with 表示"满足"，relevant 表示"相关的质量标准"。determine if they comply with relevant quality standards 表示"决定它们是否满足相关的质量标准"。identifying ways 表示"定义方式、途径"，接下来的 to 后面用于说明是什么样的途径。eliminate causes of unsatisfactory results 表示"消除导致不合格结果因素"。这里要抓住题目中的关键词语 monitoring，选项 A 为"质量计划"，则不合适；选项 B 为"质量保证"，质量保证是有计划、有组织的活动，并不只是针对特定的项目成果而进行的活动；选项 C 为"质量绩效"，不符合题意；D 为"质量控制"，正合题意。

参考答案：（4）D

参考译文：执行质量控制包括监控特定的项目成果，决定它们是否满足相关的质量标准，指出消除导致不合格的因素的途径。

5．_____（5）_____involves using mathematical techniques to forecast future outcomes based on historical results.

（5）A．Trend analysis   B．Quality audit

C．Defect repair review   D．Flowcharting

【辅导专家讲评】一看此题就知道，空白处是要选择一个名词，后面的语句进一步说明这是一个什么样的名词定义。involves 表示"包括"，using mathematical techniques 表示"使用数学技术、方法"，forecast future outcomes 表示"预测未来的结果"，based on 表示"基于"，historical results 表示"历史的结果"。也就是说，空白处的名词是使用了数学方法来根据历史的结果预测将来的结果。选项 B 为"质量审计"，选项 C 为"缺陷修复评审"，D 为"流程图"，均不符合后面的说明意思。选项 A 为"趋势分析"，正好合适。

参考答案：（5）A

参考译文：趋势分析包括使用数学方法，基于历史记录预测将来的结果。

6．On some projects, especially ones of smaller scope，activity sequencing, activity resource estimating, activity duration estimating, and ___（6）___ are so linked that they are viewed as a single process that can be performedby a person over a relatively short period of time.

　（6）A．time estimating　　　　　　B．cost estimating

　　　　C．project planning　　　　　D．schedule development

【辅导专家讲评】On some projects 表示"在一些项目中"，especially ones of smaller scope 表示"特别是在一些范围比较小的项目中"，其中 especially 表示"特别地"。activity sequencing 表示"活动排序"，activity resource estimating 表示"活动资源估算"，activity duration estimating 表示"活动历时估算"。so linked that 表示"连接如果紧密，以至于"，so that 词组表示"如此……以至于……"。they are viewed as a single process 表示"它们被看作一个单独的过程"，that 指代这个过程，后面的内容用于解释这个过程。can be performedby a person over a relatively short period of time 表示"能够在一个相对较短的时间内由一个人执行"。选项 A 表示"时间估算"，从空处可知，正确的选项应当是与"activity sequencing, activity resource estimating, activity duration estimating"关联很紧密，选项 A 重复了；选项 B 表示"成本估算"，而应当是并列关系，并非前三者都与成本估算有关，故也不合适；选项 C 表示"项目计划"，似乎有关。但从题目的内容来看，都是和进度有关的，选项 D 表示"进度计划"，比 C 更为准确，故选 D。

参考答案：（6）D

参考译文：在某些项目中，特别是在范围较小的项目中，活动排序、活动资源估算、活动历时估算和进度计划制定连接得如此紧密，以至于它们被视为可以由一个人在相对较短的时间内执行的单独过程。

7．In approximating costs, the estimator considers the possible causes of variation of the cost estimates，including ___（7）___．

　（7）A．budget　　　B．plan　　　C．risk　　　D．contract

【辅导专家讲评】In approximating costs 表示"在估算成本中"，the estimator considers the possible causes 表示"估算者考虑到可能的因素"，接下来的 of 后面用于说明是些什么样的可能因素。variation of the cost estimates 表示"各种成本估算"，则说明空处是与成本估算有关的可能因素。选项 A 表示预算，预算是批准后的估算，是控制成本的标准，但并不是与成本估算有关的因素；选项 B 是计划，也明显不合题意；选项 D 表示"合同"，似乎也不太合理，只能说与合同有关；选项 C 表示"风险"，也就是说成本估算是要考虑风险这个因素的。

参考答案：（7）C

参考译文：在估算成本时，估算者会考虑成本估算偏差的潜在原因，包括风险。

8. Project Quality Management must address the management of the project and the___(8)___ of the project. While Project Quality Management applies to all projects, regardless of the nature of their product, product quality measures and techniques are specific to the particular type of product produced by the project.

（8）A. performance   B. process   C. product   D. object

【辅导专家讲评】Project Quality Management 表示"项目质量管理"，must address the management of the project 表示"必须专注于项目管理"。While Project Quality Management applies to all projects 表示"当项目质量管理应用到所有的项目时"，regardless of 表示"不管"，nature 表示"自然、本质"，regardless of the nature of their product 表示"不管它们的产品本质如何"。product quality measures 表示"产品质量测量"，specific to 表示"特定于"，particular 表示"特定的"。综上所述来看，空处与项目管理并行，且是项目质量管理所专注的方面。选项 A 表示"绩效"，不符合题意；选项 B 表示"过程"，并不是质量管理所专注的，选项 C 为"产品"，也就是说项目质量管理专注于"项目管理"和"项目产品管理"，正合题意。

参考答案：（8）C

参考译文：项目质量管理必须专注于对项目和项目产品的管理。当所有项目在运用项目质量管理时，无论项目产品的本质如何，都要依据项目所产生的产品的类型明确产品质量的度量和技术。

9. ___(9)___ is a category assigned to products or services having the same functional use but different technical characteristics. It is not same as quality.

（9）A. Problem   B. Grade   C. Risk   D. Defect

【辅导专家讲评】此题一看就知道是一个术语的解释题。a category assigned to products or services 表示"一种分类"，一种什么样的分类呢？即"一种分配给产品或服务的分类"。the same functional use but different technical characteristics 表示"有着相同的使用功能，却有着不同的技术特征"。It is not same as quality 强调"与质量不同"。选项 A 表示"问题"，选项 B 表示"等级"，选项 C 表示"风险"，选项 D 表示"缺点"，明显只有选项 B 含有分类的意思。

参考答案：（9）B

参考译文：等级是对具有相同使用功能，但技术特性不同的产品或服务所赋予的类别。它与质量不同。

10. Project ___（10）___ Management is the Knowledge Area that employs the processes required to ensure timely and appropriate generation, collection, distribution, storage, retrieval, and ultimate disposition of project information.

（10）A. Integration　　B. Time　　　　　　C. Planning　　　　D. Communication

【辅导专家讲评】Knowledge Area 表示"知识领域"，说明空处表示的是项目的什么管理，是十大知识领域之一。接下来再看讲一步的解释。ensure timely and appropriate generation, collection, distribution, storage, retrieval，and ultimate disposition 表示"确保及时和恰当地生成、收集、分发、存储、回收和最终处理"，处理什么呢？project information 表示"项目信息"。可见，从题目的描述信息来看，最有可能的就是沟通管理了。选项 A 是整合管理；选项 B 是时间管理；选项 C 是计划管理；选项 D 是沟通管理。

参考答案：（10）D

参考译文：项目沟通管理是使用所需过程以确保及时、恰当地产生、收集、分发、存储、收回和最终处置项目信息的知识领域。

5

模拟考试，检验自我

经历过前 4 天的学习后，就进入最后一天的学习了。今天最主要的任务就是做模拟题，熟悉考题风格，检验自己的学习成果。考生一定摩拳擦掌好久了吧？下面就一起来做题吧。

第 1~2 学时　模拟考试（上午试题）

一、上午考试模拟试卷

【辅导专家提示】为节约时间，可不必长时间做题。可采取做 10 道，讲评 10 道。如果自学，建议考生全部做完再看讲评，自行批改试卷。

全国计算机技术与软件专业技术资格（水平）考试
系统集成项目管理工程师模拟考试上午试卷
（考试时间：第 1~2 学时注：正式考试时量是 150 钟）

1. 2013 年 9 月，工业与信息化部会同国务院有关部门编制了《信息化发展规划》，作为指导今后一个时期加快推动我国信息化发展的行动纲领没在《信息化发展规划》中，提出了我国未来发展的指导思想和基本原则。以下关于信息化发展的叙述中，不正确的是　　(1)　　。

(1) A. 信息化发展的基本原则是：统筹发展、有序推进、需求牵引、市场导向、完善机制、创新驱动、加强管理、保障安全

B. 信息化发展的主要任务包括促进工业领域信息化深度应用，包括推进信息技术在工业领域全面普及，推动综合集成应用和业务协调创新等

C. 信息化发展的主要任务包括推进农业农村信息化

D. 目前，我国的信息化建设处于开展阶段

2. 以下对国家信息化体系要素的描述中，不正确的是___（2）___。

（2）A. 信息技术应用是信息化体系要素中的龙头

B. 信息技术和产业是我国进行信息化建设的基础

C. 信息资源的开发利用是国家信息化的核心任务

D. 信息化政策法规和标准规范属于国家法规范畴，不属于信息化建设范畴

3. 以下不是电子商务表现形式的是___（3）___。

（3）A. B2C   B. B2B   C. C2C   D. G2B

4. 供应链是围绕核心企业，通过对___（4）___、物流、资金流、商流的控制，从采购原材料开始，制成中间产品以及最终产品，最后由销售网络把产品送到消费者手中的将供应商，制造商，分销商，零售商，直到最终用户连成一个整体的功能网链结构。

（4）A. 业务流 B. 事务流 C. 信息流 D. 人员流动

5. 监理的主要工作内容可概括为"四控三管一协调"，"四控"即投资控制、___（5）___、质量控制、变更控制，"三管"即安全管理、信息管理、___（6）___，"一协调"即沟通协调。

（5）A. 业务控制 B. 资金控制 C. 范围控制 D. 进度控制

（6）A. 人员管理 B. 采购管理 C. 合同管理 D. 绩效管理

6. 物联网技术作为智慧城市建设的重要技术，其架构一般可分为___（7）___，其中___（8）___负责信息采集和物物之间的信息传输。

（7）A. 感知层，网络层和应用层   B. 平台层，传输层和应用层

   C. 平台层，汇聚层和应用层   D. 汇聚层，平台层和应用层

（8）A. 感知层 B. 网络层 C. 应用层 D. 汇聚层

7. 在软件开发模型中，螺旋模型以进化的开发方式为中心，螺旋模型沿着螺线旋转，在四个象限上分别表达了四个方面的活动，即制定计划、___（9）___、实施工程、客户评估，该模型强调___（9）___。特别强调软件测试工作的软件开发模型是___（10）___，在这个模型中，测试人员根据需求规格说明书设计出系统测试用例。

（9）A. 风险分析 B. 人员分析 C. 需求分析 D. 制作方案

（10）A. 迭代模型 B. RUP C. V 模型 D. 增量模型

8. CMM 是结合了质量管理和软件工程的双重经验而制定的一套针对软件生产过程的规范。CMM 将成熟度划分为 5 个等级，其中，___（11）___用于管理和工程的软件过程均已文档化、标准化，并形成整个软件组织的标准软件过程。

（11）A. 初始级   B. 已定义级

   C. 已管理级   D. 量化级

9. UML 2.0 的 13 种图中，___（12）___是一种交互图，它展现了消息跨越不同对象或角色的实

际时间，而不仅仅是关心消息的相对顺序。

（12）A．活动图　　　　B．对象图　　　　C．类图　　　　D．定时图

10. ___（13）___用来定义 Web Service 的接口标准。___（14）___提供了标准的 RPC 方法来调用 Web Service。

（13）A．WSDL　　　　B．UDDI　　　　C．UML　　　　D．JSP

（14）A．HTTP　　　　B．TCP　　　　C．SOAP　　　　D．EJB

11. 以下___（15）___是网络层协议。

（15）A．TCP　　　　B．UDP　　　　C．ARP　　　　D．FTP

12. 项目章程的作用中，不包括___（16）___；___（17）___不属于项目章程的内容。

（16）A．为项目人员绩效考核提供依据　　　B．确立项目经理，规定项目经理的权利

　　　C．规定项目的总体目标　　　D．正式确认项目的存在

（17）A．项目工作说明书

　　　B．项目的主要风险，如项目的主要风险类别

　　　C．里程碑进度计划

　　　D．可测量的项目目标和相关的成功标准

13. 项目的组织结构都有一定的形式，可分为 3 种。其中矩阵型组织可分为___（18）___。

（18）A．矩阵型、项目型、职能型　　　B．弱矩阵型、平衡型、强矩阵型

　　　C．项目经理、程序员、美工　　　D．大矩阵、中矩阵、小矩阵

14. ___（19）___的主要任务是确定和细化目标，并规划为实现项目目标和项目范围的行动方针和路线，确保实现项目目标。

（19）A．启动过程组　　　B．规划过程组

　　　C．执行过程组　　　D．监控过程组

15. 下列有关项目干系人的说法错误的是___（20）___。

（20）A．项目经理、用户都是重要的项目干系人

　　　B．项目干系人都是与项目利益有关的人

　　　C．反对项目的人不是项目干系人

　　　D．项目干系人又叫项目利益相关者

16. 招标人采用邀请招标方式的，应当向___（21）___个以上具备承担招标项目的能力、资信良好的特定法人或者其他组织发出投标邀请书。

（21）A．3　　　　B．5　　　　C．2　　　　D．8

17. 某信息系统项目，假设现在的时间点是 2012 年年初，预计投资和收入的情况如表 5-1-1 所示，单位为万元。假定不考虑资金的时间价值，那么投资回收期为___（22）___，投资回报率为___（23）___。

表 5-1-1　某信息系统项目投资和收入的情况

	2012 年	2013 年	2014 年	2015 年	2016 年
投资	800	700	200	0	0
收入	0	400	800	1000	1200

（22）A. 4 年　　　　　B. 3 年　　　　　C. 3.5 年　　　　　D. 4.5 年

（23）A. 25%　　　　　B. 33.3%　　　　　C. 28.6%　　　　　D. 22.2%

18．招标人对已发出的招标文件进行必要的澄清或者修改的，应当在招标文件要求提交投标文件截止时间至少＿＿＿（24）＿＿＿日前，以书面形式通知所有招标文件收受人。

（24）A. 10　　　　　B. 5　　　　　C. 18　　　　　D. 15

19．以下不是承建方的立项管理要经历的步骤是＿＿＿（25）＿＿＿。

（25）A. 招标　　　　　B. 经历项目识别　　　　　C. 项目论证　　　　　D. 投标

20．项目整体变更控制管理的流程是：变更请求→＿＿＿（26）＿＿＿。

（26）A. 同意或否决变更→变更影响评估→执行

　　　B. 执行变更→变更影响评估→同意或否决变更

　　　C. 变更影响评估→同意或否决变更→执行

　　　D. 同意或否决变更→执行→变更影响评估

21．在项目变更管理中，变更影响分析一般由＿＿＿（27）＿＿＿负责。

（27）A. 变更申请提出者　　　　　　　B. 变更管理者

　　　C. 变更控制委员会　　　　　　　D. 项目经理

22．项目收尾过程是结束项目某一阶段中的所有活动，正式收尾该项目阶段的过程。＿＿＿（28）＿＿＿就是按照合同约定，项目组和业主一项项地核对，检查是否完成了合同所有的要求，是否可以把项目结束掉，也就是我们通常所讲的项目验收。

（28）A. 管理收尾　　　　　　　　　　B. 合同收尾

　　　C. 项目验收　　　　　　　　　　D. 项目结项

23．在范围定义的工具和技术中，＿＿＿（29）＿＿＿通过产品分解、系统分析、价值工程等技术理清产品范围，并把对产品的要求转化成项目的要求。

（29）A. 焦点小组　　　　　　　　　　B. 备选方案

　　　C. 产品分析　　　　　　　　　　D. 引导式研讨会

24．WBS 的最底层元素是＿＿＿（30）＿＿＿；该元素可进一步分解为＿＿＿（31）＿＿＿。

（30）（31）A. 工作包　　　　　　　B. 活动

　　　　　C. 任务　　　　　　　　D. WBS 字典

25．在 WBS 的创建方法中，＿＿＿（32）＿＿＿是指近期工作计划细致，远期粗略。因为要在未来远期才能完成的可交付成果或子项目，当前可能无法分解，需要等到这些可交付成果或子项目的信息足够明确后，才能制定出 WBS 中的细节。

（32）A．类比法　　　B．自上而下法　　　C．自下而上法　　　D．滚动式策划

26．___（33）___是一个单列的计划出来的成本，以备未来不可预见的事件发生时使用。___（34）___是经批准的按时间安排的成本支出计划，并随时反映经批准的项目成本变更，被用于度量和监督项目的实际执行成本。

（33）A．全生命周期成本　　B．直接成本　　　C．管理储备　　　D．风险成本

（34）A．间接成本　　　B．成本估算　　　C．成本基准　　　D．管理储备

27．成本估算有多种方法，下列___（35）___是在数学模型中应用项目特征参数来估算项目成本的方法，并将重点集中在成本影响因子（即影响成本最重要的因素）的确定上。

（35）A．类比估算法　　　　　　　　　B．自上而下估算法
　　　　C．自下而上估算法　　　　　　　D．参数估算法

28．某项目当前的 PV=160，AC=130，EV=140，则项目的绩效情况：___（36）___。

（36）A．进度超前，成本节约　　　　　B．进度滞后，成本超支
　　　　C．进度超前，成本超支　　　　　D．进度滞后，成本节约

29．___（37）___是完成阶段性工作的标志，通常指一个主要可交付成果的完成。重要的检查点是___（37）___，重要的需要客户确认的___（37）___就是___（38）___。

（37）（38）A．里程碑　　　　　　　　　B．基线
　　　　　　　C．需求分析完成　　　　　　D．项目验收

30．某项目的项目经理绘制了项目的前导图，如图 5-1-1 所示，可知总工期为___（39）___天，活动 C 的自由时差为___（40）___天。

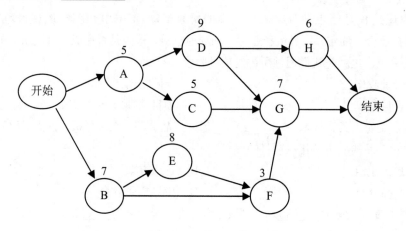

图 5-1-1　某项目的前导图

（39）A．20　　　　　B．21　　　　　C．25　　　　　D．17

（40）A．5　　　　　B．8　　　　　C．10　　　　　D．6

31．ISO 9000 系列标准适用于所有希望改进质量管理绩效和质量保证能力的组织。ISO 9000 系列组成了一个完整的质量管理与质量保证标准体系，其中，___(41)___ 是一个指导性的总体概念标准。

（41）A．ISO 9000　　　B．ISO 9001　　　C．ISO 9002　　　D．ISO 9003

32．全面质量管理有 4 个核心特征，以下不是核心特征的是___(42)___。

（42）A．全员参加的质量管理　　　　B．全过程的质量管理
　　　C．全面方法的质量管理　　　　D．全部采用先进的技术

33．某公司对导致项目失败的原因进行了清理，并制作了如图 5-1-2 所示的帕累托图，对这张图分析可知，___(43)___ 是 C 类因素。

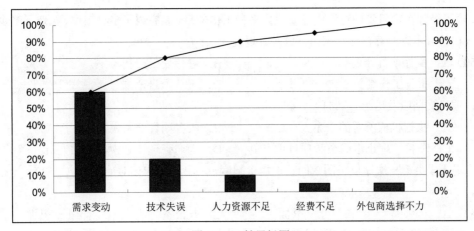

图 5-1-2　帕累托图

（43）A．需求变动　　　　　　　　　B．人力资源不足
　　　C．技术失误　　　　　　　　　D．经费不足

34．在质量控制的工具和技术中，采用___(44)___方法可以降低质量控制费用。

（44）A．直方图　　　B．控制图　　　C．统计抽样　　　D．散点图

35．在项目人力资源计划编制中，一般会涉及到组织结构图和职位描述。其中，根据组织现有的部门、单位或团队进行分解，把工作包和项目的活动列在负责的部门下面的图采用的是___(45)___。

（45）A．工作分解结构（WBS）　　　B．组织分解结构（OBS）
　　　C．资源分解结构（RBS）　　　D．责任分配矩阵（RAM）

36．团队建设一般要经历几个阶段，这几个阶段的大致顺序是___(46)___。

（46）A．震荡期、形成期、正规期、表现期　B．形成期、震荡期、表现期、正规期
　　　C．表现期、震荡期、形成期、正规期　D．形成期、震荡期、正规期、表现期

37. 下列关于项目的人力资源管理，说法正确的是___（47）___。

（47）A. 项目的人力资源与项目干系人二者的含义一致

B. 项目经理和职能经理应协商确保项目所需的员工按时到岗并完成所分配的项目任务

C. 为了保证项目人力资源管理的延续性，项目成员不能变化

D. 人力资源行政管理工作一般不是项目管理小组的直接责任，所以项目经理和项目管理小组不应参与到人力资源的行政管理工作中去

38. 下列___（48）___不是组建项目团队的工具或技术。

（48）A. 采购　　　　B. 虚拟团队　　　　C. 资源日历　　　　D. 事先分派

39. 由 n 个人组成的大型项目组，人与人之间交互渠道的数量级为___（49）___。

（49）A. n^2　　　　B. n^3　　　　C. n　　　　D. 2n

40. 项目经理在项目管理过程中需要收集多种工作信息，如完成了多少工作、花费了多少时间、产生什么样的成本以及存在什么突出问题等，以便___（50）___。

（50）A. 执行项目计划　　　　　　　　B. 进行变更控制

C. 报告工作绩效　　　　　　　　D. 确认项目范围

41. 项目文档应发送给___（51）___。

（51）A. 执行机构所有的干系人　　　　B. 所有项目干系人

C. 项目管理小组成员和项目主办单位　　D. 沟通管理计划中规定的人员

42. 团队成员第一次违反了团队的基本规章制度，项目经理应该对他采取___（52）___形式的沟通方法。

（52）A. 口头　　　　B. 正式书面　　　　C. 办公室会谈　　　　D. 非正式书面

43. 某承建单位准备把机房项目中的系统工程分包出去，并准备了详细的设计图纸和各项说明。该项目工程包括火灾自动报警、广播、火灾早期报警灭火等。该工程宜采用___（53）___。

（53）A. 单价合同　　B. 成本加酬金合同　　C. 总价合同　　D. 委托合同

44. 某项工程需在室外进行线缆敷设，但由于连续大雨造成承建方一直无法施工，开工日期比计划晚了 2 周（合同约定持续 1 周以内的天气异常不属于反常天气），给承建方造成一定的经济损失。承建方若寻求补偿，应当___（54）___。

（54）A. 要求延长工期补偿　　　　　　B. 要求费用补偿

C. 要求延长工期补偿、费用补偿　　D. 自己克服

45. 某项目建设内容包括机房的升级改造、应用系统的开发以及系统的集成等。招标人于2019年3月25日在某国家级报刊上发布了招标公告，并规定4月20日上午9时为投标截止时间和开标时间。系统集成单位 A、B、C 购买了投标文件。在 4 月 10 日，招标人发现发售的投标文件中某技术指标存在问题，需要进行澄清，于是在 4 月 12 日以书面形式通知 A、B、C 三家单位。根据《中华人民共和国招标投标法》，投标文件截止日期和开标日期应该不早于___（55）___。

（55）A. 5 月 5 日　　B. 4 月 22 日　　C. 4 月 25 日　　D. 4 月 27 日

46．合同一旦签署了就具有法律约束力，除非＿＿（56）＿＿。

（56）A．一方不愿意履行义务　　　　　　B．损害社会公共利益

　　　C．一方宣布合同无效　　　　　　　D．一方由于某种原因破产

47．风险的相对性体现在多个方面。收益越大，风险承受能力越大；收益越小，风险承受能力越小。投入越多，风险承受能力＿＿（57）＿＿；投入越少，风险承受能力＿＿（57）＿＿。

（57）A．越小；越大　　　　　　　　　B．越大；越小

　　　B．越小；越小　　　　　　　　　D．越大；越大

48．项目经理从事以下＿＿（58）＿＿工作内容表示正在进行定量的风险分析。

（58）A．风险核对表　B．检查表　　　　C．风险紧迫性评估　D．蒙特卡罗分析

49．以下不是定性的风险分析的工具和技术的是＿＿（59）＿＿。

（59）A．风险概率与影响评估　　　　　　B．Delphi

　　　C．概率和影响矩阵　　　　　　　　D．风险紧迫性评估

50．既可能带来机会、获得利益，又隐含威胁、造成损失的风险，称为＿＿（60）＿＿。

（60）A．可预测风险　B．人为风险　　　C．投机风险　　　　D．可管理风险

51．《计算机软件产品开发文件编制指南》中明确了软件项目文档的具体分类，从项目周期角度可分为开发文档、产品文档、＿＿（61）＿＿。

（61）A．需求文档　B．可行性研究报告　C．管理文档　　　D．操作手册

52．＿＿（62）＿＿的任务便是验证配置项对配置标志的一致性。软件开发的实践表明，尽管对配置项做了标志，实践了变更控制和版本控制，但如果不做检查或验证仍然会出现混乱。＿＿（62）＿＿可以分为功能＿＿（62）＿＿和＿＿（63）＿＿。

（62）A．项目验收　B．项目评审　　　　C．项目审计　　　D．配置审核

（63）A．项目文档审核　　　　　　　　B．源代码审核

　　　C．物理配置审核　　　　　　　　D．配置库审核

53．某开发项目配置管理计划中定义了三条基线，分别是需求基线、设计基线和产品基线，＿＿（64）＿＿应该是需求基线、设计基线和产品基线均包含的内容。

（64）A．需求规格说明书　　　　　　　　B．详细设计说明书

　　　C．用户手册　　　　　　　　　　　D．概要设计说明书

54．＿＿（65）＿＿是指没有参与创作，通过著作权转移活动成为享有著作权的人。

（65）A．著作权人　B．专利权人　　　　C．受让者　　　　D．版权

55．发明专利权的期限为＿＿（66）＿＿年，实用新型专利权、外观设计专利权的期限为10年，均自申请日起计算。此处的申请日，是指向国务院专利行政主管部门提出专利申请之日。

（66）A．5　　　　　B．10　　　　　　C．15　　　　　D．20

56．按照规范的文档管理机制，程序流程图必须在＿＿（67）＿＿两个阶段内完成。

（67）A．需求分析、概要设计　　　　　　B．概要设计、详细设计

C．详细设计、实现阶段　　　　　　　　D．实现阶段、测试阶段

57．信息系统的软件需求说明书是需求分析阶段最后的成果之一，__（68）__不是软件需求说明书应包含的内容。

（68）A．数据描述　　　　　　　　　　　B．功能描述

C．系统结构描述　　　　　　　　　D．性能描述

58．关注 IT 服务管理是为了 __（69）__。

（69）A．提升企业的形象　　　　　　　　B．使 IT 高效地支撑业务的运行

C．强调 IT 部门的重要性　　　　　D．改进服务效率

59．3GPP 无线通信标准不包括__（70）__。

（70）A．WCDMA　　　B．TD-SCDMA　　　C．CDMA　　　　　D．CDMA2000

60．The __（71）__ process analyzes the effect of risk events and assigns a numerical rating to those risks.

（71）A．Risk Identification　　　　　　　B．Quantitative Risk Analysis

C．Qualitative Risk Analysis　　　　D．Risk Monitoring and Control

61．The __（72）__ provides the project manager with the authority to apply organizational resources to project activities.

（72）A．project management plan　　　　B．contract

C．project human resource plan　　　D．project charter

62．The __（73）__ describes, in detail, the project's deliverables and the work required to create those deliverables.

（73）A．project scope statement　　　　B．project requirement

C．project charter　　　　　　　　D．product specification

63．The process of __（74）__ schedule activity durations uses information on schedule activity scope of work, required resource types, estimated resource quantities, and resource calendars with resource availabilities.

（74）A．estimating　　　　　　　　　　B．defining

C．planning　　　　　　　　　　　D．sequencing

64．__（75）__ involves comparing actual or planned project practices to those of other projects to generate ideas for improvement and to provide a basis by which to measure performance. These other projects can be within the performing organization or outside of it, and can be within the same or in another application area.

（75）A．Metrics　　　　　　　　　　　B．Measurement

C．Benchmarking　　　　　　　　D．Baseline

二、上午考试答题卡

姓名			准考证号		

说明：正式考试时准考证号是要填涂的

试题号	选项				试题号	选项			
[1]	[A]	[B]	[C]	[D]	[39]	[A]	[B]	[C]	[D]
[2]	[A]	[B]	[C]	[D]	[40]	[A]	[B]	[C]	[D]
[3]	[A]	[B]	[C]	[D]	[41]	[A]	[B]	[C]	[D]
[4]	[A]	[B]	[C]	[D]	[42]	[A]	[B]	[C]	[D]
[5]	[A]	[B]	[C]	[D]	[43]	[A]	[B]	[C]	[D]
[6]	[A]	[B]	[C]	[D]	[44]	[A]	[B]	[C]	[D]
[7]	[A]	[B]	[C]	[D]	[45]	[A]	[B]	[C]	[D]
[8]	[A]	[B]	[C]	[D]	[46]	[A]	[B]	[C]	[D]
[9]	[A]	[B]	[C]	[D]	[47]	[A]	[B]	[C]	[D]
[10]	[A]	[B]	[C]	[D]	[48]	[A]	[B]	[C]	[D]
[11]	[A]	[B]	[C]	[D]	[49]	[A]	[B]	[C]	[D]
[12]	[A]	[B]	[C]	[D]	[50]	[A]	[B]	[C]	[D]
[13]	[A]	[B]	[C]	[D]	[51]	[A]	[B]	[C]	[D]
[14]	[A]	[B]	[C]	[D]	[52]	[A]	[B]	[C]	[D]
[15]	[A]	[B]	[C]	[D]	[53]	[A]	[B]	[C]	[D]
[16]	[A]	[B]	[C]	[D]	[54]	[A]	[B]	[C]	[D]
[17]	[A]	[B]	[C]	[D]	[55]	[A]	[B]	[C]	[D]
[18]	[A]	[B]	[C]	[D]	[56]	[A]	[B]	[C]	[D]
[19]	[A]	[B]	[C]	[D]	[57]	[A]	[B]	[C]	[D]
[20]	[A]	[B]	[C]	[D]	[58]	[A]	[B]	[C]	[D]
[21]	[A]	[B]	[C]	[D]	[59]	[A]	[B]	[C]	[D]
[22]	[A]	[B]	[C]	[D]	[60]	[A]	[B]	[C]	[D]
[23]	[A]	[B]	[C]	[D]	[61]	[A]	[B]	[C]	[D]
[24]	[A]	[B]	[C]	[D]	[62]	[A]	[B]	[C]	[D]
[25]	[A]	[B]	[C]	[D]	[63]	[A]	[B]	[C]	[D]
[26]	[A]	[B]	[C]	[D]	[64]	[A]	[B]	[C]	[D]
[27]	[A]	[B]	[C]	[D]	[65]	[A]	[B]	[C]	[D]
[28]	[A]	[B]	[C]	[D]	[66]	[A]	[B]	[C]	[D]

试题号	选项				试题号	选项			
[29]	[A]	[B]	[C]	[D]	[67]	[A]	[B]	[C]	[D]
[30]	[A]	[B]	[C]	[D]	[68]	[A]	[B]	[C]	[D]
[31]	[A]	[B]	[C]	[D]	[69]	[A]	[B]	[C]	[D]
[32]	[A]	[B]	[C]	[D]	[70]	[A]	[B]	[C]	[D]
[33]	[A]	[B]	[C]	[D]	[71]	[A]	[B]	[C]	[D]
[34]	[A]	[B]	[C]	[D]	[72]	[A]	[B]	[C]	[D]
[35]	[A]	[B]	[C]	[D]	[73]	[A]	[B]	[C]	[D]
[36]	[A]	[B]	[C]	[D]	[74]	[A]	[B]	[C]	[D]
[37]	[A]	[B]	[C]	[D]	[75]	[A]	[B]	[C]	[D]
[38]	[A]	[B]	[C]	[D]					

第3学时　上午试题分析

试题 1 讲评：

信息化发展的基本原则是：统筹发展、有序推进、需求牵引、市场导向、完善机制、创新驱动、加强管理、保障安全。

我国信息化发展的主要任务和发展重点：促进工业领域信息化深度应用、加快推进服务业信息化、积极提高中小企业信息化应用水平、协力推进农业农村信息化、全面深化电子政务应用、稳步提高社会事业信息化水平、统筹城镇化与信息化互动发展、加强信息资源开发利用、构建下一代国家综合信息基础设施、促进重要领域基础设施智能化改造升级、着力提高国民信息能力、加强网络与信息安全保障体系建设。

参考答案：（1）D

试题 2 讲评：

国家信息化体系包括信息技术应用、信息资源、信息网络、信息技术和产业、信息化人才、信息化法规政策和标准规范 6 个要素。

- 信息技术应用是信息化体系要素中的龙头，是国家信息化建设主阵地，集中体现了国家信息化建设的需求和效益。所以 A 选项正确。
- 信息技术和产业是我国进行信息化建设的基础。所以 B 选项正确。
- 信息资源的开发利用是国家信息化的核心任务，是国家信息化建设见效的关键。所以 C 选项正确。
- 信息化政策法规和标准规范的作用是规范、协调信息化体系各要素。所以 D 选项错误。

参考答案：（2）D

试题3讲评：电子商务有3种表现形式，①企业对消费者，即B2C，C即Customer；②企业对企业，即B2B；③消费者对消费者，即C2C。2即为"to"。可见电子商务的表现形式中，G是不会参与的。

参考答案：（3）D

试题4讲评：此题考查的是供应链的4个流，即物流、资金流、信息流、商流，本题缺少的是信息流。

参考答案：（4）C

试题5讲评：看到此题，马上就想起监理的主要工作内容口诀"投进质变安信合，再加上沟通协调"，可见第5空缺少的是"进"，即进度控制；第6空缺少的是"合"，即合同管理。

参考答案：（5）D　　（6）C

试题6讲评：

物联网的架构可分为如下三层：

（1）感知层：负责信息采集和物物之间的信息传输，信息采集的技术包括传感器、条码和二维码、RFID射频技术、音视频等信息；信息传输包括远近距离数据传输技术、自组织组网技术、协同信息处理技术、信息采集中间件技术等传感器网络。

（2）网络层：是利用无线和有线网络对采集的数据进行编码、认证和传输，广泛覆盖的移动通信网络是实现物联网的基础设施。

（3）应用层：提供丰富的基于物联网的应用，是物联网发展的根本目标。

各个层次所用的公共技术包括编码技术、标识技术、解析技术、安全技术和中间件技术。

参考答案：（7）A　　（8）A

试题7讲评：螺旋模型强调风险分析，在四个象限中，专门有一个象限为风险分析，特别适用于庞大、复杂并具有高风险的系统。V模型是瀑布模型的变种，它说明测试活动是如何与分析和设计相联系的。在这种模型的测试过程中，首先，进行可行性研究需求定义，然后以书面的形式对需求进行描述，产生需求规格说明书。之后，开发人员根据需求规格说明书来对软件进行概要设计，测试人员根据需求规格说明书设计出系统测试用例。

参考答案：（9）A　　（10）C

试题8讲评：CMM的5个级别中，初始级软件过程的特点是无秩序的，有时甚至是混乱的，软件过程定义几乎处于无章法和无步骤可循的状态，软件产品所取得的成功往往依赖极个别人的努力和机遇；可重复级已经建立了基本的项目管理过程，可用于对成本、进度和功能特性进行跟踪，一个可管理的过程则是一个可重复的过程，一个可重复的过程则能逐渐演化和成熟；已定义级用于管理和工程的软件过程均已文档化、标准化，并形成整个软件组织的标准软件过程；已管理级中，软件过程和产品质量有详细的度量标准；优化级通过对来自过程、新概念和新技术等方面的各种有用信息的定量分析，能够不断地、持续地进行过程改进。

参考答案：（11）B

试题 9 讲评：分析题目可知，说明的这种图要是交互图，而且关心顺序和时间，因此应当是定时图。

参考答案：（12）D

试题 10 讲评：WSDL（Web Services Description Language，Web 服务描述语言）可用于描述 Web Service 的接口标准，比如有什么样的方法，方法又有什么参数。SOAP（Simple Object Access Protocol，简单对象访问协议）提供了标准的 RPC 方法来调用 Web Service，SOAP 规范定义了 SOAP 消息的格式，以及怎样通过 HTTP 协议来使用 SOAP，SOAP 也是基于 XML 和 XSD 的，XML 是 SOAP 的数据编码方式。

参考答案：（13）A　（14）C

试题 11 讲评：TCP、UDP 均位于传输层；FTP 位于应用层。ARP 位于网络层，用于将 IP 地址转换成物理地址。

参考答案：（15）C

试题 12 讲评：

项目章程的作用：首先，项目章程正式宣布项目的存在，对项目的开始实施赋予合法地位；其次，项目章程将粗略地规定项目规定项目总体的范围、时间、成本、质量，这也是项目范围各管理后续工作的重要依据；第三，项目章程中正式任命项目经理，授权其使用组织的资源开展项目活动；第四，叙述启动项目理由，把项目的日常运作及战略计划联系起来。

项目章程的主要内容：项目立项的理由；项目干系人的需求和期望；项目必须满足的业务要求或产品需求；委派的项目经理及项目经理的权限；概要的里程碑进度计划；项目干系人的影响，组织环境及外部的假设、约束；概要预算及投资回报率；项目主要风险；可测量的项目目标和相关的成功标准。

参考答案：（16）A　（17）A

试题 13 讲评：选项 A 是组织结构的分类，并非矩阵型组织的分类；选项 C 是项目中的一些典型岗位，并非组织结构分类；选项 D，没有这种说法。故答案应选 B。

参考答案：（18）B

试题 14 讲评：题目中讲到了主要任务是确定和细化目标，故应当是规划过程组。

参考答案：（19）B

试题 15 讲评：项目干系人包括项目当事人，以及其利益受该项目影响的（受益或受损）个人和组织，甚至包括反对项目的人，也可以把他们称做项目的利害关系者。从题目要求来看，是要找出错误的选项，故选项 C 不正确。

参考答案：（20）C

试题 16 讲评：邀请招标应当向 3 个以上具备承担招标项目的能力、资信良好的特定法人或者其他组织发出投标邀请书。

参考答案：（21）A

试题 17 讲评：题目中已给出的信息是不考虑资金的时间价值的，可见这里是要求表态投资回收期和回报率。通过计算可知，第 1 年的净现金流量为-800 万元，第 2 年的净现金流量为-300 万元，第 3 年的净现金流量为 600 万元，第 4 年的净现金流量为 1000 万元，第 5 年的净现金流量为 1200 万元。相当于前 2 年为-1100 万元，第 3 年收回了 600 万元，尚还有 500 万元没有收回。第 4 年收回了 1000，可见第 4 年可全部收回投资，则可估计投资回收期是 3 年多一点，故选 C。投资回报率是投资回收期的倒数，故投资回报率为 28.6%。

参考答案：（22）C   （23）C

试题 18 讲评：这种参数问题是招投标最喜欢考的内容之一了。这里应当是 15 天。

参考答案：（24）D

试题 19 讲评：题目问的是不是承建方的立项管理的步骤，4 个选项中，选项 A "招标" 是建设方要经历的步骤，而承建方要做的是投标工作。故答案选 A。

参考答案：（25）A

试题 20 讲评：

变更管理的完整流程如下：

（1）变更申请：提出变更申请。

（2）变更评估：对变更的整体影响进行分析。

（3）变更决策：由 CCB（变更控制委员会）决策是否接受变更。

（4）实施变更：实施变更，在实施过程中注意版本的管理。

（5）变更验证：追踪和审核变更结果。

（6）沟通存档。

参考答案：（26）C

试题 21 讲评：项目经理在接到变更申请以后，首先要检查变更申请中需要填写的内容是否完备，然后对变更申请进行影响分析。变更影响分析由项目经理负责，项目经理可以自己或指定人员完成，也可以召集相关人员讨论完成。

参考答案：（27）D

试题 22 讲评：项目收尾包括两个部分：管理收尾和合同收尾。从题目来看指的是按合同约定，故是合同收尾。

参考答案：（28）B

试题 23 讲评：产品分析旨在弄清产品范围，并把对产品的要求转化成项目的要求。产品分析是一种有效的工具。每个应用领域都有一种或几种普遍公认的方法，用以把高层级的产品描述转变为有形的可交付成果。产品分析技术包括产品分解、系统分析、需求分析、系统工程、价值工程和价值分析等。

参考答案：（29）C

试题 24 讲评：WBS 中，工作包是最小的可交付成果，是最底层的元素，但可进一步分解为活动。WBS 字典是用于描述和定义 WBS 元素中的工作的文档。

参考答案：（30）A　（31）B

试题 25 讲评：从题目来看，给出的实际上就是滚动波策划的定义，滚动波策划又称为滚动式规划。

参考答案：（32）D

试题 26 讲评：从题目来看，考查的是两个有关成本管理术语的定义。第 33 空定义的是管理储备，第 34 空定义的是成本基准。

参考答案：（33）C　（34）C

试题 27 讲评：从题目已知是利用了数学模型，且重点集中在成本影响因子，故应当是参数估算法。

参考答案：（35）D

试题 28 讲评：根据题目已知条件可计算出，SV=EV-PV=140-160=-20，故进度滞后；CV=EV-AC=140-130=10，故成本节约。据此，答案选 D。

参考答案：（36）D

试题 29 讲评：检查点指在规定的时间间隔内对项目进行检查，比较实际进度和计划进度的差异，从而根据差异进行调整。里程碑是完成阶段性工作的标志，通常指一个主要可交付成果的完成。一个项目中应该有几个用作里程碑的关键事件。基线其实就是一些重要的里程碑，但相关交付物需要通过正式评审，并作为后续工作的基准和出发点。重要的检查点是里程碑，重要的需要客户确认的里程碑就是基线。里程碑是由相关人负责的、按计划预定的事件，用于测量工作进度，它是项目中的重大事件。

参考答案：（37）A　（38）B

试题 30 讲评：从题目提供的网络图来看，可有的路径和工期为：ADH，工期 20；ADG，工期 21；ACG，工期 17；BEFG，工期 25；BFG，工期 17。据此可知工期最大的路径为 BEFG，故总工期为 25。第 40 空要求 FFC，则计算过程如下：

FFC=min{ESG}-EFC=ESG-EFC=max{EFD,EFC,EFF}-EFC

其实这种题做多了一看就明白，活动 F 在关键路径上，故活动 F 的 EF 必然最大，故：

FFC=EFF-EFC=18-10=8

参考答案：（39）C　（40）B

试题 31 讲评：作为质量管理和质量保证标准的 ISO 9000 系列标准，适用于所有希望改进质量管理绩效和质量保证能力的组织。ISO 9000 系列组成了一个完整的质量管理与质量保证标准体系，其中：ISO 9000 是一个指导性的总体概念标准；ISO 9001、ISO 9002、ISO 9003 是证明企业能力所使用的三个外部质量保证模式标准；ISO 9004 是为企业或组织机构建立有效质量体系提供全面、具体指导的标准。

参考答案：（41）A

试题 32 讲评：全面质量管理的 4 个核心特征是：全员参加的质量管理、全过程的质量管理、全面方法的质量管理（科学的管理方法、数理统计、电子技术、通信技术等）、全面结果的质量管理（产品质量/工作质量/工程质量/服务质量）。

参考答案：（42）D

试题 33 讲评：该图给出了导致项目失败原因的帕累托图。从图中可以看出，需求变动占 60%，技术失误占 20%，它们累计为 80%，所以上方的帕累托曲线的第 2 个点在 80% 处。据此也可知，A 类因素为需求变动和技术失误。依此类推，人力资源不足为 B 类因素，经费不足和外包商选择不力为 C 类因素。

参考答案：（43）D

试题 34 讲评：统计抽样指从感兴趣的群体中选取一部分进行检查（如从总数为 100 个的样品中随机选取 30 个样品）。适当地抽样往往可以降低质量控制费用。

参考答案：（44）C

试题 35 讲评：组织分解结构 OBS 与工作分解结构形式上相似，但它并不是根据项目的可交付物进行分解，而是根据组织现有的部门、单位或团队进行分解。如果把工作包和项目的活动列在负责的部门下面，则某个运营部门（例如采购部门）只要找到自己在 OBS 中的位置就可以了解所有该做的事情。

参考答案：（45）B

试题 36 讲评：优秀的团队并不是一蹴而就的，需经历形成期、震荡期、正规期、表现期 4 个阶段。

参考答案：（46）D

试题 37 讲评：项目的人力资源与项目干系人是两个不同的概念，项目的人力资源只是项目干系人的一个子集。项目进展过程中，项目成员变更是正常的。人力资源的一些通用的管理工作，如劳动合同、福利管理以及佣金等，项目管理团队很少直接管理这些工作，一般由组织的人力资源部去统一管理，但项目经理是直接需要用人的项目负责人，因此应当参与少部分人力资源的行政管理工作。

参考答案：（47）B

试题 38 讲评：资源日历是组建项目团队的输出，并不是组建项目团队的工具或技术。

参考答案：（48）C

试题 39 讲评：沟通渠道数的计算公式为"$[n×(n-1)]/2$"，在分子可知数量级为 n^2。

参考答案：（49）A

试题 40 讲评：绩效报告是指搜集所有基准数据并向项目干系人提供项目绩效信息。一般来说，绩效信息包括为实现项目目标而输入的资源的使用情况。绩效报告一般应包括范围、进度、成本和质量方面的信息。许多项目也要求在绩效报告中加入风险和采购信息。

参考答案：（50）C

试题 41 讲评：项目文档是不能随便分发的，要准确地发送给需要的人。沟通管理计划中会明确说明谁需要什么样的信息、何时需要，以及怎样分发给他们。

参考答案：（51）D

试题 42 讲评：由于团队成员是第一次违反团队的基本规章制度，项目经理应采取非正式的沟通方法，这样有助于问题的解决。4 个选项中只有 A 相对来说更为合适。

参考答案：（52）A

试题 43 讲评：总价合同又称固定价格合同，适用于工程量不太大且能精确计算、工期较短、技术不太复杂、风险不大的项目，本题中有外包项目就属于这种情况。

参考答案：（53）C

试题 44 讲评：凡属于客观原因、业主也无法预见到的情况造成的延期，如特殊反常天气，达到合同中特殊反常天气的约定条件，承包商可能得到延长工期，但得不到费用补偿。

参考答案：（54）A

试题 45 讲评：本题考查的是招投标有关的注意事项。根据招投标法规定，招标文件截止日期和开标日期应该不早于 4 月 27 日。

参考答案：（55）D

试题 46 讲评：无效合同通常需具备下列任一情形：一方以欺诈、胁迫的手段订立的合同；恶意串通、损害国家、集体或者第三人利益；以合法形式掩盖非法目的。

参考答案：（56）B

试题 47 讲评：风险的相对性体现在三个方面：收益越大，风险承受能力越大；收益越小，风险承受能力越小。投入越多，风险承受能力越小；投入越少，风险承受能力越大。地位越高、资源越多，风险承受能力越大；地位越低、资源越少，风险承受能力越小。

参考答案：（57）A

试题 48 讲评：风险核对表是制定风险管理计划的技术；检查表、风险紧迫性评估是定性的风险分析工具；蒙特卡罗分析法又称统计实验法，是运用概率论与数理统计的方法来预测和研究各种不确定性因素对项目的影响，分析系统的预期行为和绩效的一种定量分析方法。

参考答案：（58）D

试题 49 讲评：定性的风险分析使用的工具和技术主要有风险概率与影响评估、概率和影响矩阵、专家判断、风险数据质量分析、风险分类、风险紧迫性评估。Delphi 是一种风险识别技术，本质上是一种匿名反馈的函询法。

参考答案：（59）B

试题 50 讲评：按照风险可能造成的后果，可将风险划分为纯粹风险和投机风险。不能带来机会、无获得利益可能的风险叫纯粹风险。既可以带来机会、获得利益，又隐含威胁、造成损失的风险叫投机风险。

参考答案：（60）C

试题 51 讲评：在 4 个选项中，A、C、D 都是具体的文档，而题目指的是分类，故答案选 C。

参考答案：（61）C

试题 52 讲评：第 62 空是配置审核的定义；第 63 空考查的是配置审核的分类，可以分为功能配置审核和物理配置审核。

参考答案：（62）D　　（63）C

试题 53 讲评：需求规格说明书应该是需求基线、设计基线和产品基线均包含的内容。

参考答案：（64）A

试题 54 讲评：这里考查的是受让者的定义。著作权人，又称为原始著作权人，是根据创作的事实进行确定的创作、开发者。受让者，又称为后继著作权人，是指没有参与创作，通过著作权转移活动成为享有著作权的人。

参考答案：（65）C

试题 55 讲评：这里考查的是专利的期限。发明专利权的期限为 20 年。

参考答案：（66）D

试题 56 讲评：按照规范的文档管理机制，程序流程图必须在概要设计、详细设计两个阶段内完成。

参考答案：（67）B

试题 57 讲评：系统结构描述不是软件需求说明书应包含的内容，系统结构描述属于系统分析的任务。软件需求说明书包含的内容有：前言（目的、范围、定义）；软件项目概述（软件产品描述、功能描述、用户特点、假设与依据）；具体需求（功能需求、性能需求、数据库）。

参考答案：（68）C

试题 58 讲评：关注 IT 服务管理的目的是为以使用 IT 能够支撑业务的运营和发展，它在技术和业务之间架起一座沟通的桥梁。

参考答案：（69）B

试题 59 讲评：3GPP（The 3rd Generation Partnership Project，第三代合作伙伴计划）是 3G 技术规范机构，旨在研究制定并推广基于演进的 GSM 核心网络的 3G 标准，即 WCDMA、TD-SCDMA、EDGE 等。我国无线通信标准组于 1999 年加入 3GPP。CDMA 移动通信就和 GSM 数字移动通信一样，都是第二代移动通信系统。

参考答案：（70）C

试题 60 讲评：从题目来看，说明是一个什么样的过程的定义。analyzes 表示"分析"，the effect of risk events 表示"风险事件的影响"，assigns a numerical rating to those risks 表示"给那些风险分配了一个数值化的值"。从 a numerical rating to those risks 和 risk 来判断，应当是风险的定量分析。选项 A 是指"风险识别"，选项 C 是指"定性风险分析"，选项 D 是指"风险监控"。

参考答案：（71）B

参考译文：定量风险分析过程分析风险事件的影响并对这些风险赋予一个数值化的评价。

试题 61 讲评：从题目来看考的必定是某一个项目术语。provides the project manager with 表示"为项目经理提供了什么"，the authority to apply organizational resources to project activities 表示"使

用组织资源进行项目活动的权力"。回想起来，只有项目章程是可以明确项目经理并给项目经理授权的文件。选项 A 是"项目管理计划"，选项 B 是"合同"，选项 C 是"项目人力资源计划"，选项 D 即为"项目章程"。

参考答案：（72）D

参考译文：项目章程为项目经理使用组织资源进行项目活动提供了授权。

试题 62 讲评：一看题目就知道这又是一道术语题。describes 表示"描述"，in detail 表示"详细地"，the project's deliverables 表示"项目的可交付物"，the work required to create those deliverables 表示"创建那些可交付物所做的工作"。综合考虑，要详细地描述可交付物以及创建这些可交付物所做的工作，则应当是项目范围说明书了，即为选项 A。选项 B 是"项目需求"，选项 C 是"项目章程"，选项 D 是"产品规范"。

参考答案：（73）A

参考译文：项目范围说明书详细描述了项目的可交付物以及为创建这些可交付物所需的工作。

试题 63 讲评：从题目的前几个单词来看，应当是指有关活动历时的一个什么样的过程。uses information on schedule activity scope of work 表示"使用到活动工作范围信息"，required resource types 表示"所需要的资源类型"，estimated resource quantities 表示"估算到的资源数量"，resource calendars with resource availabilities 表示"可用资源的资源日历"。选项 A 表示"估算"，与题意正好相符。选项 B 为"定义"，不符合题意，如果还没有定义，则何来后面用到的已知信息？选项 C 为"计划"，应当是本题定义过程之前做的事，也不合适。选项 D 表示"排序"，应当在估算清楚的基础上再进行排序。

参考答案：（74）A

参考译文：估算活动历时的过程会用到活动工作范围、所需资源类型、估计的资源数量以及建立在资源可用性上的资源日历等信息。

试题 64 讲评：involves 表示"涉及"，comparing actual or planned project practices to 表示"与什么比较实际的或计划的项目实践"，to generate ideas for improvement 表示"用来生成改进的思想、主意"，provide a basis by which to measure performance 表示"提供一个测量绩效的基准"。be within the performing organization or outside of it 表示"可以是执行组织内部的，也可以是外部的"，can be within the same or in another application area 表示"可以是同一个应用领域的，也可以是其他应用领域"。选项 A 是"度量标准体系"，选项 B 是"测量"，选项 C 是"基准评价"，选项 D 是"基线"。根据题意，表示这个术语是供项目内外比较的基准，故选项 C 最为合适。

参考答案：（75）C

参考译文：基准分析涉及到将实际或计划的项目实践与其他项目进行比较，以产生改进的思想并提供一个测量绩效的基准。其他项目可以是执行组织内部的，也可以是外部的，可以是同一个应用领域的，也可以是其他应用领域的。

第 4~5 学时 模拟考试（下午试题）

一、下午考试模拟试卷

【辅导专家提示】为节约时间，可不必长时间做题。可采取做 1 道讲评 1 道，或参考答案批阅 1 道题的形式。

全国计算机技术与软件专业技术资格（水平）考试
系统集成项目管理工程师模拟考试下午试卷
（考试时间：第 3~5 课时注：正式考试时间是 150 分钟）

试题一（15 分）

某系统集成公司最近承接了一个系统集成项目，客户方是某省电信分公司。客户方的大企业服务历经多年的发展，已经开发了很多接口系统。这次承接的系统集成项目是要将这些接口系统集中到一个总线式的中间件软件上，客户方出具了系统功能要求清单作为合同的附件。

该系统集成公司任命了李工作为项目经理。李工发现作为合同附件的系统功能要求清单基本是技术上的要求，主要功能就是进行数据交换，于是编制了项目范围说明书，和客户方的技术部进行了确认并双方都签了字，之后进入了紧张的研发过程。

三个月后，李工带领团队完成了研发，向客户方的技术部门提出了验收申请。客户方的各个业务部门负责人都参加了验收会，会上他们进一步提出了很多需要在该软件上实现的业务功能，比如统计、分渠道、产品线的业务分析、业务部门可以基于该软件对业务进行管控等。一方面似乎没有满足客户的需求，另一方面自己所带领的团队苦干了 3 个月研发出的软件得不到验收，这让李工非常苦恼。

【问题 1】（5 分）请给出出现这种现象的可能原因。

【问题 2】（5 分）如果你是项目经理李工，拟采取什么对策？

【问题 3】（5 分）请简述项目范围说明书的主要内容。

试题二（15 分）

某信息技术有限公司中标了某大型物流园股份有限公司信息化建设一期工程项目，刘工担任项目经理。一期工程主要是网络系统及网站系统建设，工期为 4 个月。

因该物流园面积较大，网络系统架构异常复杂。刘工为了在约定的工期内完工，加班加点，施工过程中省掉了一些环节和工作。项目如期通过了验收，但却给售后服务带来了很大的麻烦，比如售后服务人员为了解决网络故障，只好逐个网络结点进行实地考查、测试，从而绘制出网络图；软件的维护也只有 HTML 和 JSP 代码可供售后作支持材料使用，使得修改代码、增加功能十分不便。

【问题 1】（5 分）试简要分析造成项目售后存在问题的主要原因。

【问题 2】（6 分）试说明项目建设时可采取的质量控制的方法和工具。

【问题 3】（4 分）为保障项目经理刘工在项目运作过程中实施质量管理，公司层面应提供哪些支持？

试题三（15 分）

项目经理邓工正在负责一个信息系统集成项目，在分析了项目的活动后，他得到了如表 5-4-1 所示的项目活动清单。

表 5-4-1　项目的活动清单

活动代号	紧前工作	历时（天）
A	—	7
B	A	6
C	A	8
D	B	7
E	B	9
F	B、C	5
G	D	11
H	E、I	7
I	F	8
J	H、G	10

【问题 1】（4 分）求项目的关键路径、总工期。

【问题 2】（6 分）分别求 D、E、G 活动的 FF 和 TF。

【问题 3】（5 分）试说明采取什么方法可缩短项目工期。

试题四（15 分）

项目经理陈工为衡量项目绩效，在项目进行到第 10 天末的时侯为其所负责的项目制作了成本投入情况的分析表格，如表 5-4-2 所示。表中的所有任务在项目开始时同时开工。

表 5-4-2　某项目第 10 天末成本投入情况分析表

任务	计划工期（天）	计划成本（元/天）	已发生费用	已完成工作量
A	30	1000	12000	20%
B	20	1200	16000	40%
C	10	800	12000	60%
D	16	1000	8000	60%
E	40	1200	6000	20%

【问题 1】（6 分）请计算第 10 天末项目的 PV、AC、EV 值。

【问题 2】（6 分）请计算 SV、SPI、CV、CPI，并分析项目当前成本投入和进展情况。

【问题 3】（3 分）项目经理陈工针对项目的情况该如何处理呢？

试题五（15 分）

某信息系统集成公司的黄工作为项目经理，一个月前带领研发团队进驻了客户方开始研发。随着项目的深入，客户方不断提出各种需求，黄工为了和客户建立良好的合作关系并尽快完成项目，对客户的需求全盘接收，可是客户方却不停地提出各种需求，有一些还是重复或互相矛盾的。

项目组内部也开始出现问题，有的程序员为赶工而不愿意编写文档；任务繁重的时候，黄工自己也负责了相当部分的编码任务；项目组人员每周开周例会时总是到不齐，项目的工作计划没有得到讨论，使得项目计划几乎作废，大家都在按自己的步骤走。

面对内外交加的困境，黄工束手无策。

【问题 1】（5 分）试总结导致出现内外交加的困境的可能原因是什么。

【问题 2】（5 分）如果你是黄工，该如何走出这种困境？

【问题 3】（5 分）请简述如何有效地组织项目会议。

二、下午考试答题纸

姓名：		准考证号：	

试题一作答：

问题 1：_____

_____

_____

_____

问题 2：_____

_____

_____

_____

问题 3：_____

_____

_____

_____

试题二作答:

问题 1: _____
_____
_____
_____
_____

问题 2: _____
_____
_____
_____
_____
_____

问题 3: _____
_____
_____
_____

试题三作答:

问题 1: _____
_____
_____
_____
_____

问题 2: _____
_____
_____
_____
_____

问题 3: _____
_____
_____
_____
_____
_____

试题四作答：

问题 1：_____

_____

_____

_____

问题 2：_____

_____

_____

_____

问题 3：_____

_____

_____

_____

试题五作答：

问题 1：_____

_____

_____

_____

问题 2：_____

_____

_____

_____

问题 3：_____

_____

_____

_____

第 6 学时　下午试题分析

试题一分析：

先来解答问题 1。从题目中找出关键语句，比如"客户方出具了系统功能要求清单作为合同的附件""系统功能要求清单基本是技术上的要求""和客户方的技术部进行了确认并双方都签了字""提出了很多需要在该软件上实现的业务功能"，可见系统集成公司及李工的项目管理还是比较规范的，要从字面上找直接的原因的话，也就是"提出了很多需要在该软件上实现的业务功能"，这点可描述如下：

（1）客户方的业务部门提出了很多需要在系统集成中间件软件上实现的业务功能。系统集成的中间件软件多数是技术上的需求，客户方的业务部门也很难意识到这种中间件软件的重要性，只有体验或认识了以后才能发现它的重要价值，但客户方的技术部门往往有着深刻的认识，因此，这种项目大多由客户方的技术部门发起，业务部门配合或根本不关心这种项目的实施。据此，可再行归纳出一些要点：

（2）项目可能由客户方的技术部门发起，业务部门参与程度不够。

（3）没有满足客户方业务部门的需求。

（4）与客户方的沟通不足。

（5）项目干系人分析不够，没有识别出除技术部外的其他项目干系人。

（6）没有注意控制项目的范围。

（7）验收会的准备不足。

再来解答问题 2。问题 2 可针对问题 1 找出的原因来回答。比如：加强与客户方的沟通、吸收客户方业务人员参与项目需求讨论与软件测试等。还要注意这个项目处于这种实际情况，可与客户方商量本次验收或投产的内容作为一期工程，二期工程再行考虑更多的业务需求。

最后，问题 3 是基础知识题，不再过多讲评，请直接参看参考答案。

试题一参考答题结果：

问题 1　可能的原因有：

（1）客户方的业务部门提出了很多需要在系统集成中间件软件上实现的业务功能。

（2）项目可能由客户方的技术部门发起，业务部门参与程度不够。

（3）没有满足客户方业务部门的需求。

（4）与客户方的沟通不足。

（5）项目干系人分析不够，没有识别出除技术部外的其他重要项目干系人。

（6）没有注意控制项目的范围。

（7）验收会的准备不足。

问题 2　李工可采取的对策有：

（1）加强与客户方的沟通。

（2）吸收客户方业务人员参与项目需求讨论与软件测试。

（3）听取和记录客户方业务需求，重新整理成文档，要求提出人员重新签字确认，甚至可签订补充协议，必要时可提出适度增加费用。

（4）和客户方商量本次验收或投产的内容作为一期工程，二期工程再行考虑更多的业务需求。

（5）要求客户方归口需求和项目负责人。

（6）进一步识别和分析项目干系，并采取相应的策略。

（7）认真准备验收会，提前考虑什么人参加，要准备什么材料等。

问题3 项目范围说明书的主要内容如下：项目的目标、产品范围描述、项目的可交付物、项目边界、产品验收标准、项目的约束条件、项目的假定等。

试题二分析：

先解答问题1。按以前我们学的老方法，先在原文中找直接原因，如"面积较大，网络系统架构异常复杂""施工过程中省掉了一些环节和工作""绘制出网络图""只有 HTML 和 JSP 代码可供售后作支持材料使用"，这样可直接引用或归纳出以下原因：

（1）物流园面积较大，网络系统架构异常复杂。

（2）施工过程中省掉了一些环节和工作。

（3）没有为售后提供网络图。

（4）软件系统没有提供需求分析、系统设计说明书等必要的文档资料。

此外，既然是"可能的原因"，可展开思路，多写一些要点，比如：

（5）项目进展过程中缺乏必要的控制。

（6）没有注意进行阶段评审，没有及时保存文档和配套资料。

（7）没有遵循项目管理的标准和流程。

（8）没有考虑项目售后的需求。

（9）没有提供系统维护手册这种关键性的售后服务所需文档。

（10）没有进行配置管理或配置管理不足。

再来解答问题2。其实问题2是一道基础知识题，可从本书的前文中找到答案，此处不再做过多讨论。

最后来解答问题3。首先注意要从公司层面来回答要点，比如要制定公司一级的质量方针、政策，制定质量控制流程等。

试题二参考答题结果：

问题1 可能的原因如下：

（1）物流园面积较大，网络系统架构异常复杂。

（2）施工过程中省掉了一些环节和工作。

（3）没有为售后提供网络图。

（4）软件系统没有提供需求分析、系统设计说明书等必要的文档资料。

（5）项目进展过程中缺乏必要的控制。

（6）没有注意进行阶段评审，没有及时保存文档和配套资料。

（7）没有遵循项目管理的标准和流程。

（8）没有考虑项目售后的需求。

（9）没有提供系统维护手册这种关键性的售后服务所需文档。

（10）没有进行配置管理或配置管理不足。

问题 2 可采取的质量控制的方法和工具有：

（1）检查。

（2）测试。

（3）评审。

（4）因果图（或鱼刺图、石川图）。

（5）流程图。

（6）帕累托图（或 PARETO 图）。

问题 3 公司层面应提供以下支持：

（1）制定公司质量管理方针。

（2）选择质量标准或制定质量要求。

（3）制定质量控制流程。

（4）提出质量保证所采取的方法和技术（或工具）。

（5）提供相应的资源。

试题三分析：

这道题虽然没有明确指出要制作网络图，但实际上，考生应当在草稿纸上画一个网络图，便于解题时分析。为简便起见，可快速制作前导图，如图 5-6-1 所示。相信可凭肉眼看出答案的考生并不多，还是一步一个脚印来作图为好。

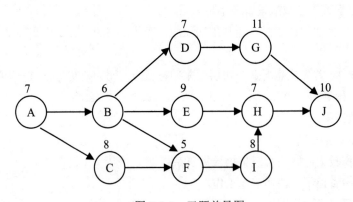

图 5-6-1 习题前导图

从图中可以看出，路径 ABEHJ，工期为 39；路径 ABDGJ，工期为 41；路径 ABFIHJ，工期为 43；路径 ACFIHJ，工期为 45。可见关键路径为 ACFIHJ，总工期为 45 天。

接下来，问题 2 是要求 D、E、G 活动的 FF 和 TF。这 3 个活动均是非关键路径上的活动。有计算过程如下：

FFD=min{ESG}-EFD=ESG-EFD=20-20=0

考生可能很奇怪，怎么没有了那么长的演算过程？这种题做多了也就有感觉了，原来的口诀仍然适用，但仅供参考。一起来体会一下。

为什么一下就得出了 ESG 和 EFD 的值呢？来看图 5-6-1，从活动 A 开始能到活动 G 的只有一条路，即 ABDG，最快的情况就是这条路一点都不延误，故 ESG=DA+DB+DD=20。那么 EFD 是如何得出的呢？同样，从活动 A 开始能到活动 D 的只有一条路，即 ABD，最快的情况就是这条路一点都不延误，故 EFD=DA+DB+DD=20。

TFD=LSD-ESD=LFD-DD-ESD=LFD-7-13=LFD-20=45-10-11-20=45-41=4

LFD 的值如何这么快得知的呢？最慢的情况下，D 可在什么时候完成呢？总工期是 45，可从后往前推，D 在唯一路径 ABDGJ 上，故 LFD=总工期-DJ-DG=45-10-11=24。

FFE=min{ESH}-EFE=ESH-EFE=28-22=6

H 在关键路径上，不允许延误，故 ESH=DA+DC+DF+DI=28。经过 E 只有唯一的一条路，那就是 ABE，故 EFE=DA+DB+DE=22。

TFE=LSE-ESE=LFE-DE-ESE=LFE-9-13=LFE-22=45-10-7-22=45-39=6

求 LFE 时，考虑到 E 在唯一的路上，即 ABEHJ，采用倒推法，总工期为 45，故 E 最晚完成的时间是：总工期-DJ-DH=45-10-7=28。

FFG=min{ESJ}-EFG=ESJ-EFG=45-10-31=4

TFG=LSG-ESG=LFG-11-20=LFG-31=45-10-31=4

问题 3 是知识点题，不再详细讲评，考生可直接参看参考答案。

试题三参考答题结果：

问题 1　关键路径为 ACFIHJ，总工期为 45 天。

问题 2

FFD=min{ESG}-EFD=ESG-EFD=20-20=0

TFD=LSD-ESD=LFD-DD-ESD=LFD-7-13=LFD-20=45-10-11-20=45-41=4

FFE=min{ESH}-EFE=ESH-EFE=28-22=6

TFE=LSE-ESE=LFE-DE-ESE=LFE-9-13=LFE-22=45-10-7-22=45-39=6

FFG=min{ESJ}-EFG=45-10-31=4

TFG=LSG-ESG=LFG-11-20=LFG-31=45-10-31=4

问题 3　可采用的缩短工期的方法有：

（1）赶工，缩短关键路径上的工作历时。

（2）采用并行施工方法以压缩工期（或快速跟进）。

（3）追加资源。

（4）改进方法和技术。

（5）缩减活动范围。

（6）使用高素质的资源或经验更丰富的人员。

试题四分析：

站在第 10 天末这个时间点来看，计算过程如下：

$PV = (1000+1200+800+1000+1200) \times 10 = 5200 \times 10 = 52000$

$AC = 12000+16000+12000+8000+6000 = 54000$

$EV = 30 \times 20\% \times 1000 + 20 \times 40\% \times 1200 + 10 \times 60\% \times 800 + 16 \times 60\% \times 1000 + 40 \times 20\% \times 1200$

　　$= 6000+9600+4800+9600+9600 = 39600$

接下来计算 SV、SPI、CV、CPI：

$CPI = EV/AC = 39600/54000 = 0.733$

$CV = EV-AC = 39600-54000 = -14400$

$SPI = EV/PV = 39600/52000 = 0.762$

$SV = EV-PV = 39600-52000 = -12400$

根据求得的 SV、SPI、CV、CPI 情况来看，项目进度滞后，成本超支。针对这种情况，可提高效率，例如用工作效率高的人员更换一批效率低的人员，赶工、工作并行以追赶进度，加强成本监控。

试题四参考答题结果：

问题 1

PV=52000 AC=54000 EV=39600

【辅导专家提示】正式考试时最好能写上计算过程，这样万一计算结果错误，计算过程还能相应得分。

问题 2

CPI=0.773 CV=-14400 SPI=0.762 SV=-12400

从以上结果可知，项目进度滞后，成本超支。

问题 3　项目经理陈工可采取如下措施：

（1）提高效率，例如用工作效率高的人员更换一批效率低的人员。

（2）赶工、工作并行以追赶进度。

（3）加强成本监控。

试题五分析：

先来看如何解答问题 1。老习惯老方法，先找出直接描述的关键字，如"对客户的需求全盘接收""客户方却不停地提出各种需求，有一些还是重复或互相矛盾的""程序员为赶工而不愿意编写文档""黄工自己也负责了相当部分的编码任务""开周例会时总是到不齐""项目的工作计划没有得到讨论"。这些都可以成为问题 1 的要求。此外还要适度归纳总结，比如：

（1）有关需求控制的问题。

（2）内部团队管理的问题。

（3）人员职责分工的问题。

（4）项目计划执行不够的问题。

（5）会议效率的问题。

再来看问题 2，只要针对问题 1 的要点一一作答即可。最后看问题 3，这是基础知识题，就不再详细讲评了，考生可直接参看后面的参考答案。

试题五参考答题结果：

问题 1　出现内外交加的困境的可能原因是：

（1）黄工对客户的需求全盘接收，显然不妥。

（2）客户方却不停地提出各种需求，有一些还是重复或互相矛盾的。

（3）程序员为赶工而不愿意编写文档。

（4）黄工自己也负责了相当部分的编码任务，顾此失彼。

（5）项目组人员开周例会时总是到不齐。

（6）项目的工作计划没有得到讨论。

（7）客户提出的需求没有走需求变更控制流程。

（8）项目团队没有制订可执行的共同的行为准则。

（9）项目组人员职责分工不明确。

（10）项目团队对项目计划的执行力不够。

（11）项目会议效率太低。

问题 2　可采取如下措施：

（1）建立起需求变更控制流程，用户如需变更，需发起变更并签字。

（2）需求统一归口，并记录在案。

（3）重新理顺并合理安排工作计划，实施前征求项目组重要人员的意见，修订后再实施。

（4）项目经理释放技术工作，专心于项目管理工作。

（5）制定项目组内部共同的行为准则，并严格遵守，比如例会的考勤与奖惩制度。

（6）在项目组内部和客户方共同讨论项目计划后再行调整实施。

（7）精心组织召开成功的项目会议。

（8）争取公司上级领导的支持，必要时请上级领导参加项目周例会。

问题 3　要举行高效的会议，应注意以下问题：

（1）事先制订一个例会制度。

（2）放弃可开可不开的会议。

（3）明确会议的目的和期望结果。

（4）发布会议通知。

（5）在会议之前将会议资料发给参会人员。

（6）可以借助视频设备。

（7）明确会议议事规则。

（8）会议要有纪要。

（9）会后要有总结，提炼结论。

后　记

　　完成"5天修炼"后，您感受如何？是否觉得更加充实了？是否觉得意犹未尽？这5天的学习并不能保证您100%通过考试，但可以让您心中备感踏实。基于此，还想再啰嗦几句，提出几点建议供参考：

　　（1）做历年的试题，做完系统集成项目管理工程师考试的，可接着做项目管理师的（除论文考试），因为这两个不同级别的考试基础知识和案例分析考试范围比较接近。

　　（2）该背的背，该记的记，条件成熟的话，让家人或朋友抓着你背。

　　（3）计算题一定要抓住不放，网络图、挣值分析、投资分析等，回顾口诀，勤于练习。

　　（4）英语知识切不可放弃，每次做模拟题都要认真分析英文试题，词汇、句型、术语全部到位，如果时间充裕就看PMBOK英文版，这样原汁原味。

　　（5）经济条件许可的情况下参加辅导培训，这并不是广告，而是最好的建议，良师益友，可以少走很多弯路。

　　（6）关注我们的微信，有问题及时与我们互动。

　　最后，祝考生们顺利过关，通过了记得发个邮件给老师报个喜。

参考文献

[1] Project Management Institute（PMI），PMBOK 第五版.

[2] 中国项目管理委员会. 中国项目管理知识体系与国际项目管理专业资质认证标准. 北京：机械工业出版社，2001.

[3] 韩万江，姜立新. 软件开发项目管理. 北京：机械工业出版社，2004.

[4] 柳纯录，刘明亮. 信息系统项目管理师教程. 北京：清华大学出版社，2005.

[5] 刘慧. IT 执行力——IT 项目管理实践. 北京：电子工业出版社，2004.

[6] 邓世忠. IT 项目管理. 北京：机械工业出版社，2004.

[7] 忻展红，舒华英. IT 项目管理. 北京：北京邮电大学出版社，2005.

[8] 邓子云，张友生. 系统集成项目管理工程师考试全程指导. 北京：清华大学出版社，2009.

[9] 张友生，邓子云. 系统集成项目管理工程师辅导教程. 北京：电子工业出版社，2009.

[10] 王如龙，邓子云，罗铁清. IT 项目管理——从理论到实践. 北京：清华大学出版社，2008.